"十四五"职业教育国家规划教材

高等职业教育课程改革项目研究成果系列教材

"互联网+"新形态教材

电子线路 CAD 项目化教程

（第 3 版）

主　编　鲁娟娟　徐宏庆　刘　佳
副主编　陈　红　王高山　程　明
　　　　陈咸丰　张　楠

北京理工大学出版社
BEIJING INSTITUTE OF TECHNOLOGY PRESS

内 容 简 介

随着计算机科学技术的发展,电子线路设计工作进入了计算机辅助设计阶段,本书以电子线路 CAD 常用软件,Design Altium Designer 15 版本为平台,以典型案例情景为引导,以项目为导向,以工作任务为驱动,通过 11 个典型的案例,详细讲解了电子线路设计中的电路原理图的绘制技巧、原理图元件库制作技巧、印制电路板(PCB)制作技巧以及 PCB 元件库制作技巧等相关内容。

本书可作为高职高专院校工科电子技术教材,也可作为相关技术人员的参考用书。

版权专有　侵权必究

图书在版编目(CIP)数据

电子线路 CAD 项目化教程 / 鲁娟娟,徐宏庆,刘佳主编. --3 版. --北京:北京理工大学出版社,2022.1(2023.7重印)
 ISBN 978-7-5763-0998-0

Ⅰ. ①电… Ⅱ. ①鲁… ②徐… ③刘… Ⅲ. 电子电路-计算机辅助设计-高等职业教育-教材 Ⅳ. ①TN702

中国版本图书馆 CIP 数据核字(2022)第 027969 号

出版发行 / 北京理工大学出版社有限责任公司	
社　　址 / 北京市海淀区中关村南大街 5 号	
邮　　编 / 100081	
电　　话 /(010)68914775(总编室)	
(010)82562903(教材售后服务热线)	
(010)68944723(其他图书服务热线)	
网　　址 / http://www.bitpress.com.cn	
经　　销 / 全国各地新华书店	
印　　刷 / 三河市龙大印刷有限公司	
开　　本 / 787 毫米×1092 毫米　1/16	
印　　张 / 23.5	责任编辑 / 陈莉华
字　　数 / 552 千字	文案编辑 / 陈莉华
版　　次 / 2022 年 1 月第 3 版　2023 年 7 月第 3 次印刷	责任校对 / 刘亚男
定　　价 / 55.00 元	责任印制 / 李志强

图书出现印装质量问题,请拨打售后服务热线,本社负责调换

二十大报告指出"教育、科技、人才是全面建设社会主义现代化国家的基础性、战略性支撑"。电子线路 CAD 技术是计算机辅助设计的重要组成部分,作为新时代电路设计必不可少的技术手段,在"加快建设教育强国、科技强国、人才强国"的实践中,将发挥重要作用。

本书是在 2017 年版教材的基础上进行修订的,保持了 2017 版本中以服务为宗旨,以就业为导向的办学导向,打破"章""节"的编写模式,保持了原有的三层次能力递进的框架结构。

本书具有"以项目为导向,用工作任务进行驱动"的体系特点,形成了由简单到复杂,从单一到综合的教学结构,体现了可读性、趣味性、应用性等特色,同时在原有基础上进行了内容的完善、结构的调整、增加综合项目等,旨在让读者实现从会用到精通、从入门到进阶,实现职业技能的提升,具体体现在以下几个方面。

1. 充实教学内容

随着计算机技术和电子技术的飞速发展,专业课程体系的改革,本次修改结合企业实际工作情景充实教学内容,整体结构在原有基础上做了调整,调整了第 2 章的相关内容,项目 10 中增加了功放设计项目、删除了原来的四通道可控电路电路板设计项目,使得项目 10 更加完整,增加了项目 11 温度控制器设计,对上一版全书中的错、漏进行了修改,并将章节名称做了一定的调整,使本书内容更加丰富、翔实。

2. 增加微课、二维码以及元件库资源

当前疫情常态下的学习模式的转变,线上教学与线下教学相融合已经成为教育教学常态化模式,同时移动数码产品和 5G 网络的普及,基于微课的在线学习、远程学习越来越普及,微课必将成为一种新型的教学模式和学习方式,因此在本书修订教材中,对书中重点的技能点添加了二维码,以便实现课程翻转的教学模式;同时对本书中新增的项目 11 中的原理图元件库以及封装库进行导出,引导学生学习并使用,有利于学生设计规范的养成。

3. 优化教材修订团队

参与本次教材修订的人员,除了具有多年教学经验的教师外,还邀请了企业具有丰富实践工作经验的工程师以及职业技能鉴定站相关老师等,具体修订安排如下。

项目 1、项目 3、项目 4、项目 5、项目 6、项目 7、项目 8 由鲁娟娟负责编写,陈红、王高山和张楠参与编写。

项目 2 由鲁娟娟负责编写，由无锡华文默克有限公司和湖南科瑞特有限公司提供材料和技术支持，程明经理负责该部分审稿。

项目 9 由刘佳负责修订，由南京雪常泉广电有限公司提供技术支持，陈咸丰高工参与。

项目 10、项目 11 由徐宏庆负责编写。

全书由徐宏庆统稿。

修订过程中还参考了有关 PCB 设计方面的教材和互联网信息，收录了省技能竞赛、江苏省创新创业大学生创新项目等，在此一一表示感谢。

由于作者水平有限，书中难免有不妥和疏漏之处，恳请读者提出宝贵意见并批评指正。

编 者

基 础 篇

▶ **项目1 印制电路板设计平台搭建** ··· 3

  1.1 项目导入 ··· 3
  1.2 项目分析 ··· 5
    1.2.1 PCB 认知 ··· 5
    1.2.2 PCB 设计 ··· 7
    1.2.3 PCB 开发工具 ··· 9
  1.3 项目实施 ·· 10
    1.3.1 Altium Designer 15 的基本使用 ···································· 10
    1.3.2 系统环境设置 ·· 12
    1.3.3 工程文件管理 ·· 15

▶ **项目2 印制电路板制板平台搭建** ·· 16

  2.1 项目导入 ·· 16
  2.2 项目分析 ·· 17
  2.3 项目实施 ·· 18
    2.3.1 小型工业化学制板法 ··· 18
    2.3.2 手工雕刻制板法 ··· 22

初 级 篇

▶ **项目3 手摇式发电机电路板设计** ·· 33

  3.1 项目导入 ·· 33
  3.2 项目分析 ·· 34
  3.3 项目实施 ·· 35
    3.3.1 手摇式发电机的原理图绘制 ·· 35
    3.3.2 手摇式发电机的 PCB 设计 ··· 48
  3.4 测试 ·· 69
    3.4.1 巩固测试——简易闪光电路制作 ·································· 69
    3.4.2 提高测试——声控 LED 旋律灯制作 ····························· 75

项目 4 稳压直流电源电路板设计 ·········· 77

- 4.1 项目导入 ·········· 77
- 4.2 项目分析 ·········· 78
- 4.3 项目实施 ·········· 79
  - 4.3.1 稳压直流电源原理图绘制 ·········· 79
  - 4.3.2 稳压直流电源单面 PCB 制作 ·········· 97
- 4.4 测试 ·········· 115
  - 4.4.1 巩固测试——声光控延时电路 ·········· 115
  - 4.4.2 提高测试——流水灯电路 ·········· 121

进 阶 篇

项目 5 温度控制器电路板设计 ·········· 125

- 5.1 项目导入 ·········· 125
- 5.2 项目分析 ·········· 125
- 5.3 项目实施 ·········· 128
  - 5.3.1 温度控制器原理图绘制 ·········· 128
  - 5.3.2 温度控制器 PCB 制作 ·········· 142
- 5.4 测试 ·········· 163
  - 5.4.1 巩固测试——数字钟电路 ·········· 163
  - 5.4.2 提高测试——抢答器电路 ·········· 171

项目 6 洗衣机控制器电路板设计 ·········· 173

- 6.1 项目导入 ·········· 173
- 6.2 项目分析 ·········· 174
- 6.3 项目实施 ·········· 175
  - 6.3.1 洗衣机控制电路层次原理图绘制 ·········· 175
  - 6.3.2 洗衣机控制电路的 PCB 设计 ·········· 184
- 6.4 测试 ·········· 190
  - 6.4.1 巩固测试——摇摆钟 ·········· 190
  - 6.4.2 提高测试——超声波测速仪 ·········· 199

深 入 篇

项目 7 遥控小车驱动器电路板设计 ·········· 205

- 7.1 项目导入 ·········· 205
- 7.2 项目分析 ·········· 205
- 7.3 项目实施 ·········· 209
  - 7.3.1 遥控小车原理图元件库制作 ·········· 209

7.3.2 遥控小车原理图绘制 ……………………………………………………… 223
7.3.3 遥控小车双面 PCB 板制作 …………………………………………… 225
7.4 测试 …………………………………………………………………………… 229
7.4.1 巩固测试——声光控灯 ………………………………………………… 229
7.4.2 提高测试——水位控制器 ……………………………………………… 233

▶ **项目 8 医用测温针电路板设计** …………………………………………… 238

8.1 项目导入 ……………………………………………………………………… 238
8.2 项目分析 ……………………………………………………………………… 238
8.3 项目实施 ……………………………………………………………………… 244
8.3.1 医用测温针 PCB 元件库制作 ………………………………………… 244
8.3.2 医用测温针原理图绘制 ………………………………………………… 253
8.3.3 医用测温针 PCB 制作 ………………………………………………… 254
8.4 测试 …………………………………………………………………………… 259
8.4.1 巩固测试——八路抢答器 ……………………………………………… 259
8.4.2 提高测试——有害气体报警器 ………………………………………… 263

提 高 篇

▶ **项目 9 LED 驱动电源电路板设计** ………………………………………… 271

9.1 项目导入 ……………………………………………………………………… 271
9.2 项目分析 ……………………………………………………………………… 271
9.3 项目实施 ……………………………………………………………………… 274
9.3.1 原理图模板制作 ………………………………………………………… 274
9.3.2 开关电源集成库设计 …………………………………………………… 276
9.3.3 开关电源原理图绘制 …………………………………………………… 282
9.3.4 开关电路 PCB 制作 …………………………………………………… 287
9.4 测试 …………………………………………………………………………… 292
9.4.1 巩固测试——多功能密码锁 …………………………………………… 292
9.4.2 提高测试——防盗报警器 ……………………………………………… 299

▶ **项目 10 多路可控电流电路板设计** ………………………………………… 306

10.1 项目导入 …………………………………………………………………… 306
10.2 项目分析 …………………………………………………………………… 308
10.2.1 多通道设计 …………………………………………………………… 308
10.2.2 原理图设计 …………………………………………………………… 308
10.2.3 PCB 图设计 …………………………………………………………… 308
10.3 项目实施 …………………………………………………………………… 309
10.3.1 原理图设计中参数及快捷键设置 …………………………………… 309

  10.3.2 多通道原理图设计 310

  10.3.3 多路可控电流电路 PCB 制作 314

 10.4 测试 324

  10.4.1 巩固测试——双声道功放电路板设计 324

  10.4.2 提高测试——多路可控电压电路板设计 328

实 战 篇

▶ **项目 11 温控电路设计** 335

 11.1 项目导入 335

 11.2 项目分析 336

  11.2.1 原理图设计 336

  11.2.2 PCB 图设计 336

 11.3 项目实施 337

  11.3.1 高精度温度控制器原理图绘制 337

  11.3.2 温度控制器 PCB 图绘制 345

 11.4 测试 360

  11.4.1 巩固测试——物联网环境监测电路 360

  11.4.2 提高测试——936 焊台控制电路设计 363

▶ **参考文献** 367

基 础 篇

如今，电子产品已融入我们的日常生活，与我们息息相关。因此，很多公司都推出了自己的 EDA（电子设计自动化）软件，其中 Protel Technology 开发的 PCB 系统软件应用最为广泛。常用的 PCB 开发工具有 Protel、PowerPCB、OrCAD 和 Cadence 等，其中 Protel 是国内常用的 PCB 软件。本篇将通过"印制电路板设计平台搭建"和"印制电路板制板平台搭建"两个项目，实现以下能力培养目标：

（1）了解电子产品设计基本流程；
（2）理解 PCB 的有关基本概念；
（3）掌握 Altium Designer 15 的基本操作；
（4）了解电路板制作的基本工艺；
（5）了解中小型工业制板的基本流程；
（6）了解手工雕刻制板的基本流程。

项目 1

印制电路板设计平台搭建

1.1 项目导入

如今，电子产品已融入我们的日常生活，与我们息息相关。那么无论是平常用的手机、计算机，还是带给我们娱乐的电视机、MP5、游戏机以及带给我们生活便利的洗衣机、冰箱、微波炉、烤箱、汽车等，都是怎样制造出来的呢？如图 1-1 所示为 iPhone 手机，揭开这些电子产品美丽的外观，里面其实是一块或多块电路板，称为内部电路板，在这些板子上面分布了多个元件，如电阻、电容、电感、集成电路等，还有连接这些元件引脚的连接导线（称为印制线路）。如图 1-2 所示为 iPhone 内部电路板，这些板子就是"印制电路板"，简称 PCB，即可将零件相互连接并可支撑零件的电子部件。

图 1-1 华为手机实物图

PCB 设计在电子产品设计中是一个很重要的过程。一般电子产品的开发流程如图 1-3 所示，其中的硬件设计流程如图 1-4 所示，从图中可知 PCB 设计是硬件开发过程中很重要的环节。本项目的主要内容是为 PCB 的设计搭建平台。

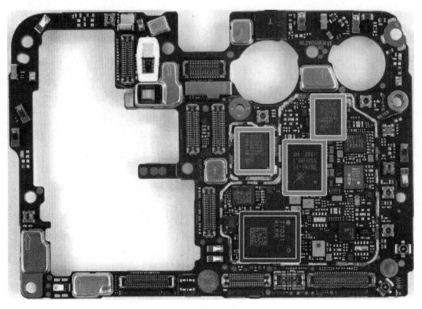

图 1-2 华为手机电路板（主板）

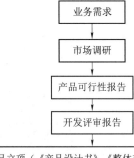

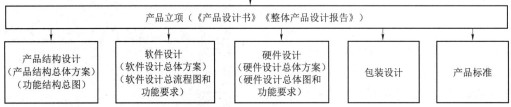

图 1-3 电子产品开发流程

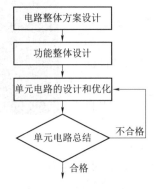

图 1-4 硬件设计流程

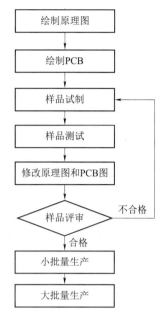

图 1-4 硬件设计流程（续）

1.2 项目分析

1.2.1 PCB 认知

1. 印制电路板

印制电路板，又称印刷电路板、印刷线路板，简称印制板，英文简称 PCB（Printed Circuit Board），是以一定尺寸的绝缘板为基材，其上至少附有一个导电图形，并布有孔（如元件孔、紧固孔等），用来代替以往装置电子元器件的底盘，并实现电子元器件之间的相互连接。由于这种板是采用电子印刷术制作的，故被称为印刷电路板。

印刷电路板并非一般终端产品，例如：个人电脑用的母板，称为主板，而不能直接称为电路板，虽然主机板中有电路板的存在，但是并不相同。再譬如：因为有集成电路零件装载在电路板上，因而新闻媒体称它为 IC 板，但实质上它也不等同于印刷电路板。我们通常说的印刷电路板是指裸板，即没有元器件的电路板。总之，在电子设备中，PCB 具有以下几个功能：

（1）为各种电子元器件提供机械支架；

（2）为各种电子元器件实现电气连接；

（3）为电子装配提供图像，以便正确安装元器件，维修电子设备。

2. 印制电路板的组成

一般的印制电路板通常由覆铜板、丝印层、焊盘和过孔等组成，如图 1-5 所示。

（1）覆铜板：全称为覆铜箔层压板，是制造印制电路板的主要材料。它是经过粘接、热挤压工艺，将一定厚度的铜箔牢固地附着在绝缘基板上的板材，如图 1-6 所示。基材是由高分子合成树脂和增强材料组成的绝缘层压板。合成树脂作为黏合剂，是基板的主要成分，决定电气性能；增强材料是一种纸质或布质材料，决定基板的耐热性能和机械性能（耐焊性、抗弯曲强度）等。

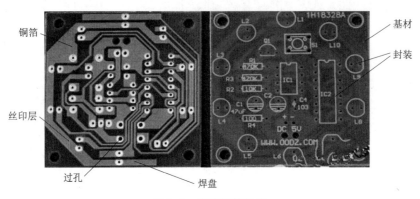

图 1-5　电路板的组成

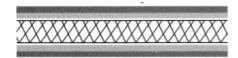

图 1-6　覆铜板

（2）丝印层：铜箔不是裸露在空气中的，在铜箔层上有一层丝印层，用来保护铜箔层。

（3）封装：实际元件焊接到电路板时所指示的元件外形和焊盘位置等，如电阻的形状、标称值、元件标号等，为便于安装和维修，通常也印制在丝印层。

（4）焊盘：用于在电路板上固定元器件，也是电信号通过铜箔进入元件的电路组成部分。

（5）过孔：用于连接各层需要连接的铜箔。

3. 印制电路板的分类

（1）按基材分类。按基材可分为刚性印制板和柔性印制板两大类，如图 1-7 和图 1-8 所示，具体分类见表 1-1。

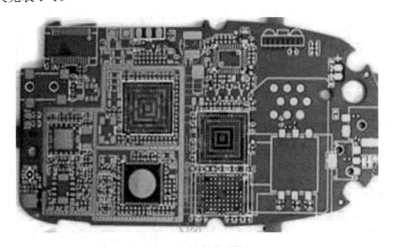

图 1-7　刚性印制板

图 1–8　柔性印制板

表 1–1　按基材分类的 PCB

分类	材料	特点	适用场合
刚性印制板	纸基板	价格低廉，性能较差	低频电路和要求不高的场合
	玻璃布板	价格较贵，性能较好	高频电路和高档家电电子产品
	复合基板	价格较贵，性能较好	高频电路和高档家电电子产品
	特殊材料	价格较贵，性能较好	高频电路
柔性印制板	软性绝缘材料	可进行折叠、弯曲，节约空间	小型化、薄型化电子产品

（2）按导电板层划分。根据铜箔的层数，可分为单面板、双面板和多层板三类，如图 1–9 所示为单面板和双面板。

单面板：如图 1–9（a）所示，元器件集中在一面，导电图形布置在另一面上。因为只有其中一面有导线图形，所以称之为单面板，一般比较适合简单的电路。

双面板：如图 1–9（b）所示，元器件可布置在两面，导电图形也可布置在两面，并通过金属化孔进行连接。因为两面都有导电图形，所以称之为双面板，一般适合稍复杂的电路。

多层板：导电图形可以布置在电路板的两面，还可以布置在中间，一般应用在较复杂的电路中。

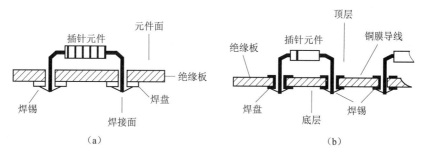

图 1–9　单面板和双面板
(a) 单面板；(b) 双面板

1.2.2　PCB 设计

1. PCB 设计流程

PCB 设计一般包括绘制原理图、设计 PCB 图和 PCB 制作三大过程，如图 1–10 所示。具体的设计流程如图 1–11 所示，包含设计启动、创建原理图元件库、创建 PCB 元件库、创建原理图文件、绘制原理图、原理图验证、创建 PCB 文件、导入网络表、PCB 布局、PCB 布线和 PCB 验证等过程。

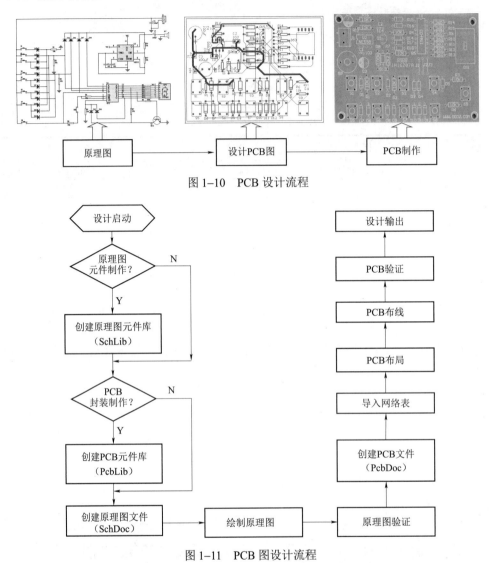

图 1-10　PCB 设计流程

图 1-11　PCB 图设计流程

（1）设计启动。在设计前期进行产品评估、电路连接、逻辑关系验证和元器件选型等工作。

（2）创建原理图元件库。创建原理图元件库文件，并根据电子元器件数据手册制作原理图元件。

（3）创建 PCB 元件库。创建 PCB 元件库文件，根据电子元器件数据手册或测量实际元器件尺寸制作 PCB 封装。

（4）创建原理图文件。创建绘制原理图的文件。

（5）绘制原理图。通过原理图编辑工具绘制原理图。

（6）原理图验证。对原理图进行错误检查。

（7）创建 PCB 文件。创建绘制 PCB 图的文件。

（8）导入网络表。把原理图的电路连接关系通过导入网络表加载到 PCB 中。

（9）PCB 布局。根据原理图，依据 PCB 布局原则，进行元器件交互布局和细化布局。

（10）PCB 布线。依据布线原则，设置布线规则，完成相关电气特性的电气连接。

（11）PCB 验证。验证 PCB 设计中的开路、短路或高速规则等。

（12）设计输出。输出原理图、光绘文件、钻孔文件、装配图文件等。

2. 电路符号

在原理图绘制过程中，用电路符号代表元器件。电路符号是用来表明元器件引脚间的电气分布关系。同一个元器件，可以有不同形式的电路符号，如图 1-12 所示为电阻的不同电路符号。

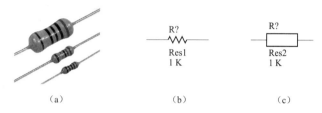

图 1-12　电阻实物和不同的电路符号
（a）电阻实物；（b）电阻符号 1；（c）电阻符号 2

3. 元件封装

PCB 图中用到的元器件封装是指实际元器件焊接到电路板时所显示的外形和焊点位置关系，如图 1-13 所示为电阻的不同封装。元器件封装的外形和焊盘必须是根据元器件实际尺寸设计的，否则在装配电路板时元器件可能安装不上去。

4. 电路符号与封装的关系

电路符号和封装并不是一一对应关系，电路符号 Res2 可以采用图 1-13 所示的任何一个封装，具体由实际元器件决定；封装 AXIAL-0.4 的电路符号可以是 Res1，也可以是 Res2。但在一张 PCB 设计过程中，同一元器件的电路符号和封装有一样必须是统一的，即电路符号的引脚编号和封装的焊盘编号，如图 1-14 所示。

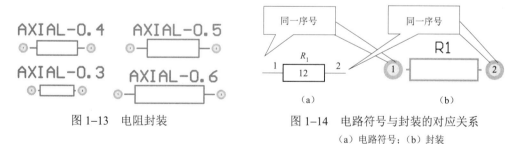

图 1-13　电阻封装　　　　图 1-14　电路符号与封装的对应关系
　　　　　　　　　　　　　　　　（a）电路符号；（b）封装

1.2.3　PCB 开发工具

常用的 PCB 开发工具有 Protel、PowerPCB、OrCAD 和 Cadence 等，其中 Protel 是国内常用的 PCB 软件。

1. Protel 的发展历程

1895 年：诞生 Protel DOS 版 TANGO。

1992 年：诞生 Protel Windows 版。

1998 年：Protel 98 是第一个包含 5 个核心模块的 EDA 工具。

1999 年：Protel 99 构成从电路设计到真实板分析的完整体系，尤其是 Protel 99 SE 版本，功能强大、操作简单，成为国内最流行的 EDA 工具之一，目前许多高校和一些单位还继续使用该工具。

2000 年：Protel 99 SE 性能进一步提高，可以对设计过程有更大控制力。

2002 年：Protel DXP 2002 集成了更多工具，使用方便，功能更强大。

2004 年：Protel DXP 2004 对 Protel DXP 2002 进一步完善，有 SP1、SP2、SP3、SP4 四个版本，为 Protel 家族的最新版本。与以前版本相比，大大提高了布线的成功率和准确率。

2006 年：Altium Designer Winter6.x 成功推出，集成了更多工具，使用方便，功能更强大，特别在 PCB 设计方面性能大大提高。

2008 年：Altium Designer Winter 09 推出，引入了新的设计技术和理念，以帮助电子产品设计创新。

2011 年：Altium Designer Release 10 推出。

2012—2014 年：陆续推出 Altium Designer Version 13～14.x。

2015 年：Altium Designer Version 15 全新推出。

2. Altium Designer 15 的功能和特点

Altium Designer 15 着重高速电路板的设计，关注设计生产力和效率的提升，强化软件的核心理念。根据 Altium Designer 官方网站的信息，Altium Designer 15 的新特性包含：

（1）提升 xSignals 性能。Altium Designer 15 提供一系列可应对复杂高速设计的产品性能，节省设计线路长度匹配时的时间。

（2）全输出 PDF 文档选项。Altium Designer 15 中引入了 3D PDF 输出文档选项，用户可以根据需要输出 3D PDF 文件。

（3）强化软硬结合板功能。新版本加入了可支持软硬结合板设计的"比基尼（Bikini）"覆盖层，用户可以加入支撑板层，轻松实现灵活设计。

（4）有利于管理焊盘和过孔。焊盘和过孔能够在焊盘和过孔库中轻松管理，允许用户为焊盘形状和尺寸自定义模板。模板可轻松应用于 PCB 上特殊的焊盘组，从而大大节省了单独定义焊盘选项的时间。

1.3 项目实施

1.3.1 Altium Designer 15 的基本使用

任务 1　启动软件

启动 Altium Designer 15（后面简称 AD15）软件，打开软件主界面。

方法：双击桌面快捷图标 或执行【开始】→【所有应用】→【Altium Designer】命令。软件启动后，主窗口如图 1–15 所示，主要由标题栏、菜单栏、工具栏、工作窗口和工作面板等构成。

视频 1　AD15 的基本使用

项目 1　印制电路板设计平台搭建

图 1-15　AD15 主窗口

任务 2　管理工作面板

AD15 中包含各用途的工作面板，常用的有"Files""Project""Library""SCH Library"和"PCB Library"等。在 PCB 设计过程中，需要打开、关闭工作面板以及各工作面板间的切换。

方法：Step1 打开工作面板。单击工作界面右下角的【System】标签或执行【View】→【Workspace Panels】→【System】命令。

Step2 切换工作面板。通过单击主窗口左下方的面板标签来实现，例如单击"Files"标签，将打开"Files"面板，如图 1-16 所示。

图 1-16　工作面板锁定和隐藏状态

任务 3　切换工作面板状态

工作面板有三种状态：隐藏、锁定、浮动。主窗口右侧边的工作面板默认为隐藏状态，只以面板标签的形式出现。左边的工作面板就处于锁定状态，如图 1-16 所示，处于锁定状态时，工作面板右上角显示为 ，三种状态之间可以进行随意切换。

方法：用鼠标拖动面板，将其拉离主窗口侧边时，它就处于浮动状态，如图 1-17 所示。再将其拉回主窗口左侧或者右侧，又重新变为隐藏状态。单击"Files"面板右上角的 ，可关闭该工作面板。

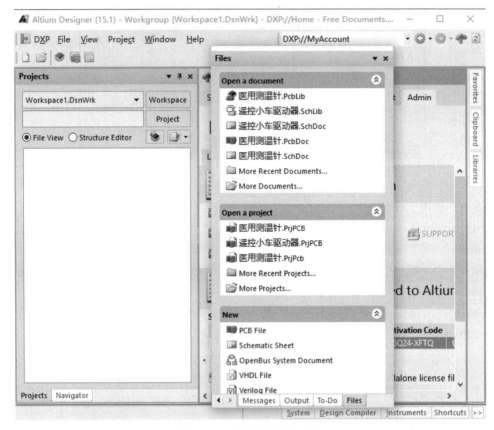

图 1-17 工作面板浮动状态

1.3.2 系统环境设置

系统的环境设置包括资料备份、自动保存、系统字体、工作面板的显示和环境查看参数等。

任务 1 系统汉化设置

进行本地化语言设置，也就是转换为中文版本。

方法：Step1 执行菜单命令【DXP】→【Preferences】，如图 1-18 所示，进入软件系统配置设置窗口，如图 1-19 所示。

Step2 打开设置选项"General"，选中"Use localized resources"复选框，如图 1-20 所示。选中后，系统弹出一个提示框，如图 1-21 所示，单击 OK 按钮，使设置生效。关闭软件，再次启动软件时，就可以使用汉化的软件。但建议大家使用英文版本。

项目 1　印制电路板设计平台搭建

图 1-18　菜单命令【DXP】→【Preferences】

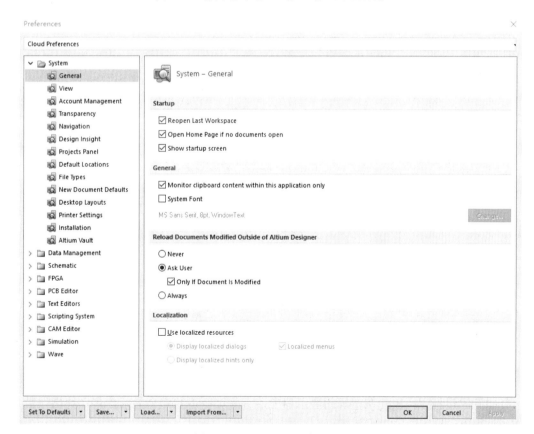

图 1-19　Preferences 系统设置

13

图 1-20 软件汉化设置　　　　　　图 1-21 信息提示框

任务 2　个性启动设置

AD15 软件在启动时，默认显示前一次关闭软件时显示的文件。若不想打开上一次的文件，可进行个性启动设置。

方法：打开设置选项"General"，在右边的"Startup"设置栏内进行相应选择，如图 1-22 所示。

图 1-22 显示设置

任务 3　实时保存设置

在绘图过程中，为了防止电脑出现意外，所做工作丢失，造成不必要的麻烦，需要设置实时保存功能，一般设置时间长度为 5 min。

方法：执行【DXP】→【Preferences】→【Data Management】→【Backup】命令，如图 1-23 所示。

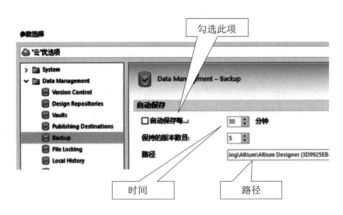

图 1-23 实时保存设置

任务 4　工作窗口设置

在制图的过程中，软件在宽屏的显示器上，有些页面不能完全显示出来，给操作带来不便，此时可以进行工作窗口设置。

方法：执行【DXP】→【Preferences】→【System】→【View】命令，如图 1-24 所示。

图 1-24 显示窗口设置

1.3.3 工程文件管理

在 AD15 中,系统以工程的形式管理文件,如"AD.PrjPcb";与工程无关的为自由文件"Free Documents"。可以通过直接拖拽的方式把自由文档中的文件添加到已有工程中。一个工程文件中包含与该工程设计相关的文件,比如原理图文件、PCB 文件、原理图库文件、PCB 库文件和一些生成或输出文件,如图 1-25 所示。

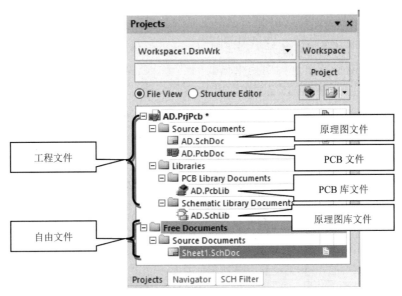

图 1-25 文件管理

项目 2　印制电路板制板平台搭建

2.1　项目导入

电子产品设计制作过程中,既有软件设计,又有硬件设计。其中软件设计包括原理图设计和 PCB 图设计,而硬件设计包括印制板制作、元器件装配与调试、器件检修与测试等。印制板的制作在整个电子制作过程中是很重要的环节,它是从图纸变成实物的重要转变,如图 2-1 所示。了解电路板制作的过程对学习 PCB 设计有很大帮助。

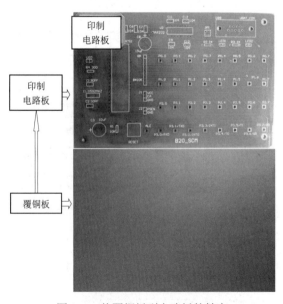

图 2-1　从覆铜板到电路板的转变

2.2 项目分析

要想把 PCB 图变成印制电路板,就涉及 PCB 的制作工艺。随着工艺技术的不断发展,PCB 的制作工艺也在不断地进步,制作的电路板也向高精度、高密集等方向发展。但单面板、双面板的制作工艺仍是 PCB 生产工艺的基础,它们的主要制作工艺如图 2-2 和图 2-3 所示。

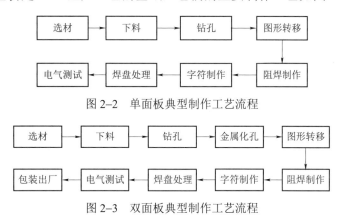

图 2-2 单面板典型制作工艺流程

图 2-3 双面板典型制作工艺流程

其中涉及的主要工艺有:

(1) 选材。选材是制作电路板的基础,指覆铜板的选择,一般根据电路的电气功能和使用的环境条件选取,单面板一般选用酚醛树脂纸基覆铜板,双面板一般选用环氧玻璃布覆铜板。

(2) 下料。指根据电路板设计,按照实际尺寸裁剪覆铜板,将四周打磨平整、光滑,并将板清洗干净。

(3) 钻孔。在裁好的覆铜板上钻孔,实现层与层、导线与元件之间的连接。

(4) 金属化孔。金属化孔是电路板制作工艺的核心问题,指在两层多层板中,将整个孔壁覆铜,以实现各面的电气连接。

(5) 图形转移。图形转移是制作电路板的关键工艺,指将线路导电层转移到覆铜板上。图形转移的方法有丝印法、直接感光法和光敏干膜法,而丝印法是成本比较低的方法之一。

(6) 阻焊制作和字符制作。阻焊制作和字符制作是电路板制作的表面处理,指将底片上的阻焊和字符转移到腐蚀好的电路板上。

(7) 焊盘处理。有化学镀锡、喷锡、助焊等工艺。涂助焊剂有防止焊盘氧化的作用,不管是单面板还是双面板,都需要双面防氧化处理焊盘。

那么 PCB 图设计之后,如何变成电路板呢?这就需要 PCB 图设计好后,输出机器可执行的加工文件,按照制作流程制作出需要的电路板。生成的加工文件包括钻孔文件和 Gerber 文件,其中双面板 Gerber 文件一般包含:顶层线路(.GTL)、底层线路(.GBL)、顶层阻焊(.GTS)、底层阻焊(.GBS)、底层字符(.GBO)、顶层字符(.GTO)和边框(.GKO)等,如图 2-4 所示。

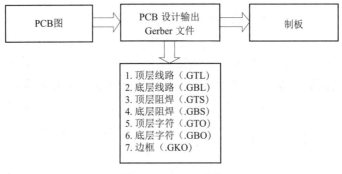

图 2-4 Gerber 文件

本项目中将介绍中小型工业制板法和 PCB 手工制作方法，具体解决以下几个问题：
（1）小型工业制板流程；
（2）手工雕刻法流程；
（3）制板过程中的一些主要工艺。

2.3 项目实施

2.3.1 小型工业化学制板法

任务 1　底片制作

制作照相底片是电路板制作的关键工艺，直接影响电路板的性能和产品的质量。双面的 PCB 板需要制作下面三种底片：

（1）导电图形底片，分顶层和底层，如图 2-5（a）和图 2-5（b）所示；
（2）阻焊层图形底片，分顶层和底层，如图 2-5（c）所示；
（3）字符标记图形底片，分顶层和底层，本项目中只有顶层，如图 2-5（d）所示。

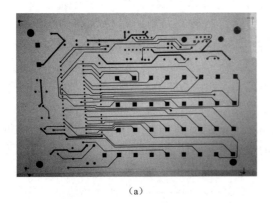　　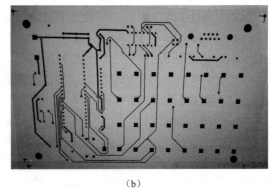

(a)　　　　　　　　　　　　　　　　　(b)

图 2-5　底片
(a) 顶层导电图形；(b) 底层导电图形；

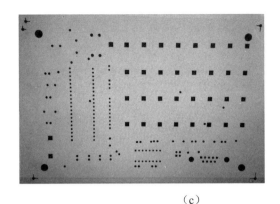 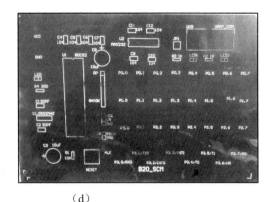

　　　　　　　（c）　　　　　　　　　　　　　　（d）

图 2-5　底片（续）

（c）阻焊层顶层；（d）字符标记图形

　　方法：利用激光打印机将 PCB 设计生成的 Gerber 文件打印在菲林底片上，类似照片的胶片。或者通过激光光绘仪先打印在底片上，然后再冲洗，类似照片的冲洗过程。

任务 2　下料（裁板）

　　根据电路板的要求，在大块覆铜板上，根据设计的 PCB 图电路板大小，裁切成合适板件。一般中小型企业的裁板设备有两种，一是手动裁板机，二是脚踏式裁板机。本项目中使用手动裁板机，如图 2-6 所示。

图 2-6　手动裁板机

　　方法：将覆铜板固定在裁板机上，根据裁板机的刻度确定尺寸，用力压扶手，裁剪覆铜板。

任务 3　钻孔

　　电路板上的孔一般分为三类：过孔、元件插孔和定位孔。目前实现钻孔的方法有：数控钻孔、机械冲孔、化学蚀孔、激光烧孔和激光钻孔等。本项目中采用数控钻孔，数控钻孔机如图 2-7 所示，覆铜板钻孔后如图 2-8 所示。

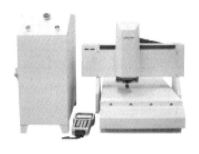 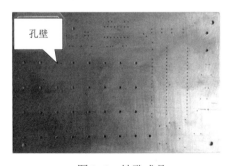

　图 2-7　数控钻孔机图　　　　　　　图 2-8　钻孔成品

　　方法：Step1 钻孔准备。钻孔前必须做好三方面的准备：一是钻孔文件的准备；二是钻孔设备的准备，包括数据线连接、电源连接、原点复位、钻头的选择、盖板的选择等；三

图 2-9 金属化孔机

是上板准备,把裁好的板材用胶带或双面胶粘贴在钻孔机的底板上,手动调整底板和电机的位置,使钻头对准电路板边框右下角。

Step2 钻孔。导入 PCB 设计生成的钻孔文件,机器开始钻孔。

任务 4 金属化孔(PTH)

金属化孔是利用化学方法在绝缘孔壁上沉积上一层薄铜,使原来非金属化的孔壁金属化。本项目中采用如图 2-9 所示的金属化孔机对电路板上的孔进行电镀金属化处理。

方法:金属化孔的流程如图 2-10 所示。

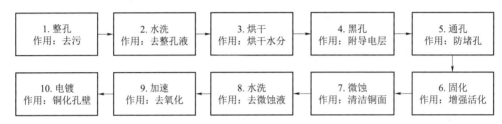

图 2-10 金属化孔流程

任务 5 图形转移

图形转移是将底片上的图像转移到板上。图形转移有两种方法,一种是网印图像转移,一种是光化学图像转移。网印图像转移比光化学图像转移成本低,本项目中就采用这种方法,图形转移后的电路板如图 2-11 所示。

电路板制作过程涉及多种设备并有较为复杂的流程,具体如图 2-12 所示。

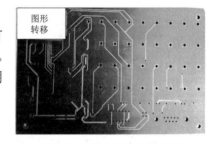

图 2-11 图形转移后的成品

Step1 表面清洁。利用电路板抛光机进行刷磨、清洗、干燥,去除 PCB 表面的污渍和氧化物,便于后面的压膜操作。双面板两面同时进行抛光。

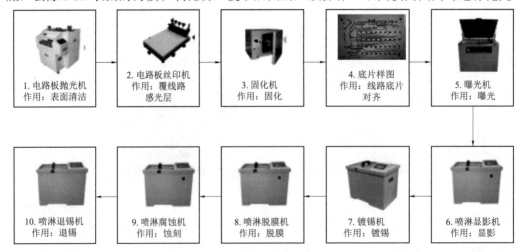

图 2-12 图形转移流程

Step2 涂覆感光油墨。利用电路板丝印机将感光油墨均匀地涂覆到覆铜板上,主要有干膜和湿膜两种工艺,本项目中采用湿膜工艺。

Step3 油墨固化。使用油墨固化机烘干,使油墨固化。

Step4 线路底片对齐。将线路底片与覆铜板重合,确保线路与焊盘完全对齐,一般可以采用边框附近的孔作为参考点。

Step5 图形曝光。通过曝光机,利用化学反应将线路感光层底片上的图像精确地转移到覆铜板上,实现图像的再次转移。

Step6 图形显影。通过喷淋显影机,将覆铜板上没有曝光的感光层除去。

Step7 图形电镀。利用镀锡机,在 PCB 线路部分镀上一层锡,用来保护线路不被蚀刻液腐蚀破坏。

Step8 脱膜。使用化学液体对外层电路板蚀刻之前的 D/F 剥除。

Step9 图形蚀刻。蚀刻是利用化学反应法将非线路部位的铜层腐蚀去,形成需要的电路图。

Step10 退锡。用 NaOH 溶液退去抗电镀覆盖膜层使非线路铜层裸露出来。

任务 6 阻焊制作

将阻焊底片上的阻焊图形转移到线路图形转移好的电路板上,防止焊接时电路桥连,防止铜箔氧化,形成电路板的保护层,经过阻焊层制作的电路板如图 2-13 所示。

方法:阻焊制作流程如图 2-14 所示,主要有抛光、覆阻焊油墨、烘干、曝光、显影和固化。

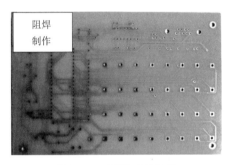

图 2-13 阻焊后的成品

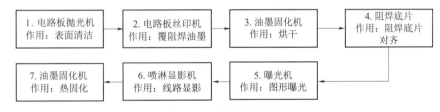

图 2-14 阻焊制作流程

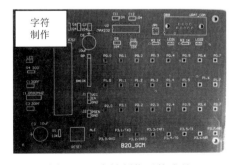

图 2-15 字符制作后的成品

任务 7 字符制作

字符是提供的一种便于辨认的标记,字符制作后如图 2-15 所示。

方法:字符制作的流程类似于阻焊制作,把其中的阻焊底片换成字符底片即可。

任务 8 焊盘处理

焊盘处理是指在焊盘表面涂上一层锡,使焊盘具有耐氧化、耐冲洗、耐湿热等功能。焊盘处理最早用的是喷锡法,目前最普遍使用的是 OSP 工艺法。

方法：PCB 的 OPS 工艺流程如图 2-16 所示。

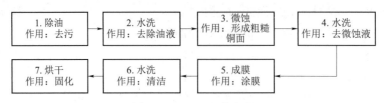

图 2-16　OSP 工艺流程

2.3.2　手工雕刻制板法

PCB 手工制作在小型企业的产品试制或实验室产品开发过程中，应用仍十分广泛。手工制作的方法有：雕刻法、手工描绘法、油印法、使用预涂布感光覆铜板法、热熔塑膜制板法、贴图法和热转印法等，其中手工雕刻法是最简单、最直接的方法，比较适合实验室一些小电路板的制作。本项目中以 HW-3232 视频雕刻机为例，如图 2-17 所示，阐述雕刻机制作电路板的过程。

视频 2　手工雕刻制板法

图 2-17　HW-3232 视频雕刻机

HW-3232 视频雕刻机是一种机电、软件、硬件互相结合的高科技产品。它利用物理雕刻过程，通过计算机控制，在空白的覆铜板上把不必要的铜箔铣去，形成用户定制的电路板，主要功能如下：

（1）在覆铜箔板上钻孔。

（2）控制切入深度精铣，用雕刻刀剥掉不需要的铜箔，形成导线焊盘。

（3）透铣、沿外形线进刀，使电路板与板材分离。

（4）原点直接设置、复位功能。

（5）软件虚拟加工，可预览加工路径。

（6）实时加工路径、进度显示。

（7）多孔径钻孔一次完成，省却了频繁地换刀工序。

（8）断点续雕，任意位置停止、恢复雕刻。

（9）智能组合雕刻，可设置粗细两把刀加工，最大限度地保证加工精度，缩短加工时间。
（10）任意区域选择雕刻，满足补雕、精雕的需要。
（11）变频主轴电机，强制冷型，转速最高达 60 000 r/min。
（12）智能化转速控制，根据刀具自动优化主轴转速。
（13）改进的孔金属化工艺，无须化学电镀，采用物理孔化方法，真正环保。
HW-3232 视频雕刻机规格和技术参数如表 2-1 所示。

表 2-1　HW-3232 视频雕刻机规格和技术参数

最大工作面积	320 mm×320 mm
加工面数	单/双面
驱动方式	X、Y、Z 轴步进电机
最大转速	60 000 r/min
最大移动速度	7.2 m/min
最小线宽	4 mil（0.101 6 mm）
最小线距	6 mil（0.152 4 mm）
加工速度	60 mm/s（max）
钻孔深度	0.02～3 mm
钻孔孔径	0.4～3.175 mm
钻孔速度	180 Strokes/min（max）
操作方式	半自动
通信接口	RS232/USB
计算机系统	CPU：PIII-500 MHz 以上；内存：256 M 以上
操作系统	Windows XP/Vista/Win 7
电源	交流（220±22）V，（50±1）Hz
功耗	120 V·A
质量	66 kg（主机 54 kg、电控箱 12 kg）
外形尺寸	750 mm（L）×660 mm（W）×1 200 mm（H）
保险丝	3 A

任务 1　下料

选取一块比设计电路板图略大的覆铜板。

任务 2　雕刻前的准备

加工文件生成后，把文件导入雕刻机配套软件中，进行调参设置，完成后就可以加工电路板。

方法：Step1 固定电路板。

确认刻制机硬件与软件安装完成后，将裁剪好的覆铜板，一面均匀地贴双面胶，然后将覆铜板贴于工作平台板的适当位置，并均匀用力压紧、压平。

实践技巧

定位孔在电路板上下沿左右两边,因此请在覆铜板左右各空出 1 cm。

Step2 安装刀具。

在电路板制作中,电路板的钻孔需要钻头,雕刻线路需要雕刻刀,割边需要铣刀,选取一种规格的刀具,使用双扳手将主轴电机下方的螺丝松开,插入刀具后拧紧。主轴电机钻夹头带有自矫正功能,可防止刀具安装的歪斜。

Step3 开启电源。

开启雕刻机电源,Z 轴自动复位,此时主轴电机仍保持关闭状态,向右旋转主轴电机启停钮,开启主轴电源,几秒钟后,电机转速稳定后即可开始加工。

 实践技巧

(1)安装刀具时,请勿取下钻夹头,因为钻夹头已经高速动平衡校正。
(2)在电机未完全停止转动之前,请勿触摸夹头和刀具。

Step4 打开软件。

打开雕刻机配套软件"Circuit Workstation",主界面如图 2-18 所示。若设备未连接或主机电源未打开,会提示"设备无法连接,是否仿真运行",如图 2-19 所示,单击"确定"按钮,进入仿真状态;单击"重试"按钮,重试连接;单击"退出"按钮,则直接退出程序。

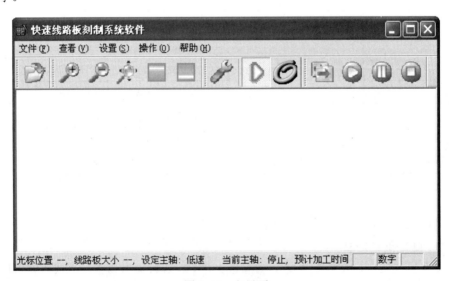

图 2-18 主界面

Step5 打开文件。

执行【文件】→【打开】命令,出现文件导入窗口,如图 2-20 所示。

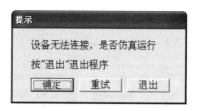

图 2-19 提示对话框

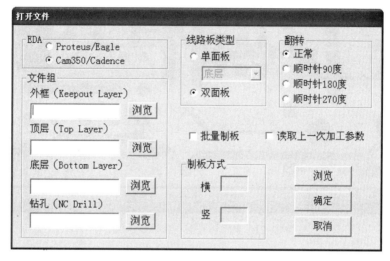

图 2-20 打开文件

根据 EDA 转出 Gerber 文件类型,选择"EDA"栏中的 EDA 软件类型:Cam350/Cadence。在"线路板类型"栏中选择电路板类型:双面板。在"文件组"栏,单击浏览按钮,依次打开外框、顶层、底层和钻孔文件,如图 2-21 所示。再单击打开按钮,正常打开后的默认显示层为电路板底层,如图 2-22 所示。

图 2-21 选择加工文件

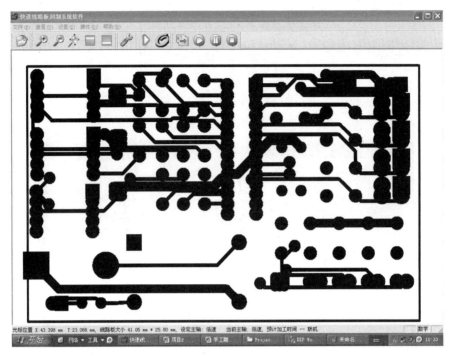

图 2-22　电路板底层（默认显示层）

在窗口下方的状态栏中，显示当前光标的坐标位置、电路板的大小信息、主轴电机的设定与当前状态及联机状态信息。默认的单位为英制 mil，可通过主菜单【查看】→【坐标单位切换】命令，将显示单位切换至公制 mm。

 实践技巧

如打开过程出现异常提示，请检查 Gerber 文件转换设置是否正确。

任务 3　钻孔

钻孔工序分为钻定位孔和钻其他孔。定位孔用于双面板翻面时确定相对位置，以进行双面板的孔金属化。单面板不需钻定位孔。钻孔时，主轴电机自动切换为中速。

方法：Step1 用双面胶把覆铜板平整地贴于加工平台上，根据电路板的大小，调整 X、Y 方向刀头的位置，以确定电路板合适的起始位置。

Step2 改为手动微调，在操作控制面板上的 Z 微调旋钮是一个数字电位器旋钮，调节旋钮向左旋转时，Z 轴垂直向下移动 0.01 mm/格；调节旋钮向右旋转时，Z 轴垂直向上移动 0.01 mm/格。

Step3 调节钻头的高度时，当钻头快接近覆铜板时，一定要慢慢旋动旋钮直到钻头刚刚接触到覆铜板。

Step4 装好适当的钻头后，通过操作控制面板切换到"定位、钻孔"选项，如图 2-23 所示。选择钻孔的直径、钻头直径和钻头下降速度，调节钻头的定位深度，使钻头尖与电路板垂直距离为 2 mm 左右。

项目 2 印制电路板制板平台搭建

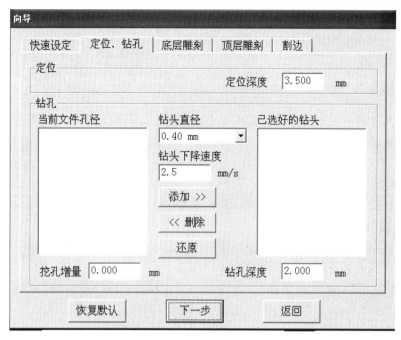

图 2-23 定位、钻孔操作界面

Step5 单击如图 2-23 所示的"下一步"按钮,弹出如图 2-24 所示对话框,在向导中设置钻孔参数。而对双面板,先钻定位孔,然后钻其他孔。

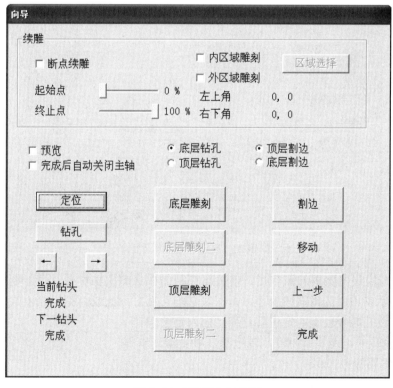

图 2-24 "向导"对话框

27

Step6 更换钻头时,需要关闭主轴电机电源,等待主轴电机完全停止转动后,才能更换钻头。重复4、5、6步骤,钻完各个规格的孔。

实践技巧

调节钻头高度时一定要保证主轴电机处于运转状态,否则容易造成钻头断裂,并请确保当前工作面为底层。

任务 4　电路板孔金属化

与化学制板法的金属化孔一样,将原来非金属化的孔壁金属化,这里就不一一赘述了。

任务 5　电路板雕刻

雕刻的过程,即把板上除线路部分的铜铣掉的过程。本设备在雕刻过程中结合了隔离和铣雕两种方式,保证了线路边缘的光滑平整。

方法:Step1 安装合适规格的雕刻刀,并在向导中设置相应的雕刻参数,如图 2-24 所示。

Step2 启动主轴电机,设置加工原点,然后在操作面板选择"底层雕刻"。单击下一步按钮,就进入图 2-25 所示界面,单击"底层雕刻"选项开始雕刻。

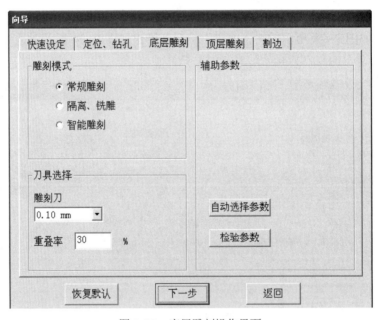

图 2-25　底层雕刻操作界面

Step3 完成底层电路板的雕刻后,请关闭控制面板上的主轴电源,取出电路板,左右翻转电路板,把粘在顶层的双面胶撕下,再在底层均匀粘好双面胶,把电路板紧贴于平台上,将电路板上定位孔与平台上的定位孔对准,插入定位销。

Step4 雕刻顶层电路板。打开主轴电源,重复雕刻步骤。

任务 6　电路板割边

电路板雕刻完毕后,需沿禁止布线层进行割边操作,以得到最终的成品电路板。单面板在雕刻完成后,直接进行割边。双面板需在完成底层、顶层雕刻后进行割边。

方法:在操作面板选择"割边"选项,如图 2-26 所示。将割边深度设为比实际板厚多 0.2 mm,确保将电路板按禁止布线层边框线切割出来。割边请使用 0.8 mm 的 PCB 铣刀,以保证割边的平整光滑。

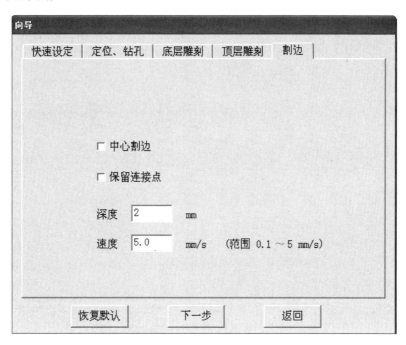

图 2-26 割边操作界面

任务 7 电路板表面处理

方法:Step1 清洁打磨。取出电路板,将电路板清理干净后,用细砂纸轻轻地将两面线路打磨一遍,以使线路光滑饱满。

Step2 镀锡。为防止电路板被氧化并增加以后的可焊性,可将电路板浸入化学镀锡液内进行常温镀锡,10 min 后取出电路板吹干,即可得到光亮易焊的电路板。

初 级 篇

印制电路板的设计主要包括原理图设计和 PCB 设计两个阶段。本篇将通过"手摇式发电机电路板设计"和"稳压直流电源电路板设计"两个项目,实现以下能力培养目标:

(1)熟悉原理图编辑环境;
(2)能绘制简单的电路原理图;
(3)熟悉 PCB 编辑环境;
(4)能设计单面 PCB 板。

项目 3

手摇式发电机电路板设计

3.1 项目导入

随着科技和网络的迅速发展，便携式电子产品在日常生活中越来越不可短缺，如数码产品。目前数码设备中的锂电池的充电方式大多数为 220 V 交流转 5 V 直流电充电，对于经常外出或在户外工作的用户，如果所处地区无电力供给设施，时常会因备用电池电力不足而影响正常工作。因此，人们设计了很多方法来维持数码产品的正常工作，使数码产品既可以利用电网充电，也可以利用其他方法，如太阳能充电器、手摇式发动机等。本项目的主要内容是设计一款手摇式发电机，图 3-1 所示为电路原理图，图 3-2 所示为 PCB 图。

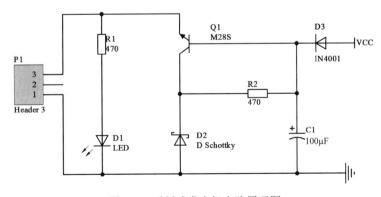

图 3-1 手摇式发电机电路原理图

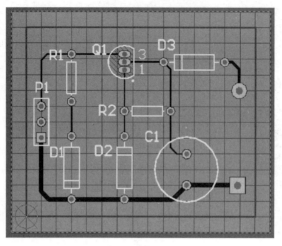

图 3-2 手摇式发电机 PCB 图

3.2 项 目 分 析

在电子产品设计过程中,电路原理图的设计是呈现电子产品设计的最好方法,是整个电子产品设计的基础。电路原理图,就是根据设计需要选择的元器件,并通过它们之间的工作原理而组成的逻辑关系。分析图 3-1 可知,电路主要由元件、导线和电源符号组成。

(1)元件:为各实际元器件对应的电路符号,如 R1、D1 和 Q1 等,必须与实际元件一一对应。

(2)导线:对应元件引脚之间的连接关系。

(3)电源符号:标注原理图上的电源网络,并不代表实际的供电器件,如 VCC。

为了将已设计好的电路原理图更好地呈现出来,在绘制原理图时,应遵循的基本原则为:

(1)电路原理图的电气连接正确、信号流向清晰。

(2)元器件的整体布局合理,原理图美观、整洁。

而 PCB 的设计是从原理图变成电子产品的必经之路,实现了元器件之间的真正连接。分析图 3-2 可知,这是一个比较简易的 PCB 图,主要由元件封装、铜箔和电源接口组成。

(1)封装:与原理图中的元件相对应,如图 3-2 中的 R1、Q1,必须根据实际元件选择。

(2)铜箔:与原理图中的导线相对应,代表实际的电气连接,具有导电功能。

(3)电源接口:与原理图中的电源输入端相对应,如图中的 VCC 和 GND。

手摇式发电机电路板设计是比较简易的单面板,设计这样一个电路板,主要包括创建项目文件、绘制简单原理图、手工创建 PCB 文件、手工放置元件封装、手工设置网络表、手工布局和布线等操作,如图 3-3 所示。具体需解决以下几个问题:

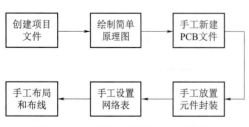

图 3-3 手工制作单面 PCB 流程图

（1）如何创建原理图文件？
（2）如何设置原理图图纸？
（3）如何加载原理图库？
（4）如何放置元器件和属性编辑？
（5）如何创建 PCB 文件？
（6）如何放置元件封装？
（7）什么是网络表？如何进行设置？
（8）什么是布局？如何进行布局？

3.3 项目实施

3.3.1 手摇式发电机的原理图绘制

手摇式发电机电路原理图如图 3-1 所示，简单的原理图设计过程一般包括如图 3-4 所示步骤。

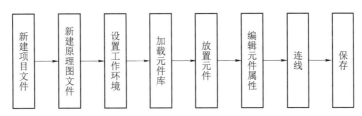

图 3-4 简单原理图绘制过程

任务 1 新建并保存项目文件

为了保证设计的顺利进行和便于管理，建议在进行电路设计前，选择合适的路径，建立一个专属于该项目的文件，用于管理与该项目所有相关联的设计文件。新建一个项目文件"手摇式发电机.PrjPCB"。

方法：执行菜单命令【File】→【New】→【Project…】，弹出如图 3-5 所示的新建项目对话框。在对话框中，选择项目文件类型"PCB Project"，项目模板选择"Default"，在"Name"栏中输入项目文件名称"手摇式发电机"，在"Location"栏中选择项目文件保存路径。在"Projects"面板上就新建了一个名为"手摇式发电机.PrjPcb"的项目文件，如图 3-6 所示。

任务 2 新建并保存原理图文件

要绘制原理图，首先新建原理图文件"手摇式发电机.SchDoc"。

方法：Step1 执行菜单命令【File】→【New】→【Schematic】，如图 3-7 所示。在项目文件"手摇式发电机.PrjPcb"的"Source Documents"下新建原理图文件，系统默认名称为"Sheet1.SchDoc"，如图 3-8 所示。这时编辑界面的工具栏比新建项目时多了使用工具条，主要是多了配线（Wiring）工具条。其功能是放置具有电气特性的导线、网络表标号、总线和输入/输出口等，如图 3-9 所示。

视频 3 原理图绘制前准备

图 3-5 新建项目对话框

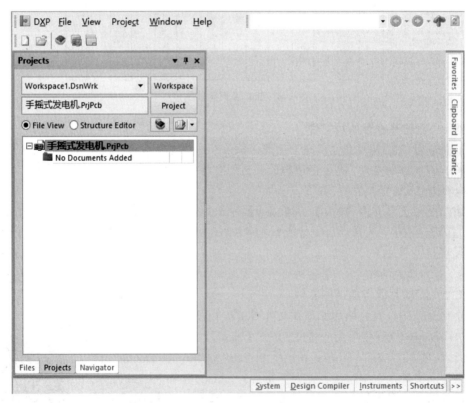

图 3-6 "Projects"面板上的新建项目

项目 3　手摇式发电机电路板设计

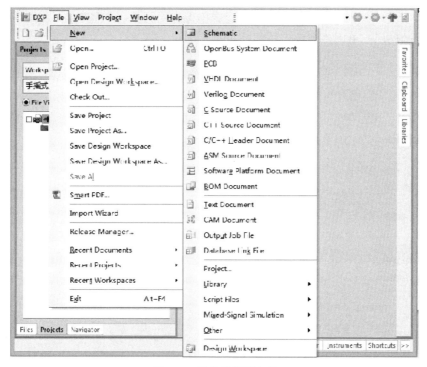

图 3-7　新建原理图文件

图 3-8　"Projects"面板上的新建原理图文件

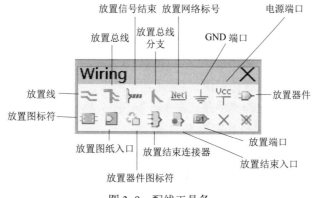

图 3-9　配线工具条

Step2 执行菜单命令【File】→【Save】，弹出保存对话框，如图 3-10 所示，输入文件名称"手摇式发电机"，单击"保存"按钮即可。

图 3-10　保存原理图文件

 实践技巧

在原理图设置过程中，布线应该用工具栏上的"Wiring Tools"，而不是"Drawing Tools"，前者具有电气特性，而后者不具备电气特性。

任务 3　设置工作环境

原理图工作环境设置主要指软件环境参数设置和图纸信息设置。一般在绘制原理图之前，先设置原理图环境参数，然后对图纸类型、大小、字体、标题栏等信息进行设置，这里主要进行图纸信息设置。

（1）图纸设置。方向水平放置；大小为标准风格 A4；工作区颜色为 28 号；边框颜色为 8 号。

（2）栅格设置。捕捉栅格为 10 mil；可视栅格为 10 mil；电气栅格为 8 mil。

（3）字体设置。系统字体为宋体，字号为 10，字形为粗体。

（4）标题栏设置。图纸标题栏采用"Standard"形式。

（5）图纸设计信息。标题为"手摇式发电机"，字号 18；图纸为 8 张中的第 1 张，设计者"Marry"，字号 10，标题栏格式如图 3-11 所示。

方法：Step1 执行菜单命令【Design】→【Document Options...】，弹出如图 3-12 所示的文档选项对话框。

Step2 选择"Sheet Options"方块电路选项，参数设置如图 3-12 所示。

图 3-11 标题栏格式

图 3-12 文档选项对话框

● 图纸尺寸，分"Standard Style"标准尺寸和"Customs Style"自定义尺寸，两者只能二选一。标准尺寸有公制尺寸（A0～A4）、英制尺寸（A～E）、OrCAD 标准尺寸（OrCAD A～OrCAD E），还有一些其他尺寸，如图 3-13 所示。

● 图纸方向，有两种选择，横向"Landscape"和纵向"Portrait"。

● 标题栏格式，有标准"Standard"格式和美国国家标准"ANSI"格式。

Step3 单击 **Change System Font** 按钮，弹出如图 3-14 所示的系统字体设置对话框，选择字体为宋体，字形为粗体，大小为 10。

Step4 选择"Parameters"选项，设置图纸设计信息，如图 3-15 所示，可以根据用户需要对参数进行设置，具体方法：选中要设置的项，在"Value"栏输入信息。如果要添加选项，就单击 **Add...** 按钮，如果要删除，则单击 **Remove...** 按钮。

图 3-13 标准图纸尺寸

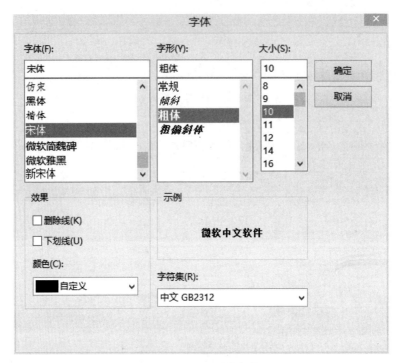

图 3-14　设置系统字体

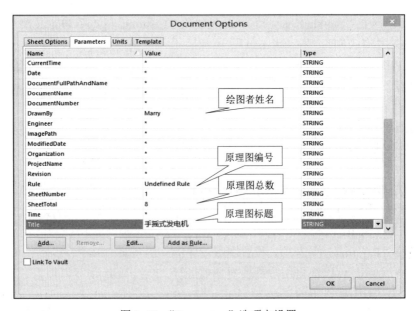

图 3-15　"Parameters"选项卡设置

Step5 选择"Units"选项，选择公制或者英制单位，如图 3-16 所示。

项目 3　手摇式发电机电路板设计

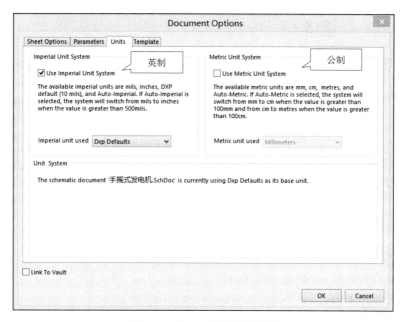

图 3-16　"Units"选项卡设置

 知识拓展——计量单位

　　计量单位有两种：英制（Imperial）和公制（Metric），默认为英制单位。1 英寸=1 000 mil，1 英寸=2.54 厘米。

　　Step6 选择"Template"选项，选择原理图模板，如图 3-17 所示。用户可以选择软件自带的模板，也可以根据需要自作一个模板，这将在项目 9 中具体介绍，本项目就采用软件自带模板。

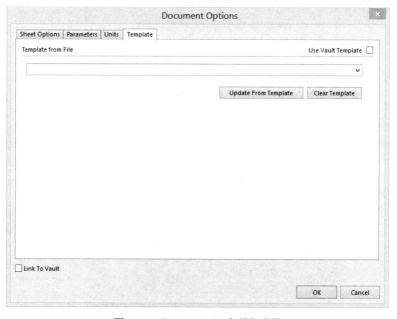

图 3-17　"Template"选项卡设置

知识拓展——栅格

原理图设计中有三种栅格：Snap Grids（捕捉栅格），Visible Grids（可视栅格）和 Electrical Grids（电气栅格）。

捕捉栅格是移动光标和放置原理图元件的最小步长，可视栅格指原理图工作区域格子的大小，如捕捉栅格设置为 10 mil，可视栅格为 10 mil，则原理图中一个格子光标只需移动一步；若捕捉栅格设置为 10 mil，可视栅格为 20 mil，则原理图中一个格子光标最多需要移动两步。

电气栅格指在连接导线时，系统会以鼠标为圆心，设定的值为半径，向四周寻找电气节点，如果找到了设定范围内最近的点，光标就会移到该节点，并出现红色米字形符号。

 实践技巧

在设计过程中，经常需要放大或缩小绘图区域，放大的常用方法有：

（1）执行菜单命令【View】→【Zoom In】（放大），【View】→【Zoom In】（缩小）；

（2）执行快捷键 Page Up（放大），Page Down（缩小）。

任务 4 加载元件库

元件是电路原理图重要的组成部分，系统软件根据不同生产商及不同的功能对元件进行了分类，保存在不同的文件中，也就是库文件。在放置元件之前，先将元件所在的库载入项目中，这个过程称为加载库。元件存在库中的方式有两种：一种是只以原理图元件组成的集成，称之为元件库，后缀名为".SchLib"；另一种是集元件、封装、电路仿真模块等一体的库，称之为集成库，后缀名为".IntLib"。本项目中加载集成库"Miscellaneous Connectors .IntLib"和"Miscellaneous Devices .IntLib"。

方法：Step1 执行菜单命令【Design】→【Browse Library】，就打开"Libraries"元件库工作面板，如图 3-18 所示。

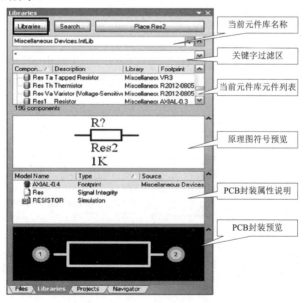

图 3-18 元件库工作面板

项目 3　手摇式发电机电路板设计

Step2 单击 **Libraries…** 按钮，就弹出 3-19 所示的对话框，选择"Installed"选项卡，单击 **Install…** 按钮，选择"Install from file…"选项就打开元件库选择对话框，如图 3-20 所示。

图 3-19　可用库对话框

图 3-20　元件库选择对话框

Step3 在图 3-20 所示的对话框中选择相应的库文件，例如选择"Miscellaneous Connectors"和"Miscellaneous Devices"，单击**打开（O）**按钮后，选择的库就会出现在可用库对话框中，如图 3-19 所示。

Step4 如果要删除元件库，则单击图 3-19 中的 **Remove** 按钮即可。

任务 5　放置元件

在原理图绘制过程中，将各个元器件的电路符号放置到原理图纸中是绘制原理图的重要步骤之一。放置手摇式发电机原理图中所需的接口、发光二极管、电阻、稳压管、三极管、电解电容和二极管等元件。

视频 4　绘制原理图

方法：Step1 利用"Libraries"元件库面板，在元件库列表的下拉菜单中，选择集成库"Miscellaneous Devices.IntLib"，在当前库元件列表中选择要放置的元件，如"Res2"。

Step2 双击元件名称或单击面板上的 **Place Res2** 按钮，找到合适的位置，单击鼠标左键即可放置元件。

Step3 此时鼠标还处于放置元件的状态，单击左键可继续放置相同的元件。

Step4 单击鼠标右键，或者按"Esc"键，退出元件放置的状态。

Step5 参照前四个步骤，放置其他元件，元件所在库见表 3–1，放置完元件后效果如图 3–21 所示。

表 3–1　元件所在库列表

元件类型	所在元件库	库中参考名称
接口	Miscellaneous Connectors .IntLib	Header 3
电阻	Miscellaneous Devices.IntLib	Res2
发光二极管	Miscellaneous Devices.IntLib	LED0
整流稳压管	Miscellaneous Devices.IntLib	D Schottky
三极管	Miscellaneous Devices.IntLib	NPN
电解电容	Miscellaneous Devices.IntLib	Cap Pol1
二极管	Miscellaneous Devices.IntLib	Diode　1N4001

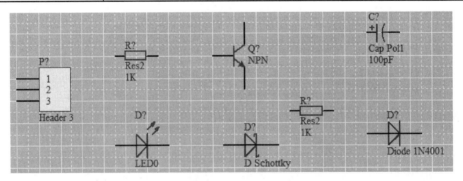

图 3–21　放置元件

任务 6　编辑元件属性

原理图上放置的元器件都具有自己特有的属性，如包括标识符（如 C?）、注释（如 Cap Pol1）、方向、标称值（如 100 pF）、封装等。

编辑方法：放置元件后双击该元件，弹出如图 3–22 所示的属性设置对话框，根据表 3–2 中的值修改元件属性，修改后如图 3–23 所示。

项目 3　手摇式发电机电路板设计

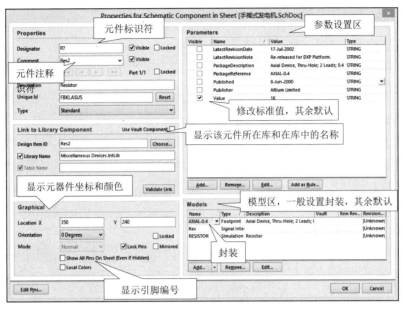

图 3-22　属性设置对话框

表 3-2　手摇式发电机属性设置

Library Ref（库元件名称）	Designator（元件标识符）	Value（值）
Header 3	P1	
Cap Pol1	C1	100 μF
Res2	R1	470
Res2	R2	470
LED0	D1	
D Schottky	D2	
Diode 1N4001	D3	
NPN	Q1	

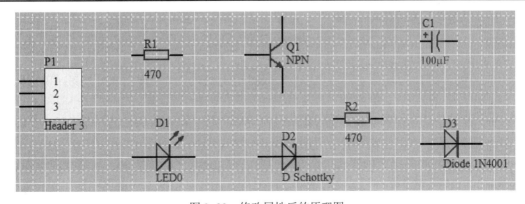

图 3-23　修改属性后的原理图

任务 7　修改元件方向和位置

改变元件的方向，并适当地调整位置。

方法：Step1 用鼠标左键点中元件不放，并操作相应的功能键，各功能键的作用如下：

Space 键：元器件逆时针旋转 90°；

"Shift" + "Space" 键：元器件顺时针旋转 90°；

X 键：元器件水平翻转 180°，即左右对调；

Y 键：元器件垂直翻转 180°，即上下对调。

Step2 用鼠标左键点中元件不放，然后拖到合适的位置，再松开鼠标左键即可。调整元件方向和位置后，原理图如图 3-24 所示。

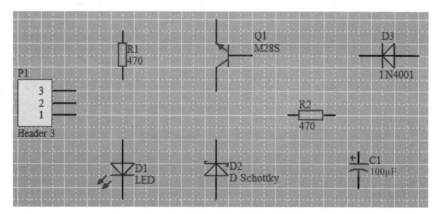

图 3-24　修改元件方向和位置的原理图

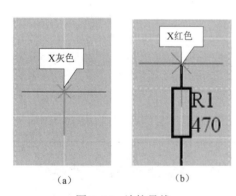

（a）　　　　（b）

图 3-25　连接导线

任务 8　连接导线

原理图中，元器件是通过具有电气特性的导线连接的。如图 3-26 所示，元件的引脚之间通过具有电气连接的导线连接起来。

方法：Step1 执行菜单命令【Place】→【Wire】，此时鼠标上悬浮一个"X"，如图 3-25（a）所示。

Step2 将光标移至所需位置，"X"点变成红色，如图 3-25（b）所示，表明找到了电气节点，单击鼠标左键，定义导线起点，此时利用快捷键改变导线方向。

Step3 在导线的终点处单击鼠标左键，确定终点。

Step4 单击鼠标右键，则完成一段导线的绘制。

Step5 此时仍处于绘制状态，仍可继续绘制导线，再次单击鼠标右键，即可退出绘图。

Step6 参照上述方法，绘制完所有的导线，结果如图 3-26 所示。

Step7 如果对某条导线的样式（如导线线宽、颜色等）不满意，用户可以用鼠标双击该条导线，此时将出现"Wire"属性对话框，用户可以在此对话框中重新设置导线的线宽和颜色等信息，如图 3-27 所示。

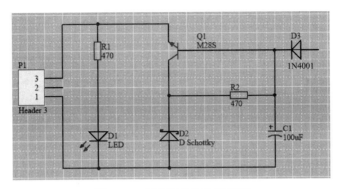

图 3-26 连接导线后的原理图

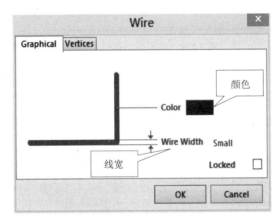

图 3-27 导线属性对话框

知识拓展——导线方向

在绘图过程中,可以利用快捷键改变导线方向,具体见表 3-3。

表 3-3 导线的方向

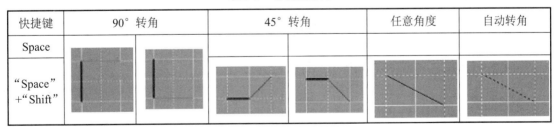

任务 9 放置电源和地线

对于一个完整的电路原理图,电源和地线是不可缺少的部分。放置电源和地线有两种方法,一是采用菜单命令,二是使用工具栏中的命令。本项目中使用任意一种方法,为如图 3-1 所示的电路原理图添加电源和地线。

方法:执行菜单命令【Place】→【Port】或单击配线工具条中的 GND 符号 和电源符号 Ucc,按"Tab"键,弹出如图 3-28 所示的窗口,选择合适的电源或地符号。

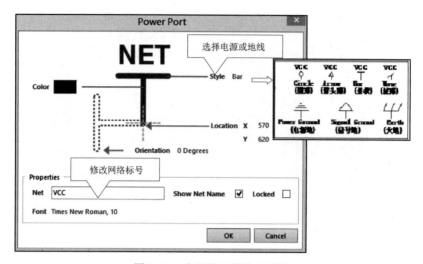

图 3-28 电源端口属性对话框

任务 10　保存

把新建的文件保存到工程项目中。

方法：执行菜单命令【File】→【Save All】。如果"Projects"面板上名称后面是红色，如图 3-29 所示，表示该文件未保存。

图 3-29 保存原理图

3.3.2　手摇式发电机的 PCB 设计

设计完成后的手摇式发电机 PCB 图如图 3-2 所示。

制作 PCB 板，可以采用手动布线方法，也可以采用自动布线方法，对于简单的电路图，可以采用手动布线方法，本项目就采用此方法，一般的操作步骤如图 3-30 所示。

任务 1　新建 PCB 文件

PCB 制作之前，必须创建 PCB 文件。新建一个 PCB 文件 "手摇式发电机.PcbDoc"。

视频 5　PCB 制作前期准备

方法：Step1 执行菜单命令【File】→【New】→【PCB】，在项目文件"手摇式发电机.PrjPcb"

的"Source Documents"下创建 PCB 文件"PCB1.PcbDoc",如图 3-31 所示。

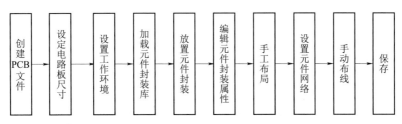

图 3-30 手工制作 PCB 流程

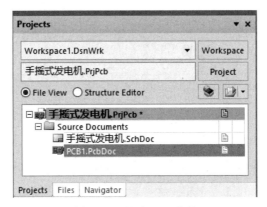

图 3-31 新建 PCB 文件

Step2 执行菜单命令【File】→【Save As】,在弹出的对话框中输入文件名即可,如图 3-32 所示。双击 PCB 文件名称,进入 PCB 编辑界面,如图 3-33 所示。

图 3-32 保存 PCB 文件

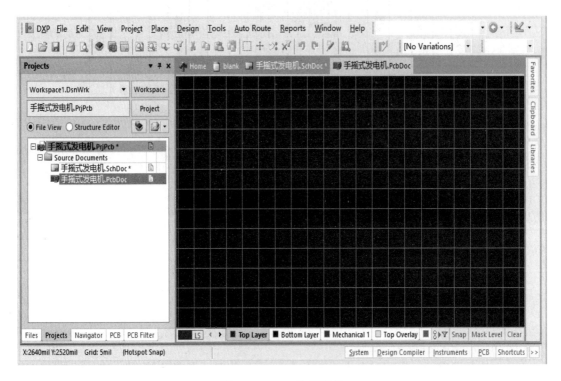

图 3-33 PCB 编辑界面

任务 2 设置单面板工作层

单面板是最基本的 PCB，元器件集中在一面，导线则集中在另一面。正因为导线只能在一面，但又不能相互交叉，因此只适合于比较简单的电路图。单面板所需要的电路层包括以下内容：

顶层（Top Layer）：放置元件；

底层（Bottom Layer）：布线并进行焊接；

机械层（Mechanical 1）：用于确定电路板的物理边界，也就是电路板的实际边框；

禁止布线层（Keep-Out Layer）：用于电路板的电气边界；

顶层丝印层（Top OverLayer）：放置元件的轮廓、标注及一些说明性文字；

多层（Multi-Layer）：用于显示焊盘和过孔。

方法：执行菜单命令【Design】→【Board Layers & Colors...】，弹出"View Configurations"对话框，如图 3-34 所示。可以通过工作层右边的"Show"复选框来显示需要的层，单击"Color"边框可改变颜色，如图 3-35 所示，为了便于区分，一般情况下不同的工作层采用不同的颜色。在 PCB 编辑界面可以显示所设置的层以及各层的颜色，如图 3-36 所示。

项目 3　手摇式发电机电路板设计

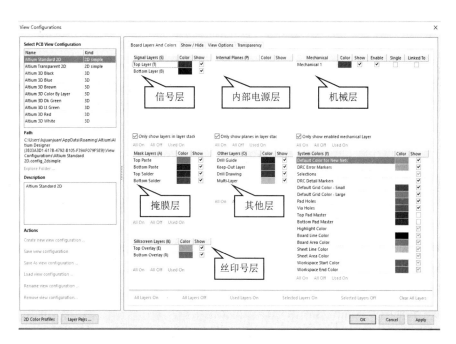

图 3-34　电路板层和颜色设置对话框

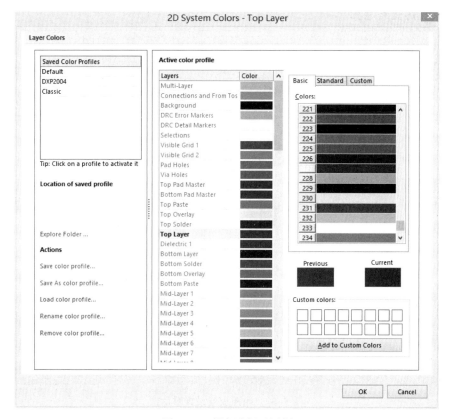

图 3-35　颜色选择对话框

图 3-36　PCB 图界面工作层

知识拓展——电路板层

AD15 为用户提供了 6 种类型的工作层，如图 3-37 所示，分别为：

（1）信号层。总共有 32 层，分别为顶层（Top Layer）、中间层 1~30（Mid-Layer1~Mid-Layer 30），底层（Bottom Layer），主要用于放置元器件和布线。

（2）内部电源层。总共有 16 层，分别为 Internal Plane 1 至 Internal Plane 16，主要用于布置电源线和地线。

（3）机械层。总共 16 层，分别为 Mechanical 1 至 Mechanical 16，主要用于放置制板的有关信息，如电路板轮廓、尺寸标准等。

（4）掩膜层。总共 4 层，分别为顶层锡膏防护层（Top Paste）、底层锡膏防护层（Bottom Paste）、顶层阻焊层（Top Solder）和底层阻焊层（Bottom Solder）。

（5）丝印层。总共 2 层，分别为顶层丝印层（Top OverLayer）和底层丝印层（Bottom OverLayer），主要用于放置元器件的外形、属性说明等。

（6）其他层。钻孔说明层（Drill Guide）和钻孔视图层（Drill Drawing），用于绘制钻孔图和钻孔位置；禁止布线层（Keep-Out Layer），用于规定元器件布线区域；多层（Multi-Layer），主要用于放置焊盘和过孔。

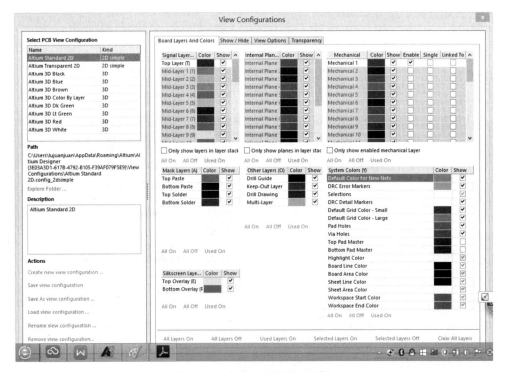

图 3-37　电路板层设置对话框

项目 3　手摇式发电机电路板设计

任务 3　设置网格

网格就是 PCB 界面的栅格，设计者可以借助网格进行元器件的布局和布线。本项目中选择测量单位为"英制"，网格为 100 mil。

方法：Step1 执行菜单命令【Design】→【Board Options...】，弹出"Board Options"选项对话框，如图 3-38 所示，选择测量单位、标识显示、布线工具路径、图纸位置和捕捉选项设置。

图 3-38　"Board Options"选项对话框

Step2 单击 Grids... 按钮，进入栅格管理对话框，如图 3-39 所示。单击鼠标右键或单击 Menu 按钮，弹出快捷菜单，可以添加卡迪尔栅格和极坐标栅格，如选择"Add Cartesian Grid..."，就会新建"Cartesian Grids"区域设置。

Step3 双击"New Cartesian Grids"选项或在图 3-39 弹出的快捷菜单中选择"Properties..."选项，进入栅格编辑对话框，如图 3-40 所示，可以设置 PCB 视图中所需的 X 值和 Y 值、PCB 网格的形状等。

53

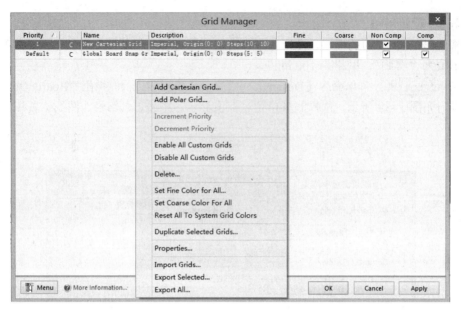

图 3-39　栅格管理对话框

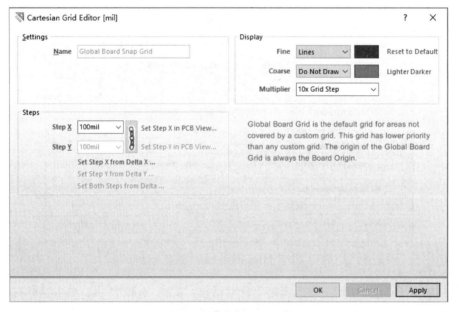

图 3-40　栅格编辑对话框

任务 4　定义电路板电气边界

在电子产品设计过程中，PCB 规划是 PCB 制板中必须要解决的问题，然后确定 PCB 的电气边界（实际元件的布置区域大小）。确定电气边界有两种方法，一是手动绘制，二是利用向导进行绘制。本项目中采用手工绘制，在 "Keep–Out Layer"（禁止布线层）定义电路板的电气边界为 1 500 mil×1 200 mil。

方法：Step1 切换工作层。把工作层切换到 "Keep–Out Layer"。

Step2 确定相对原点。执行菜单命令【Edit】→【Origin】→【Set】，在平面上合适的位置单击鼠标左键。

Step3 绘制边框。执行菜单命令【Place】→【Line】,依次按键盘"J""L",弹出坐标输入对话框,如图 3-41 所示,输入坐标(0,0),光标就自动跳到相对坐标原点,然后双击鼠标左键或按两次回车键,确定边框起点;再按键盘"J""L",在弹出的对话框中输入坐标(1 500,0),然后双击鼠标左键或按两次回车键;再按键盘"J""L",在弹出的对话框中输入坐标(1 500,1 200),然后双击鼠标左键或按两次回车键;再按键盘"J""L",在弹出的对话框中输入坐标(0,1 200),然后双击鼠标左键或按两次回车键;再按键盘"J""L",在弹出的对话框中输入坐标(0,0),然后双击鼠标左键或按两次回车键,确定边框终点。

Step4 退出绘线状态。单击鼠标右键或按"Esc"键。最终效果图如图 3-42 所示。

图 3-41　坐标输入对话框

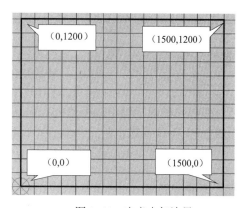

图 3-42　定义电气边界

知识拓展——绝对原点、相对原点

系统提供了一套坐标,其坐标原点称为绝对原点,位于图纸的左下角。但在设计过程中根据需要,应在合适的位置设置原点,这个用户自定义的原点称为相对原点。执行【Edit】→【Origin】→【ReSet】命令即可恢复原来的坐标系。

任务 5　加载元件封装库

在放置元件封装之前,要先装载元件封装所在的库。如果使用集成库,在设计原理图时已装载,就不需要再重复操作,常用的集成库有"Miscellaneous Connectors.IntLib"和"Miscellaneous Devices.IntLib"。如要安装封装库(.PcbLib),操作方法与加载集成库方法相似。

任务 6　查找放置元件封装

元器件封装分为插入式封装(Through Hole Technology,THT)和表面贴片式封装(Surface Mounted Technology,SMT)。THT 封装是将元器件安装在 PCB 的一面,而引脚通过过孔穿过,并焊接在另一面;SMT 封装引脚与元器件在同一面。对于 THT 封装,早期 PCB 用得比较多,现在的 PCB 上大多采用 SMT 封装,因为结构小,可以使 PCB 板密集度高。本项目中根据表 3-4 所列,放置原理图中元件对应的 THT 封装。

表 3–4　元件封装所在库及名称

元件名称	所在库	库中参考名称
P1	Miscellaneous Connectors .IntLib（Footprint View）	HDR1X3
R1	Miscellaneous Devices.IntLib（Footprint View）	AXIAL–0.3
R2	Miscellaneous Devices.IntLib（Footprint View）	AXIAL–0.3
D1	Miscellaneous Devices.IntLib（Footprint View）	Diode–0.4
D2	Miscellaneous Devices.IntLib（Footprint View）	Diode–0.4
D3	Miscellaneous Devices.IntLib（Footprint View）	Diode–0.4
C1	Miscellaneous Devices.IntLib（Footprint View）	RB5–10.5
Q1	Miscellaneous Devices.IntLib（Footprint View）	TO–226–AA

方法：Step1 切换工作层。单面板元件封装一般放在顶层（Top Layer），将光标移至工作区下面的工作层标签上，选择"Top Layer"。

Step2 修改元件库为封装库。打开"Libraries"元件库工作面板，单击元件库列表左边 ⋯ 按钮，在弹出的对话框中选择"Footprints"复选框，如图 3–43 所示。"Libraries"元件库工作面板如图 3–44 所示，在元件集成库名称后面加了"Footprint View"，表明只显示元件封装。

图 3–43　修改元件库为封装库

图 3–44　元件封装列表

Step3 查找封装。在封装库的下拉菜单中，选择"Miscellaneous Devices.IntLib （Footprint View）"，如图 3–44 所示，若在过滤区输入关键字"AXIAL*"，按回车键，在封装列表中将显示所有以"AXIAL"开头的封装，选择要放置的封装，如"AXIAL–0.3"。

Step4 放置封装。双击如图 3–44 所示的元件名称或单击面板上的 **Place AXIAL–0.3** 按钮，弹出图 3–45 所示的放置元件对话框，单击 OK 按钮，在绘图区域找到合适的位置，单击鼠标左键即可放置元件。

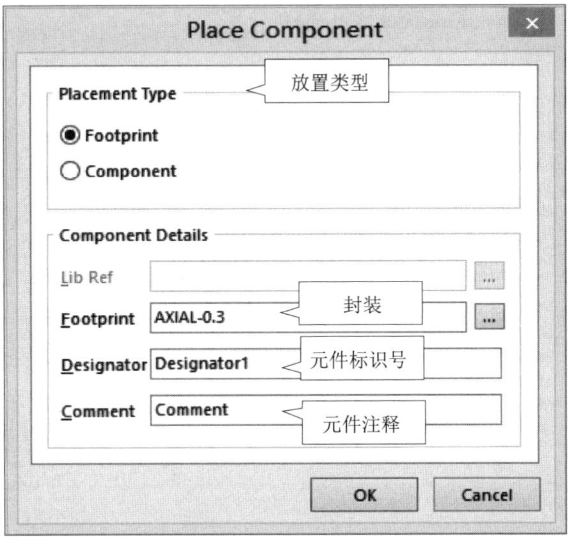

图 3-45 放置元件对话框

Step5 此时鼠标还处于放置元件的状态，可继续放置相同的元件。

Step6 退出。单击鼠标右键，或者按"Esc"键，又弹出元件放置对话框，单击 **Cancel** 按钮，退出放置该元件的状态。

Step7 重复步骤 Step3～Step6，继续放置其他元件封装，具体位置参考表 3-4。

知识拓展——更换封装

在"Place Component"放置元件对话框中，单击封装属性左边的按钮，如图 3-46 所示，即弹出元件库浏览对话框（如图 3-47 所示），可以更换封装或选择封装。

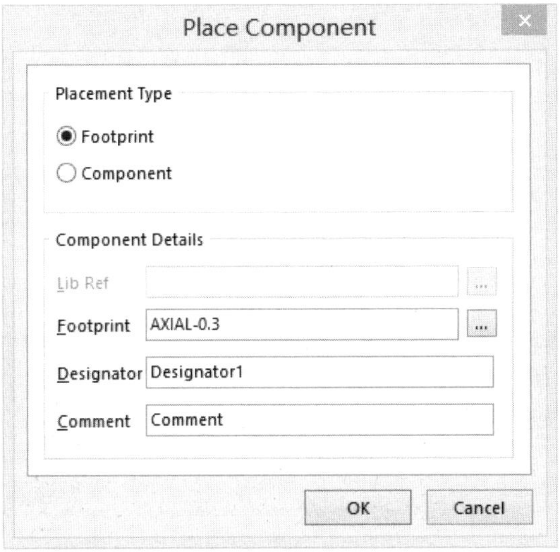

图 3-46 更换封装

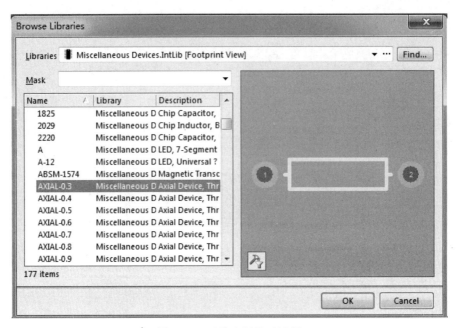

图 3-47 元件库浏览对话框

 实践技巧

若不知道元件所在的库,就可以通过单击元件库面板上的 Search 按钮,在弹出的"Libraries Search(元件库查找)"对话框中输入元件封装名称,如图 3-48 所示,确定查找类型和路径中的库,再单击 Search 按钮,就会在元件库面板中出现查找结果,如图 3-49 所示。

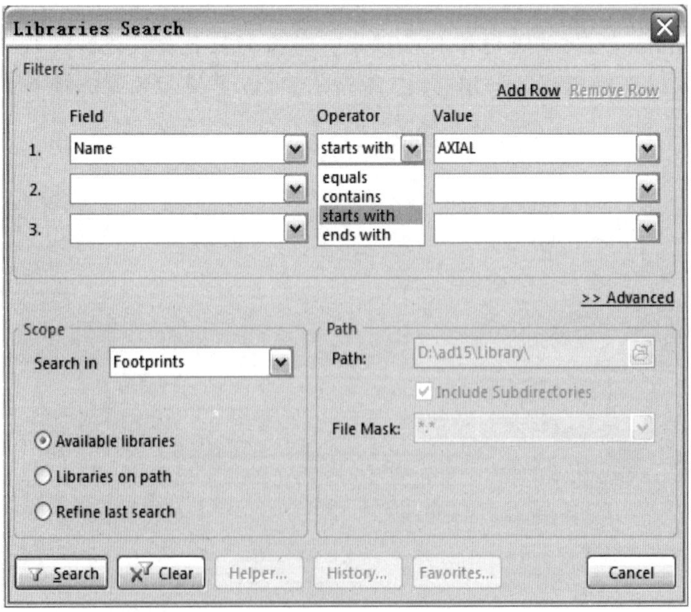

图 3-48 元件查找对话框

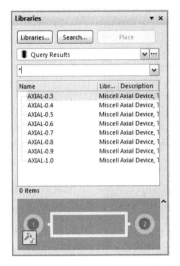

图 3-49 利用查找功能查找元件封装

任务 7 编辑元件封装属性

元件封装与原理图电路符号一样，也有它特有的属性，在 PCB 中便于设计人员识读。修改元件封装属性，主要包括标识符（如 Designator?）、注释（如 1N4001）、方向、封装名称等。

方法：放置元件封装后双击，或者选中元件封装按"Tab"键，弹出如图 3-50 所示的属性设置对话框。

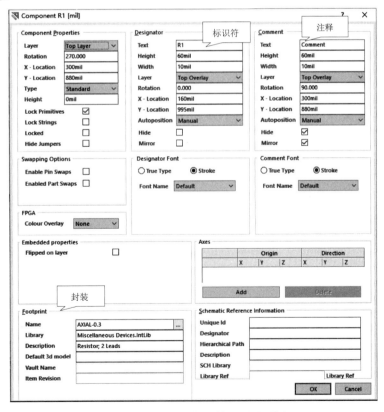

图 3-50 PCB 元件属性设置对话框

任务 8　PCB 基本布局

封装放入 PCB 工作区后，就要对元器件封装进行布局。布局的方法有三种，一是手工布局，二是自动布局，三是两者结合使用。手工布局指设计者通过手工移动、排列、旋转等操作，完成元器件在 PCB 界面的布局。本项目根据原理图工作原理，利用手工的方法布置 PCB，PCB 元件属性设置对话框如图 3-50 所示，布局效果参考图如图 3-51 所示。

方法：Step1 元件封装移动。选中元件不放，移动鼠标即可拖动元件。

Step2 封装旋转。封装在移动过程可通过空格键改变方向，也可以双击封装，在弹出

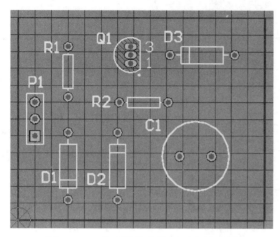

图 3-51　修改属性和位置后的效果图

的属性对话中调整器件角度，如图 3-50 所示。

Step3 封装锁定。若在布局过程中，布局好的封装需要固定位置，可以将其锁定，在封装的属性对话中勾选"Locked"属性即可。

Step4 封装对齐。选中要对齐的封装，执行键盘命令"A"或单击工具栏上的图形按钮即可实现不同效果的对齐，如图 3-52 所示。

图 3-52　对齐命令

任务 9　手工设置元件网络

原理图中导线的连接关系,在 PCB 图中称为元件网络关系,这是 PCB 布线的依据。因此,在 PCB 布线之前,必须设置封装之间的网络表,形成元件间的连接关系,这样元件之间的连接关系就通过"飞线"的形式表现出来。设置网络表有两种方法,一是通过手工,二是直接从原理图导入。本项目中根据原理图连接关系,手工设置封装之间的网络关系。

视频 6　单面板手工制作

方法:Step1 分析原理图,找出原理图中的独立节点,并为独立节点命名,如"GND",称为网络标号。双击元件属性,查看引脚编号,如图 3-53 所示,然后判断与该节点相连接的元件引脚及引脚编号,如表 3-5 所示。

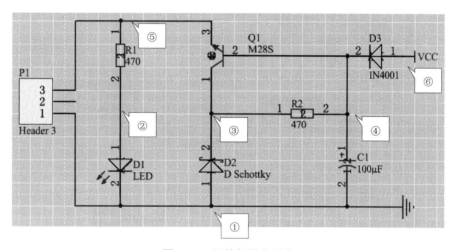

图 3-53　网络标号和引脚

表 3-5　网络标号及引脚

序号	网络标号	元件标识及引脚
1	GND	P1-1,D1-2,D2-1,C1-2
2	D1-1	D1-1,R1-2
3	D2-2	D2-2,R2-1,Q1-1
4	C1-1	C1-1,Q1-2,D3-2,R2-2
5	P1-3	P1-3,R1-1,Q1-3
6	VCC	D3-1

Step2 执行【Design】→【Netlist】→【Edit Nets...】命令,进入"Netlist Manager"网络表管理对话框,如图 3-54 所示,选择 **Add** 按钮,弹出如图 3-55 所示的对话框。

Step3 在"Net Name"输入框中输入网络标号名称,在引脚列表中选择与该网络标号相连的引脚,单击如图 3-55 中间的单向箭头 ▷ 按钮进行添加,添加完之后单击 **OK** 按钮,对话框又跳回如图 3-54 所示的界面。

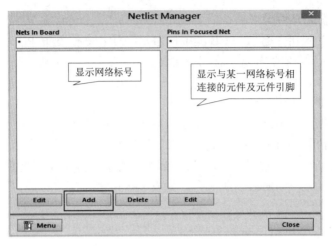

图 3-54 网络表管理对话框

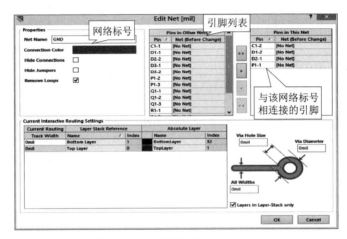

图 3-55 编辑网络标号对话框

Step4 再单击图 3-54 中的 **Add** 按钮，再次弹出编辑网络标号对话框，这时已编辑过的引脚后面多了网络标号名称，如 "P1-1" 引脚，如图 3-56 所示。根据步骤 Step3，添加其他网络标号。

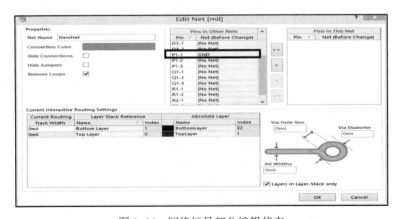

图 3-56 网络标号部分编辑状态

Step5 网络标号添加完之后,在网络表编辑器界面罗列了所有的网络标号及该网络标号所包含的所有引脚,如图 3-57 所示,单击 **Close** 按钮,各元件的引脚已有飞线相连,各焊盘上标注了网络标号名称,如图 3-58 所示。

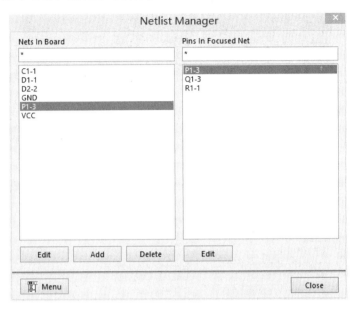

图 3-57 添加完网络标号

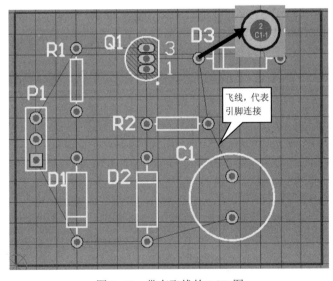

图 3-58 带有飞线的 PCB 图

任务 10 放置电源和地线焊盘

作为一个完整电路的 PCB 图,电源和地线接口是不可缺少的。电源和地线的接口可以根据实际的电源设置,本项目中就采用最简单的方法,为电路板添加电源和地线接入口焊盘。

方法:执行菜单命令【Place】→【Pad】或单击配线工具条上的 按钮,按"Tab"键,进入焊盘属性对话框,如图 3-59 所示,进行焊盘大小、孔径及网络标号的设置,然后单击

OK 按钮，找到合适的位置放置焊盘，放置后焊盘会自动与最近具有相同网络标号的焊盘连接，如图 3-60 所示。

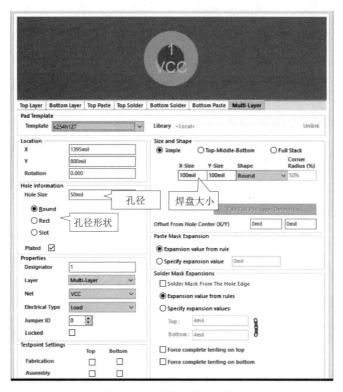

图 3-59 焊盘属性对话框

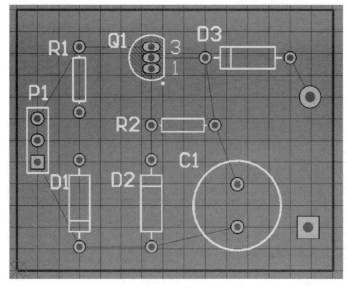

图 3-60 放置焊盘

任务 11　手工交互式布线

在 PCB 设计中，布线是完成产品设计的重要步骤，在整个 PCB 设计中，布线的设计过程限定最高、技巧最细、工作量也最大。PCB 布线分单面布线、双面布线和多面布线。布线方法有三种形式，一是手工布线，二是自动布线，三是综合布线（即手工和自动混合使用），本项目采用手工布线，通过手工布线来了解布线的基本方法。

方法：Step1 设置布线规则检查。执行菜单命令【Design】→【Rules】，弹出如图 3-61 所示窗口，一般采用默认形式。

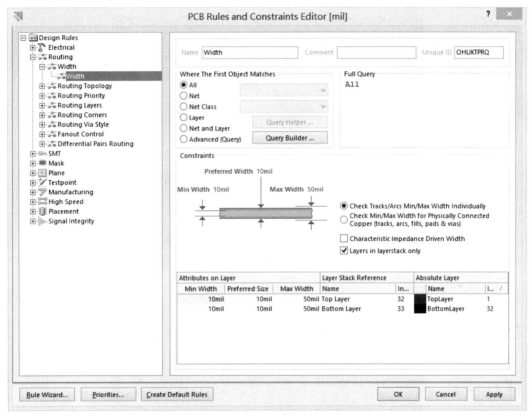

图 3-61 设置禁止规则检查

Step2 切换工作层。单面板只有一面有印制导线，即印制导线一般画在底层（Bottom Layer），如图 3-62 所示。

图 3-62 打开的工作层标签

Step3 放置铜膜导线。执行菜单命令【Place】→【Interactive Routing】或使用配线工具条的"交互式布线"工具，如图 3-63 所示。根据飞线在底层绘制导线，如图 3-64 所示，如需要添加拐角，则单击鼠标左键即可。两引脚放置导线后，飞线会自动消失，如图 3-65 所示。布线完成后的 PCB 图如图 3-66 所示。

图 3-63　配线工具栏

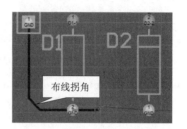

图 3-64　在底层绘制导线

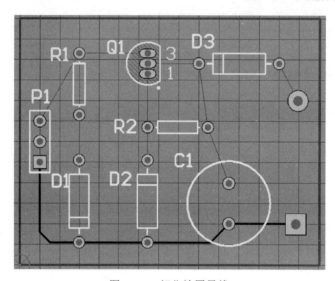

图 3-65　部分放置导线

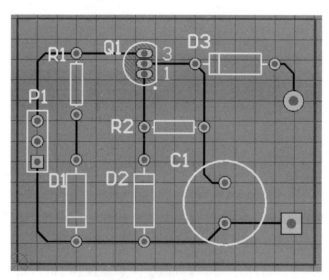

图 3-66　布线完成

Step4 移动布线。对于布好的导线，按住"Ctrl"键，然后选中需要移动的线，即可平行移动。

Step5 修改电源线和地线宽度。双击地线或电源线，在如图 3-67 所示的导线属性窗口中，将线宽一栏，地线修改为 30 mil，电源线修改为 20 mil。加粗电源线和地线后，如图 3-68 所示。

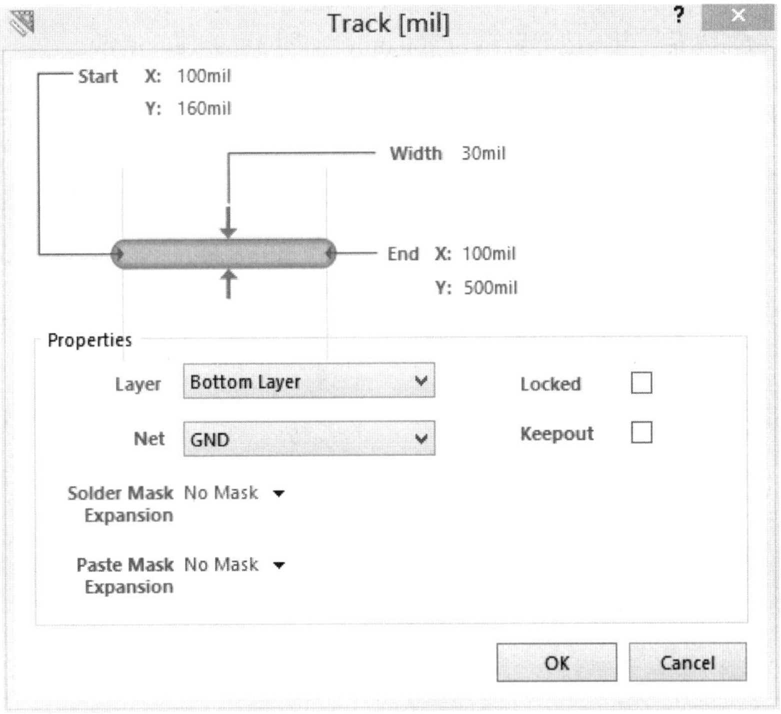

图 3-67 导线属性窗口

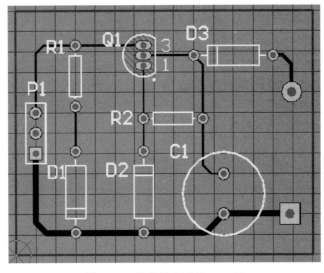

图 3-68 连线结束后的 PCB 图

任务 12　定义电路板物理边界

PCB 规划，也就是 PCB 形状和尺寸，有两种方法：第一种，如果电路板没有特殊要求，可以先布局和布线后确定；第二种，根据安装环境确定 PCB 形状尺寸。本项目中采用第一种方法，根据实际电路的需要，定制电路板的实际大小（称为物理边界）和形状，设置在

Mechanical 1（机械层 1）。

方法：Step1 切换工作层。把工作层切换到"Mechanical 1"，执行菜单命令【Place】→【Line】，定义物理边界与电气边界距离为 100 mil，如图 3-69（a）所示。

Step2 选中物理边界。选中物理边界，如图 3-69（b）所示。执行菜单命令【Tools】→【Covert】→【Create Cutout from Selected Primitives】。

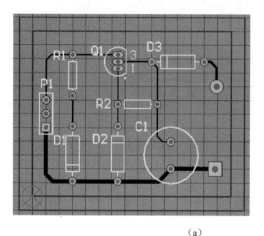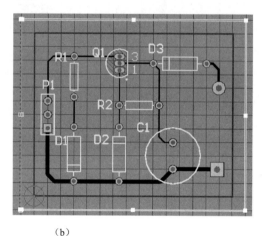

(a) (b)

图 3-69 定义物理边界

(a) 绘制物理边界；(b) 选中物理边界

Step3 执行菜单命令【Design】→【Board Shape】→【Define from selected objects】，就定义了物理边界，如图 3-2 所示。

任务 13 保存

完成项目后，需要保存所有文件。

方法：执行菜单命令【File】→【Save All】。

知识拓展——布线规则

（1）导线要精简，走线密度要均匀。一般走线要尽可能短，尽可能粗，尽可能少转弯。导线转弯时内角不能小于90°。

（2）布线顺序：地线→电源线→核心信号线→其余信号线。

（3）导线间避免近距离平行走长线，相邻两层信号线的走线方向最好垂直或斜交。但对于电流大小相同而方向相反的导线要平行走线。

（4）导线、焊盘、过孔之间要保持一定距离，一般整个板子可设为0.254 mm（10 mil），密度较低的板子可设为0.3 mm，较密的贴片板子可设为0.2～0.22 mm，0.1 mm 以下是绝对禁止的。但电压较高时，要注意线间距与电压的关系。

（5）导线应连接于焊盘、过孔的中心，避免呈一定角度与焊盘相连。只要可能，印制导线应从焊盘长边的中心处与之相连，如图3-70所示。

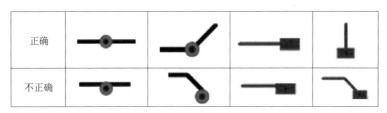

图 3-70 布线类型

实践技巧

绘制导线过程中，确定导线起点后，按"Tab"键，可弹出交互式布线对话框，如图 3-71 所示，同样可设置线宽和布线层。

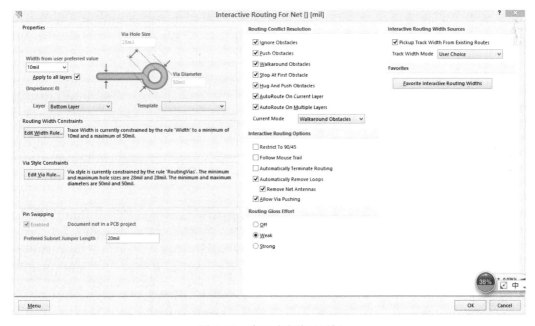

图 3-71 交互式布线对话框

3.4 测 试

3.4.1 巩固测试——简易闪光电路制作

子项目一：简易闪光电路原理图绘制

简易闪光电路的原理图如图 3-72 所示。

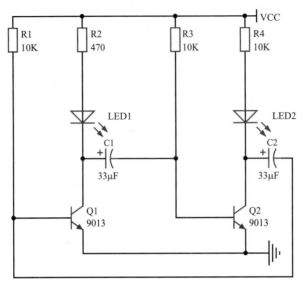

图 3-72 简易闪光电路原理图

任务 1　新建项目文件

新建一个项目文件"简易闪光电路.PrjPCB",如图 3-73 所示。

任务 2　新建原理图文件

新建原理图文件"简易闪光电路.SchDoc",如图 3-74 所示。

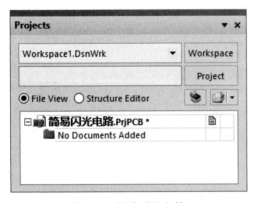

图 3-73　新建项目文件

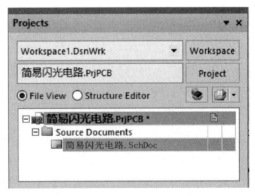

图 3-74　新建原理图文件

任务 3　设置工作环境

(1) 图纸设置。方向水平放置;大小为标准风格 A4;工作区颜色为 30 号;边框颜色为 6 号。

(2) 栅格设置。捕捉栅格为 10 mil;可视栅格为 20 mil;电气栅格为 8 mil。

(3) 字体设置。系统字体为宋体,字号为"10",字形为粗体。

(4) 标题栏设置。图纸标题栏采用"Standard"形式。

(5) 设置图纸设计信息。标题为"简易闪光电路";图纸为 16 张中的第 1 张,设计者为

"Marry"。

任务 4　加载元件库

加载元件库"Miscellaneous Connectors .IntLib"和"Miscellaneous Devices .IntLib",如图 3-75 所示。

任务 5　放置元件

放置简易闪光电路原理图中所需电阻、发光二极管、三极管和电解电容,如图 3-76 所示,元件所在库见表 3-6。

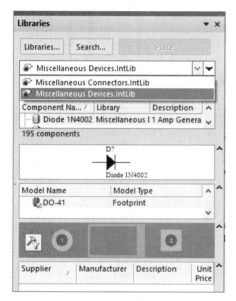

图 3-75　加载元件库　　　　图 3-76　放置元件并修改属性

表 3-6　简易闪光电路元件

元件类型	所在元件库	库中参考名称
电阻	Miscellaneous Devices.IntLib	Res2
发光二极管	Miscellaneous Devices.IntLib	LED0
三极管	Miscellaneous Devices.IntLib	2N3904
电解电容	Miscellaneous Devices.IntLib	Cap Pol1

任务 6　绘制导线和电源线

连接导线并添加地线、电源线,效果图如图 3-72 所示。

子项目二:简易闪光电路 PCB 制作

简易闪光电路的 PCB 图如图 3-77 所示。

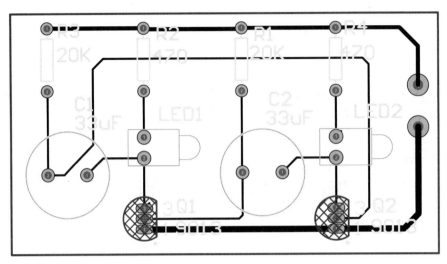

图 3-77 简易闪光电路 PCB 图

任务 1　新建 PCB 文件

新建一个 PCB 文件"简易闪光电路.PcbDoc",如图 3-78 所示。

任务 2　设置布线工作层

设置单面板工作层：Top Layer、Bottom Layer、Mechanical1、Keep-Out Layer、Top Overlayer 和 Multi-Layer。

任务 3　定义电路板电气边界

定义电路板的电气边界为 2 100 mil×1 150 mil。

任务 4　放置元件封装并修改属性

修改元件属性,效果图如图 3-79 所示,元件封装见表 3-7。

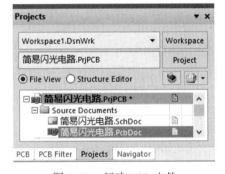

图 3-78 新建 PCB 文件

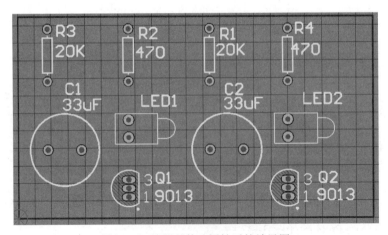

图 3-79 放置并修改属性后的效果图

表 3-7 元件封装

元件名称	所在库	库中参考名称
R1	Miscellaneous Devices.IntLib（Footprint View）	AXIAL-0.3
R2	Miscellaneous Devices.IntLib（Footprint View）	AXIAL-0.3
R3	Miscellaneous Devices.IntLib（Footprint View）	AXIAL-0.3
R4	Miscellaneous Devices.IntLib（Footprint View）	AXIAL-0.3
LED1	Miscellaneous Devices.IntLib（Footprint View）	LED-1
LED2	Miscellaneous Devices.IntLib（Footprint View）	LED-1
Q1	Miscellaneous Devices.IntLib（Footprint View）	TO-92A
Q2	Miscellaneous Devices.IntLib（Footprint View）	TO-92A
C1	Miscellaneous Devices.IntLib（Footprint View）	RB5-10.5
C2	Miscellaneous Devices.IntLib（Footprint View）	RB5-10.5

任务 5 手工添加网络表

手工添加网络表，网络连接参考表 3-8，连接后效果如图 3-80 所示。

表 3-8 网络标号及引脚

网络标号	元件标识及引脚
VCC	R3-1，R2-1，R1-1，R4-1
R3-2	R3-2，C1-2，Q2-2
R2-2	R2-2，LED1-1
R1-2	R1-2，C2-2，Q1-2
R4-2	R4-2，LED2-1
C1-1	C1-1，LED1-2，Q1-3
C2-1	C2-1，LED2-2，Q2-3
GND	Q1-1，Q2-1

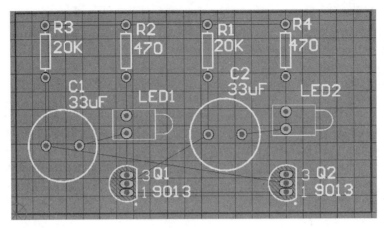

图 3-80 添加网络表

任务 6　添加焊盘

为电路板添加电源、地线接入口，如图 3-81 所示。

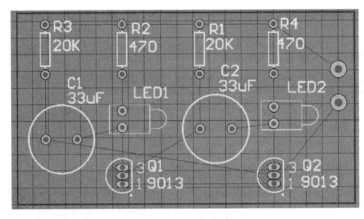

图 3-81　添加焊盘

任务 7　绘制导线

把图中的飞线改为导线，如图 3-82 所示。

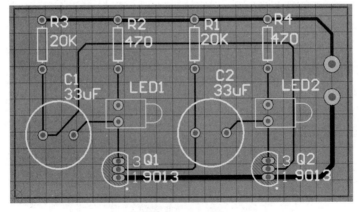

图 3-82　PCB 图

3.4.2 提高测试——声控 LED 旋律灯制作

子项目一：绘制声控 LED 旋律灯原理图

根据图 3-83 绘制原理图，具体要求如下。

（1）新建一个项目文件"声控 LED 旋律灯.PrjPCB"，新建原理图文件"声控 LED 旋律灯.SchDoc"。

（2）工作环境设置。图纸水平放置；大小为标准风格 A4；工作区颜色为 30 号，边框颜色为 6 号。

（3）栅格设置。捕捉栅格为 10 mil；可视栅格为 20 mil；电气栅格为 8 mil。

（4）字体设置。系统字体为宋体，字号为"10"，字形为粗体。

（5）标题栏设置。图纸标题栏采用"Standard"形式。

（6）设置图纸设计信息。标题为"声控 LED 旋律灯"；图纸为 16 张中的第 2 张，设计者为"读者自己"。

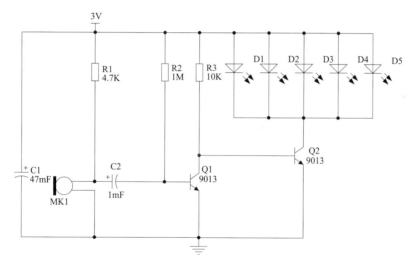

图 3-83 声控 LED 旋律灯原理图

子项目二：制作声控 LED 旋律灯 PCB

（1）新建一个 PCB 文件"声控 LED 旋律灯.PcbDoc"。
（2）设置单面板工作层。
（3）定义电路板的电气边界为 2 100 mil×1 900 mil。
（4）手工布局，元件封装见表 3-9。
（5）手动设置网络表。
（6）手动布线，要求电源线宽 20 mil，地线线宽 30 mil，一般导线线宽 10 mil。

表 3–9 元件所在库及封装

元件名称	所在库	库中参考名称
R1～R3	Miscellaneous Devices.IntLib（Footprint View）	AXIAL–0.3
D1～D5	Miscellaneous Devices.IntLib（Footprint View）	LED–0
Q1～Q2	Miscellaneous Devices.IntLib（Footprint View）	TO–92A
C1～C2	Miscellaneous Devices.IntLib（Footprint View）	RB7.6–15
MK1	Miscellaneous Devices.IntLib（Footprint View）	PIN2

项目 4

稳压直流电源电路板设计

4.1 项目导入

当今社会人们享受着电子设备带来的极大便利,但任何一款电子设备都需要一个共同电路支撑下才能正常工作,这个共同电路就是电源电路。如手机充电器输出电压为 5 V,但我们的家用日常电为交流 220 V,这就需要一个能为负载(如手机)提供稳定直流电源的电子装置。本项目就是设计一款稳压直流电源电路,当负载变化时,能恒定输出±5 V 电压,如图 4-1 所示为稳压直流电源原理图,如图 4-2 所示为稳压直流电源 PCB 图。

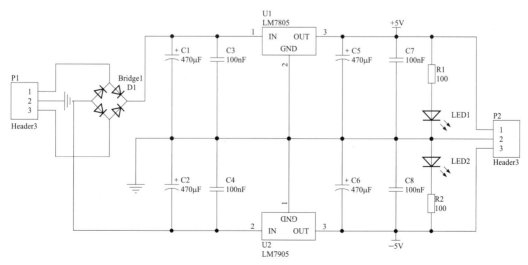

图 4-1 稳压直流电源原理图

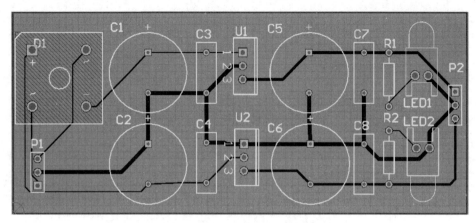

图 4–2 稳压直流电源 PCB 图

4.2 项目分析

从图 4–1 可知，这是一个相对简单的原理图。因此绘制原理图只要包含以下相应的简单操作即可：

（1）原理图的操作，包括创建原理图文件、设置原理图环境参数、设置图纸信息。
（2）原理图元件库的操作，包括元件库面板的操作，加载或卸载元件库。
（3）元器件的操作，包括查找元器件、放置元器件、编辑元器件。
（3）元器件的布线操作，主要是用导线相连。
（4）电源和地线的操作。

如图 4–2 所示，这是一块单面电路板。因此设计 PCB 图包含以下操作：

（1）PCB 图的操作，包括创建 PCB 文件、设置 PCB 环境、设置 PCB 电路层。
（2）查找放置元器件封装。
（3）元件布局。
（4）布线。

项目 3 的电路板设计过程中并没有充分发挥原理图的作用，本项目将采用从原理图导入信息到 PCB 图，自动布线的方法来设计单面 PCB 板。完成本项目主要包括创建项目文件、绘制原理图、生成网络表、手工创建 PCB 文件、添加网络表、手工布局和自动布线等操作，如图 4–3 所示，具体需解决以下几个问题：

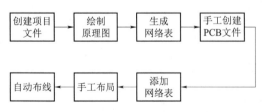

图 4–3 自动制作单面 PCB 流程图

（1）如何创建原理图与 PCB 图的关系？
（2）如何加载网络表？
（3）如何自动布线？
（4）如何输出原理图信息和 PCB 信息？

4.3 项目实施

4.3.1 稳压直流电源原理图绘制

任务 1　新建并保存项目文件

本项目中需要从原理图把信息导入 PCB 图中，其中一个前提条件是原理图文件和 PCB 文件需在同一个项目文件中。创建项目文件主要有两种方法，一是采用菜单命令，二是采用面板命令。本项目中采用第二种方法新建一个项目文件"稳压直流电源.PrjPCB"。

方法：Step1 新建项目文件。

方法一：执行菜单命令【File】→【New】→【Project…】；

方法二：在"Files"面板上单击"Blank Project（PCB）"，如图 4-4 所示。

Step2 保存项目文件。

方法一：执行菜单命令【File】→【New】→【Project…】，如果在弹出的对话框中不输入项目文件名称，就会在"Projects"面板上新建一个默认名为"PCB_Project1.PrjPCB"的项目文件，执行菜单命令【File】→【Save Project As…】，就可以重新命名保存。

方法二：右击项目名称"PCB Project1.PrjPCB"，在弹出快捷菜单中选择【Save Project As…】项，在弹出的对话框中输入项目文件名称"稳压直流电源"。

图 4-4　"Files"面板上的新建项目文件和原理图文件

Step3 打开项目文件。

如果项目文件已经存在，则可采用以下两种方法打开。

方法一：执行菜单命令【File】→【Open…】。

方法二：双击保存项目文件文件夹里的项目图标，如 稳压直流电源.PrjPCB 。

Step4 关闭项目文件。

如果项目文件需要关闭，则可采用以下两种方法。

方法一：执行菜单命令【File】→【Close Project】。

方法二：在"Project"工作面板上的项目名称上右击，在弹出的快捷菜单中选择【Close Project】命令，如图 4-5 所示。

任务 2　创建并保存原理图文件

原理图文件是绘制原理图的基础，主要有三种方法创建原理图文件，一是执行菜单命令，二是采用面板命令，三是采用快捷菜单命令。本项目中采用第二或第三种方法新建一个原理图文件"稳压直流电源.SchDoc"。

图 4–5　关闭项目文件

Step1 创建文件。

方法一：执行菜单命令【File】→【New】→【Schematic】；

方法二：在"Files"面板上单击"Schematic Sheet"选项，如图 4–4 所示；

方法三：在图 4–5 所示的快捷菜单中执行【Add New to Project…】→【Schematic】命令。

Step2 保存文件。

方法一：执行菜单命令【File】→【Save】；

方法二：单击保存按钮 ，弹出保存对话框，输入名称为"稳压直流电源"。

任务 3　设置工作环境

原理图图纸信息的设置主要有两种方法，一是采用菜单栏命令，二是采用快捷菜单命令。本项目使用快捷菜单命令设置图纸信息，具体要求如下：

（1）图纸设置。方向为水平放置；大小为标准风格 A；工作区颜色为 70 号色；边框颜色为 1 号色。

（2）栅格设置。捕捉栅格为 10 mil；可视栅格为 20 mil；电气栅格为 8 mil。

（3）字体设置。系统字体为"Verdana"，字号为"9"，字形为粗体。

（4）标题栏设置。图纸标题栏采用"ANSI"美国国家标准形式；用特殊字符串设置标题为"稳压直流电源"，设计单位为"正德职业技术学院"，地址为"将军大道 18 号"，图纸为 8 张中的第 2 张，如图 4–6 所示。

图 4–6　标题栏设置

方法一：执行菜单命令【Design】→【Document Options】；

方法二：Step1 在原理图编辑窗口单击鼠标右键，在弹出的快捷菜单中执行【Options】→【Document Options…】或【Document Parameters…】或【Sheet…】，在弹出对话框中选择参数设置选项。

Step2 执行菜单命令【Place】→【Text String】，按"Tab"键，弹出特殊字符串注释对话框，如图4–7所示，即可修改方向、大小、字体、颜色和位置等参数。用相同方法可设置标题栏中的图纸编号和作者。

任务4 加载、卸载元件库

在原理图绘制和PCB图制作过程中，都需要将元件和封装所在库加载到前台。在AD15系统中，提供了两种加载元件库的方法，一是通过元件库面板，二是通过菜单栏命令。本项目中采用菜单栏命令添加元件集成库"Miscellaneous Devices.IntLib""Miscellaneous Connectors.IntLib"和"NSC Power Mgt Voltage Regulator.IntLib"。

图4–7 特殊字符串注释对话框

方法一：单击原理图编辑器界面的"Libraries"工作面板，单击"Libraries…"按钮，如果元件库面板被关闭，可执行菜单命令【Design】→【Browse Library…】。

方法二：执行菜单命令【Design】→【Add/Remove Library…】。

 实践技巧

"NSC Power Mgt Voltage Regulator.IntLib"集成库加载路径为：Altium \AD15\ Library \ National Semiconductor。

任务5 查找并放置元件

绘制原理图的主要过程就是将元件电路符号从相应的元件库中找出并放置在原理图上，然后采用电气连接导线将各个元件连接起来。放置元器件主要有两种方法，一是采用元件库面板，二是采用菜单栏命令。本项目中采用第二种方法放置稳压直流电源中的接口、电容和集成稳压器等元件，元件所在库及在库中的名称见表4–1。

表4–1 元件库及参考名称

元件类型	标识符	所在元件库	库中参考名称
接口	P1，P2	Miscellaneous Connectors.IntLib	Header3
整流桥	D1		Bridge1
电解电容	C1，C2，C5，C6	Miscellaneous Devices.IntLib	Cap Pol1
电容	C3，C4，C7，C8		Cap

续表

元件类型	标识符	所在元件库	库中参考名称
电阻	R1，R2	Miscellaneous Devices.IntLib	Res2
发光二极管	LED1，LED2		LED0
集成稳压器	U1	NSC Power Mgt Voltage Regulator.IntLib	LM7805CT
	U2		LM7905CT

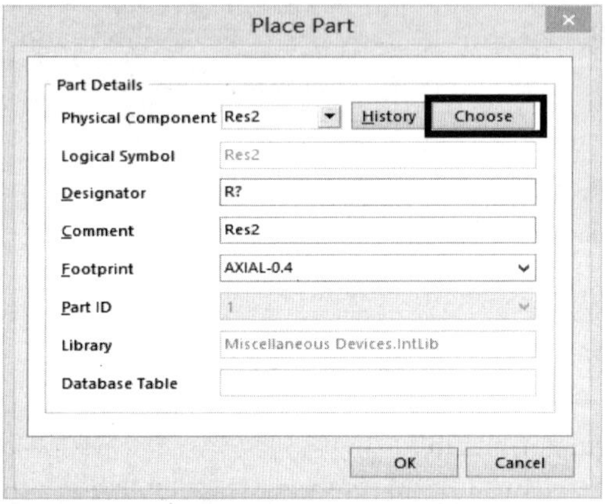

方法一：利用元件库面板，在元件库列表的下拉菜单中，选择相应的库，在当前库元件列表中选择要放置的元件，这种方法比较常用。

方法二：执行菜单命令【Place】→【Part】或单击配线工具条的按钮，打开如图4-8所示的放置元件对话框，然后单击对话框中右边的 **Choose** 按钮，即可弹出浏览元件库对话框，如图4-9所示。

图4-8 放置元件对话框

任务6 编辑元件属性

原理图中各个元件的属性必须进行正确的编辑，特别是元件的标识号不能重复，以免在后面生成网络表和制作PCB时出错。编辑元件属性可以在放置元件后进行，也可以边放置元件边修改，以便提高绘图效率。本项目采用下面第二种或者第三种方法按表4-2修改元件属性。

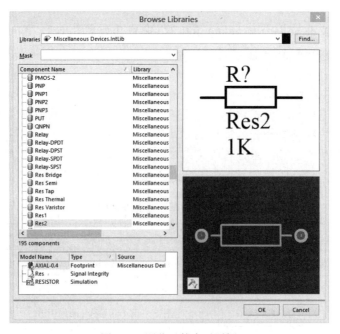

图4-9 浏览元件库对话框

表 4-2　稳压直流电源元件属性设置

Library Ref （元件库名称）	Designator （元件标识）	Footprint （封装）	Comment （注释）	Value （值）
Header 3	P1	HDR1X3	Header 3	
Bridge1	D1	D-46_6A	Bridge1	
Cap Pol1	C1	RB7.6-15		470 μF
Cap Pol1	C2	RB7.6-15		470 μF
Cap	C3	RAD-0.3		100 nF
Cap	C4	RAD-0.3		100 nF
Cap Pol1	C5	RB7.6-15		470 μF
Cap Pol1	C6	RB7.6-15		470 μF
Cap	C7	RAD-0.3		100 nF
Cap	C8	RAD-0.3		100 nF
LM7805CT	U1	T03B	LM7805	
LM79M05CT	U2	T03B	LM7905	
Res2	R1	AXIAL-0.4		100
Res2	R2	AXIAL-0.4		100
LED0	LED1	LED-0		
LED0	LED2	LED-0		
Header 3	P2	HDR1X3	Header 3	

方法一：放置元件后双击，或者选中元件按"Tab"键。

方法二：放置元件后，执行菜单命令【Edit】→【Change】，鼠标变成十字光标，将光标移至需要修改的元件，单击鼠标左键。

方法三：取元件后，当元件悬挂在鼠标上时，按"Tab"键。

采用以上三种方法都会弹出元件属性对话框，可设置封装属性，单击如图 4-10 所示的 **Add…** 按钮，弹出如图 4-11 所示的对话框，在"Model Type"（模型类型）中选择"Footprint"，单击 **OK** 按钮，弹出如图 4-12 所示的对话框，单击 **Browse…** 浏览按钮，弹出"Browse Libraries"对话框，如图 4-13 所示，选择合适的 PCB 封装。

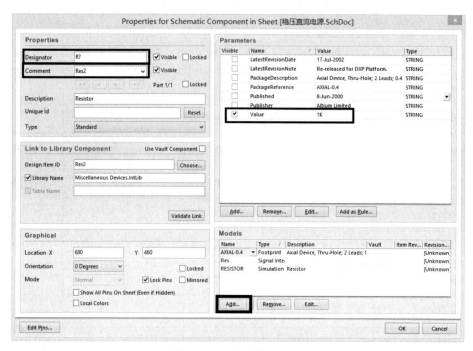

图 4-10　元件属性对话框

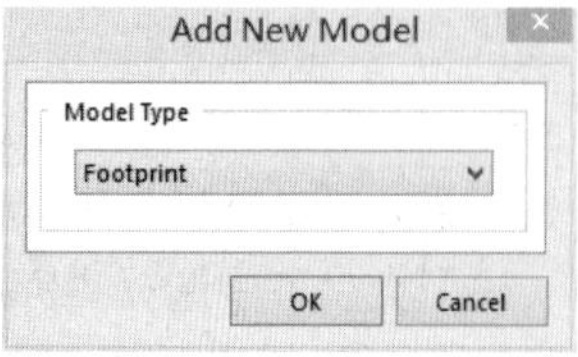

图 4-11　添加新的模型对话框 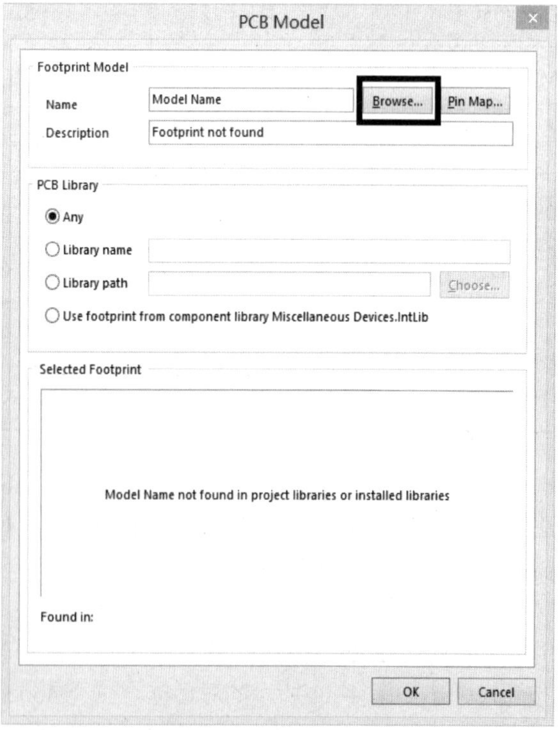　　　　图 4-12　PCB 模型对话框

项目 4　稳压直流电源电路板设计

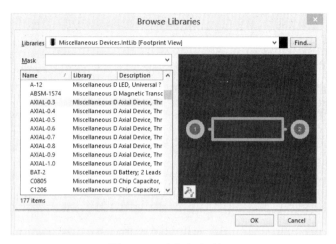

图 4–13　浏览库对话框

 实践技巧

在实际操作中，元器件的放置、修改属性和方向可以一起操作，即当找到元件后，元器件悬挂在鼠标上时，按"Space"或"X"或"Y"键改变方向；按"Tab"键修改属性，包括元件标识、元件注释、参考值和封装等属性。

任务 7　元件移动及排列

放置元件时，位置具有一定的随意性。如果元器件比较少，就可以手工拖动进行布局，如项目 3 中。如果元器件比较多时，就可以采用元件移动或排列命令。本项目中采用元件移动或排列命令按如图 4–14 所示，调整元件位置和方向。

方法：选中需要调整的元件，执行菜单命令【Edit】→【Align】，弹出如图 4–15 所示的菜单，根据需要执行该菜单中的命令。

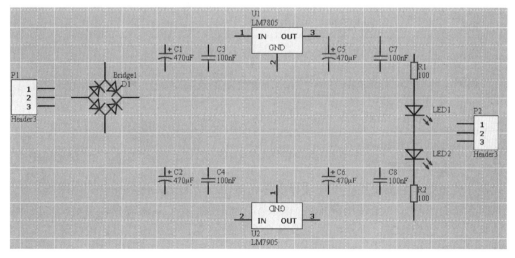

图 4–14　元件放置完成后的原理图

85

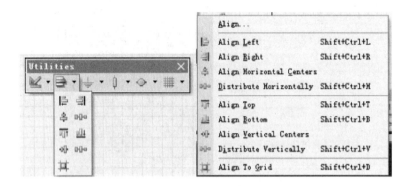

图 4–15 排列菜单

 知识拓展——元件排列

元件排列菜单中各图标的含义如表 4–3 所示。

表 4–3 元件排列图标的含义

图　标	含　　义
	Align Left：左对齐排列
	Align Right：右对齐排列
	Align Horizontal Centers：水平中心排列
	Distribute Horizontally：水平分布
	Align Top：顶部对齐排列
	Align Bottom：底部对齐排列
	Align Vertical Centers：垂直中心排列
	Distribute Vertically：垂直分布
	Align To Grid：排列到网格

任务 8　绘制电路图

元器件放置好后，需要用电气连接导线将元器件连接起来，形成完整的电路图。使用画线工具的方法有三种，一是使用菜单栏命令，二是使用配线工具条命令，三是使用快捷键。使用菜单栏命令比较形象，使用配线工具条命令比较直观，使用快捷键比较快速。本项目中采用任意一种方法按图 4–16 所示连接元件。

方法一：执行菜单命令【Place】→【Wire】。

方法二：单击配线工具条中的绘制导线按钮。

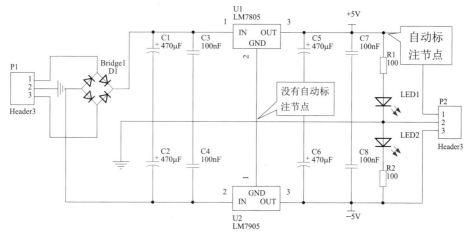

图 4-16 初步连线结束后的原理图

任务 9　放置节点

原理图绘制过程中，当导线出现"T"形交叉时，会自动添加节点；如果出现"十"字交叉时，就不会出现节点，如图 4-16 所示，要根据需要添加节点。

方法：执行菜单命令【Place】→【Manual Junction】，按"Tab"键，弹出节点属性对话框，可以修改节点的颜色、大小等，如图 4-17 所示，放置完后如图 4-1 所示。

任务 10　设置设计规则检查

在原理图的设置过程中，需要对原理图进行编译，即电气规则检查。在编译之前，需要对编译规则进行设置。编译规则包含以下内容：错误检查参数、电气连接、比较器设置、ECO 输出、输出路径、网络表选项等，但一般情况下采用默认即可。

方法：执行菜单命令【Project】→【Project Options...】，弹出如图 4-18 所示的对话框，选择其中的"Error Reporting"选项卡，可以设置原理图电气检测规则，AD15 中提供了 6 类电气规则检测项：

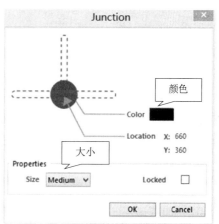

图 4-17 节点对话框

Violations Associated with Buses：总线违规检查；
Violations Associated with Components：元件违规检查；
Violations Associated with Documents：文件违规检查；
Violations Associated with Nets：网络违规检查；
Violations Associated with Others：其他违规检查；
Violations Associated with Parameters：参数违规检查；
在违规错误报告中，有四种错误类型：
No Report：不产生报告，表示连接正确。
Waring：警告。设计者根据需要决定是否修改。

Error：错误。表示存在与设计规则相违背的错误，必须修改。

Fatal Error：致命错误。绝对不允许出现的错误，出现该错误可能导致严重的后果。

这里全部采用默认形式，设置完成后，单击 **OK** 按钮。

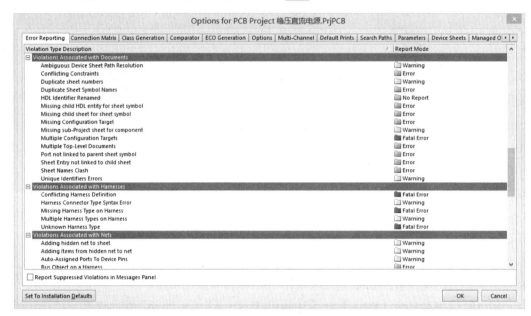

图 4-18　检查规则设置

任务 11　电气规则检查

电气规则检查就是按照一定的电气规则来检查绘制的电路图是否正确。

方法：Step1 ERC 检查。

执行菜单命令【Project】→【Compile PCB Project 稳压直流电源.PrjPCB】或【Project】→【Compile Document 稳压直流电源.SchDoc】，编译后，系统的自动检错结果将显示在"Messages"面板中。若系统有错，将会自动弹出"Messages"面板，如图 4-19 所示；若只有警告或没有错误，则不会自动弹出"Messages"面板，用户可执行状态栏中的【System】→【Message】命令打开"Messages"面板。

Step2 修改错误。

使用鼠标双击错误栏，系统会自动跳转到原理图的错误位置，并突出显示，如图 4-20 所示。改好后重新编译，直到"Messages"面板没有任何信息，如图 4-21 所示。

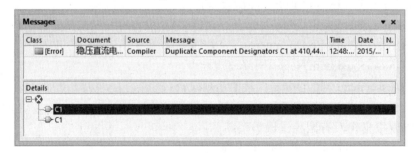

图 4-19　"Messages"面板

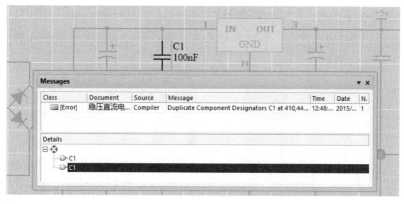

图 4-20 修改错误

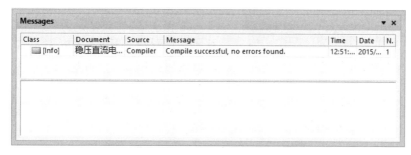

图 4-21 "Messages"面板上无任何错误

 知识拓展

常见 ERC 错误报告注解及原因分析：

（1）Un-Designated Part ...：元件名字里有"？"，表示该元件没有编号。

（2）Unconnected line ... to ...：可能是总线上没有标号，或者导线没有连接。

（3）Unused sub-part in component...：表示该元件含有多个子件，而其中有些子件没有被使用。

（4）Multiple net names on net...：同一个网络有多个网络名称，可能图中有连线错误或网络标签放置错误的问题。

（5）Duplicate Nets...：同一个网络有多个名称。

（6）Duplicate Component Designators ...：有重复元件，可能有几个元件编号相同。

（7）Duplicate Sheet number...：表示原理图图纸编号重复，在层次电路设计中要求每张图纸编号唯一。

（8）Floating power objects...：电源或地符号没有连接好。

（9）Floating input pins...：输入引脚浮空，或者输入引脚没有信号输入。Protel 中输入引脚的信号必须来自输出或者双向引脚，才不会报告这类错误。如果输入引脚的信号来自分立元件通常会报告错误，这时只要检查原理图保证线路连接正确即可，可不理会它。

（10）Floating Net Label ...：网络标号没有连到相应的引脚或导线。

（11）Adding items to hidden net VCC：是指在 VCC 上有隐藏的引脚。需要说明的是，如果有 VCC 隐藏引脚，一定要在电路中有 VCC 网络标签，如果电路中普遍用的是+5 V，就需要将 VCC 与+5 V 网络合并。

（12）Illegal bus definitions…：表示总线定义非法，可能是总线画法不正确或者缺少总线分支。

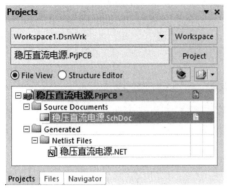

图 4-22　在"Projects"面板上生成网络表

任务 12　生成网络表

网络表是一个简单的由 ASCII 码构成的文本文件，用于显示元件的信息和元件之间的连接关系。

方法：执行菜单命令【Design】→【Netlist For Project】→【PCAD】，系统自动生成当前项目的网络表文件"稳压直流电源.NET"，并保存在当前项目的"Generated\Netlist Files"文件夹下，如图 4-22 所示。双击该网络表名称即可打开，并查看网络表文件内容，如图 4-23 所示。网络表内容包含每个元件的封装，该元件每个引脚连接的网络。

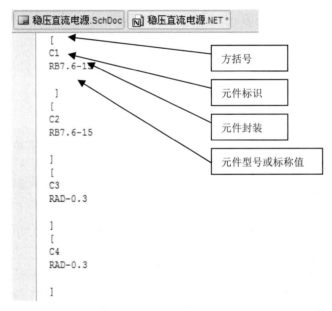

图 4-23　网络表

任务 13　原理图报表输出

原理图设计完之后，除了保存项目文件和原理图文件后，还要生成元器件报表，便于元器件的采购。

方法：Step1 执行菜单命令【Reports】→【Bill of Material】，就弹出元件清单参数设置对话框，如图 4-24 所示。

Step2 单击图 4-24 所示中的 **Menu** 按钮，在弹出的菜单中选择"Report…"选项，弹出报告预览对话框，如图 4-25 所示。单击图 4-25 中的 **Print…** 按钮，就弹出打印设置对话框，

项目 4　稳压直流电源电路板设计

如图 4–26 所示。

Step3 单击图 4–24 或图 4–25 中的 **Export...** 按钮，就弹出文件清单输出保存对话框，如图 4–27 所示，单击保存按钮。

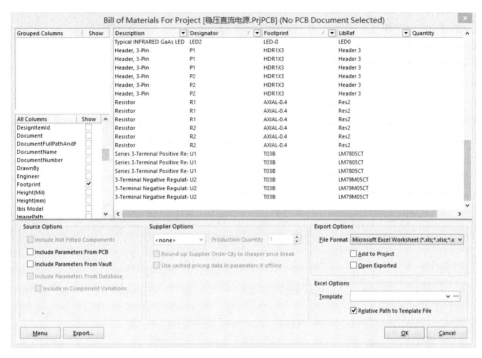

图 4–24　元件清单

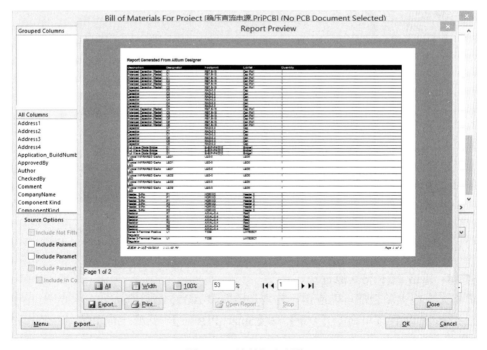

图 4–25　清单打印预览

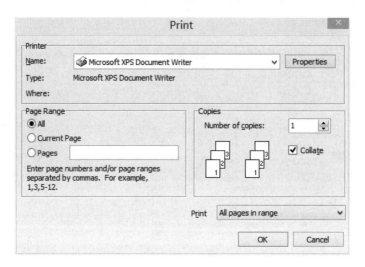

图 4-26 打印设置对话框

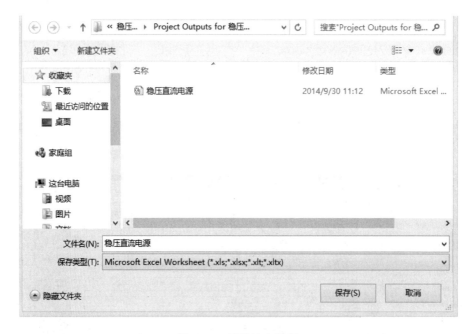

图 4-27 清单输出保存

任务 14 输出 PDF 格式原理图

PDF 格式在很大场合都可以应用，特别是能脱离 AD15 环境查阅。

方法：Step1 执行菜单命令【File】→【Smart PDF...】，弹出生成 PDF 向导对话框，如图 4-28 所示。

项目 4　稳压直流电源电路板设计

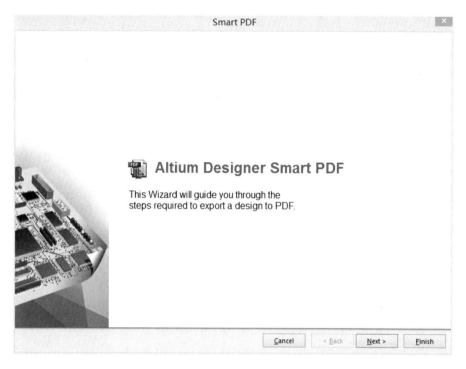

图 4-28　生成 PDF 向导对话框

Step2 单击图 4-28 所示的 **Next>** 按钮，进入 PDF 转换目标设置对话框，如图 4-29 所示。在该对话框中，选择生成 PDF 文件的范围和保存路径。

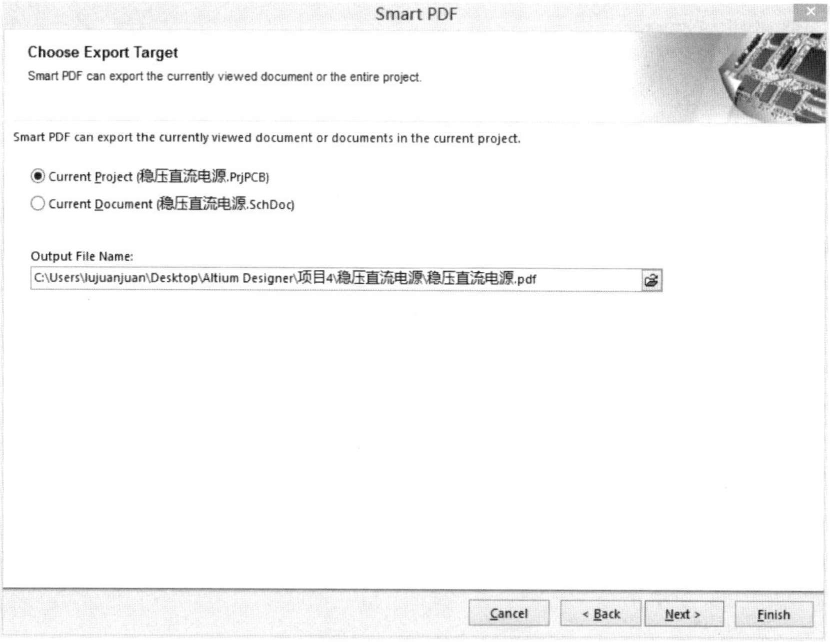

图 4-29　选择 PDF 路径

Step3 单击图 4-29 所示的 **Next>** 按钮,进入 PDF 转换目标设置对话框,如图 4-30 所示。

图 4-30 选择项目文件

Step4 单击图 4-30 所示的 **Next>** 按钮,进入设置是否需要输出材料清单的对话框,如图 4-31 所示。

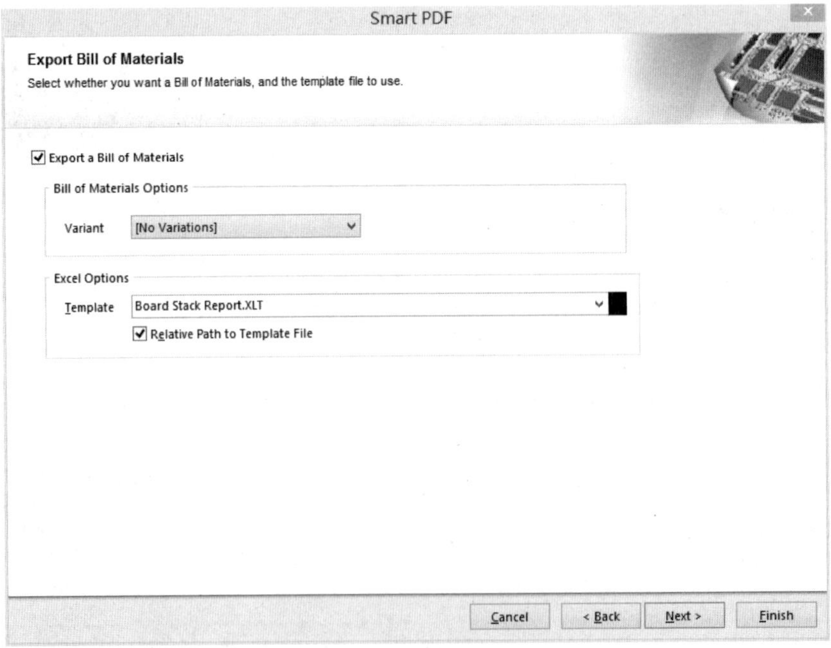

图 4-31 是否输出材料清单

项目 4　稳压直流电源电路板设计

Step5 单击图 4-31 所示的 **Next>** 按钮，进入 PDF 附加选项对话框，如图 4-32 所示。

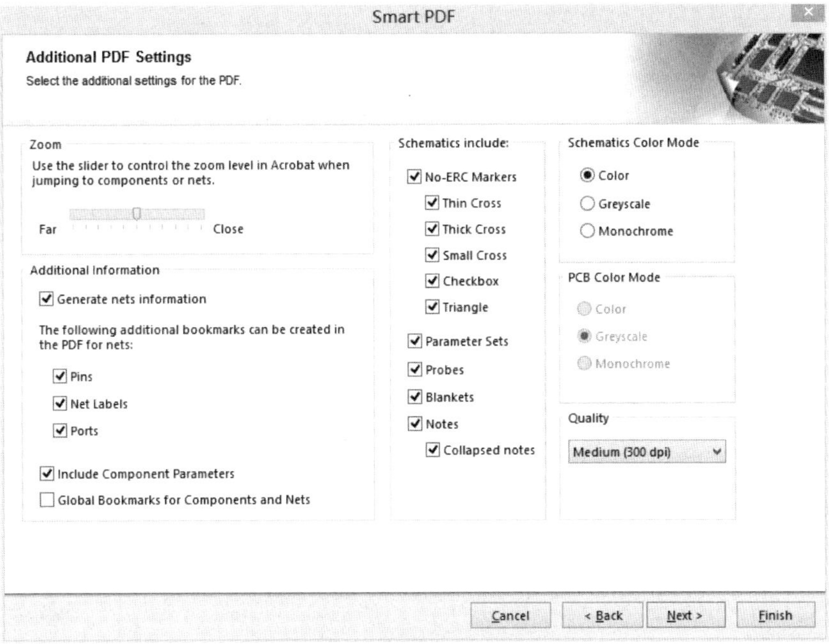

图 4-32　PDF 附加选项对话框

Step6 单击图 4-32 所示的 **Next>** 按钮，进入结构设置对话框，如图 4-33 所示。

图 4-33　结构设置对话框

95

Step7 单击图 4-33 所示的 Next> 按钮，进入完成 PDF 文件输出对话框，如图 4-34 所示。

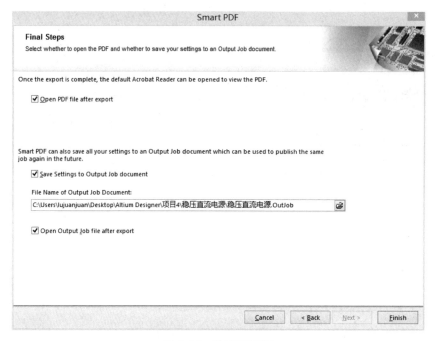

图 4-34 输出对话框

任务 15 原理图打印输出

方法：执行菜单命令【File】→【Page Setup...】，弹出图纸属性对话框，如图 4-35 所示，可设置打印纸张大小、方向等参数，单击 **Printer Setup...** 按钮，弹出打印机设置对话框，如图 4-36 所示，单击 **OK** 或 **Cancel** 按钮，都重回到图 4-35 界面。

单击图 4-35 界面的 **Print** 按钮，也弹出图 4-36 所示的对话框，单击 **OK** 按钮就打印并退出界面，单击 **Cancel** 就退出界面。

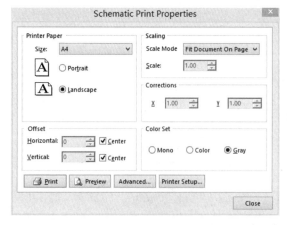

图 4-35 图纸属性对话框

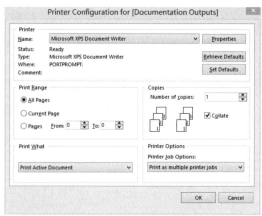

图 4-36 打印机设置对话框

4.3.2 稳压直流电源单面 PCB 制作

制作 PCB 板（参见图 4-2），除了采用手动布线外，也可以采用自动布线方法，本项目就采用此方法，一般的操作步骤如图 4-37 所示。

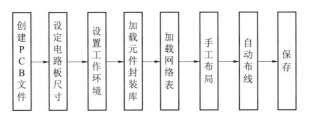

图 4-37 制作单面板 PCB 流程

任务 1 新建 PCB 文件

创建 PCB 文件有三种方法，一是采用菜单栏命令，二是采用面板命令，三是采用 PCB 向导。本项目中采用面板操作命令新建一个 PCB 文件"稳压直流电源.PcbDoc"。

方法一：执行菜单命令【File】→【New】→【PCB】。
方法二：在"Files"面板上单击"PCB File"选项。
方法三：右击项目文件名，在弹出的快捷菜单中选择【Add New to Project】→【PCB】命令。

 知识拓展——文件操作

关闭文件：在"Project"面板中用鼠标右击该设计文件，在弹出的菜单中选择【Close】命令。

从项目中删除文件：在"Project"面板中用鼠标右击该设计文件，在弹出的菜单中选择【Remove From Project...】命令，文件将不再属于该项目，但仍存于硬盘。

给项目中添加文件：在"Project"面板中用鼠标右击项目文件，在弹出的菜单中选择【Add New To Project...】命令，将要添加的原理图文件直接拖到目标项目中即可。

文件改名：单击面板控制中心的菜单项【System】→【Storage Manager】，将弹出存储管理器窗口，如图 4-38 所示，在"File"区域可以看到当前项目的所有文件，用鼠标右键单击要改名的文件，在弹出的菜单中选择【Rename】命令。

图 4-38 存储管理器窗口

任务 2 设置栅格及图纸页面

栅格和图纸页面的设置可以采用菜单栏的菜单命令，也可采用快捷菜单命令。本项目中采用快捷菜单命令设置：测量单位为"Imperial"；X 与 Y 的步进值为 10 mil。

方法一：执行菜单命令【Design】→【Board Options…】。

方法二：在 PCB 编辑窗口单击鼠标右键，在弹出的快捷菜单中执行【Options】→【Board Options…】或【Sheet…】命令，如图 4-39 所示，都弹出"Board Options"面板选项属性对话框。单击【Grids Manager】命令，就进入栅格管理对话框。

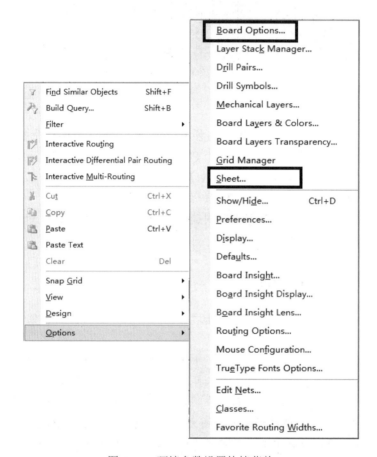

图 4-39 环境参数设置快捷菜单

任务 3 设置单面板工作层

设置单面板工作层：信号层顶层和底层，禁止布线层，机械层 4，顶层丝印层和多层。

方法一：执行菜单命令【Design】→【Board Layers & Colors…】；

方法二：在 PCB 编辑窗口单击鼠标右键，在弹出的快捷菜单中执行【Options】→【Board Layers & Colors…】或【Mechanical Layers…】命令，都弹出"View Configurations"对话框，去掉"Only show layers in layer stack"选项，就可以选择更多的信号层、内部电源层和机械层。

任务 4 设置 PCB 电气边界

在禁止布线层绘制电路板的电气边框,尺寸为 3 500 mil×1 500 mil,并标注尺寸,如图 4–40 所示。

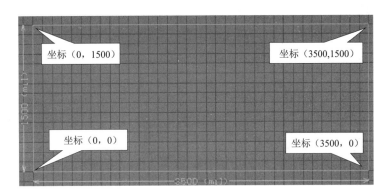

图 4–40 电路边框和尺寸

方法:Step1 切换工作层。把工作层切换到"Keep–Out Layer"。

Step2 确定相对坐标原点。执行绘图工具栏上的 ⊠ 按钮或执行菜单命令【Edit】→【Origin】→【Set】,在平面上合适的位置单击鼠标左键。

Step3 绘制边框。执行绘图工具栏上的 ╱ 按钮或菜单命令【Place】→【Line】,配合键盘"J""L",绘制边框。

Step4 标注尺寸。将工作层切换到机械层"Mechanical 4",执行菜单命令【Place】→【Dimension】→【Dimension】→【Linear】或单击绘图工具栏上的 按钮。

任务 5 加载网络表

将原理图信息导入 PCB 文件,可以采用项目 3 中的方法,先查找元件对应的封装,然后手工添加网络表,可见这种方法比较适合元器件比较少的电路。对于稍复杂的电路,可以采用加载网络表的方法把原理图信息直接导入 PCB 图中,实现原理图向 PCB 图的转化,这个过程称为加载网络表。加载网络表的方法有两种,一是在 PCB 图界面采用菜单命令,二是在原理图界面采用设计同步器。本项目中采用第一种方法。

视频 7 单面板自动制作

方法:执行菜单命令【Design】→【Import Changes From 稳压直流电源.PrjPCB】,弹出"Engineering Change Order"(简称 ECO)工程变化订单窗口,如图 4–41 所示。

Step1 单击左下角的 Validate Changes 按钮,系统检查所有更改是否有效。如果有效,将在右边"Check"栏打钩,如果无效则打上红色的叉,如图 4–42 所示。若出现错误,则关闭该对话框,回到原理图进行修改,直到该对话框全部打钩。

Step2 单击左下角的 Execute Changes 按钮,系统将自动执行所有变化,并在右边"Done"栏中打钩,如图 4–43 所示。若执行成功,单击 Close 按钮,原理图信息就被全部送到 PCB 板上,如图 4–44 所示。

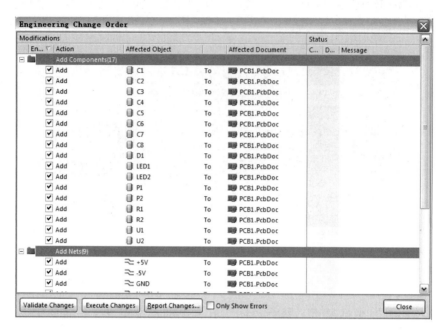

图 4-41 工程变化订单窗口

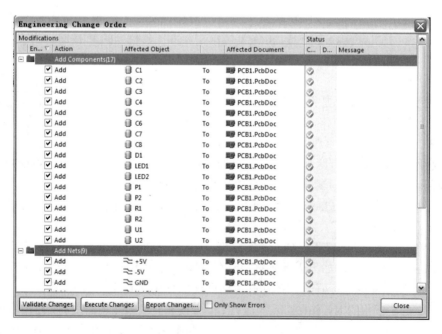

图 4-42 执行"使变化生效"的工程变化订单窗口

项目 4 稳压直流电源电路板设计

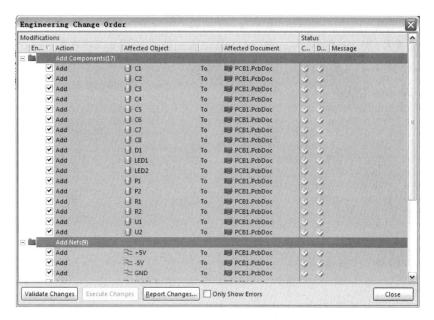

图 4-43 执行"执行变化"的工程变化订单窗口

图 4-44 执行变化后的 PCB 板

 实践技巧

加载网络表之前，应完成以下三项准备工作：

（1）对原理图进行编译，即电气规则检查，确保原理图的电气连接和对应的元件封装的正确性。

（2）确保元件和封装所在的库都已加载。

（3）确定原理图文件和 PCB 文件在同一项目文件中，且原理图文件和 PCB 文件都已经保存，否则不能执行更新命令。

任务 6 原理图与 PCB 关联的交互式布局

PCB 布局在 PCB 设计过程中也是一个比较重要的过程，它的布局合理性离不开原理图，因此在 PCB 布局过程中，除了移动、旋转、对齐等基本操作外，还可采用原理图和 PCB 的交互式布局方法。

方法：Step1 在原理图文件中，执行菜单命令【Tools】→【Cross Select Mode】，使原理图处于关联模式。

Step2 在 PCB 文件中，执行菜单命令【Tools】→【Cross Select Mode】，使 PCB 图处于关联模式。

Step3 在原理图中选中一个模块，如图 4–45 所示，执行【Tools】→【Select PCB Component】命令，在 PCB 图中会同步高亮显示该模块所对应的元件，如图 4–46 所示。

Step4 执行图 4–47（a）所示的工具条"Arrange Components Inside Area"命令，鼠标变成十字光标，在电气边界内拉一个框，元件自动排在该范围内，效果如图 4–47（b）所示。

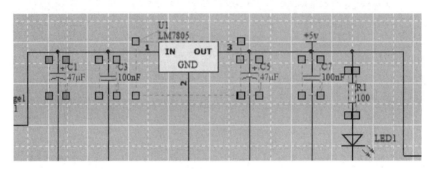

图 4–45　交互式布局的原理图

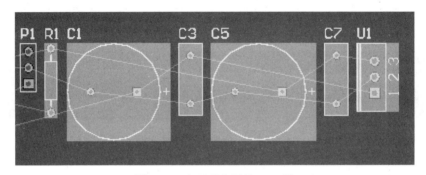

图 4–46　交互式布局的 PCB 图

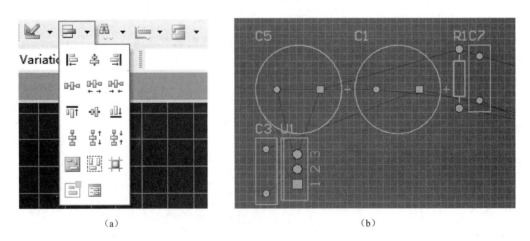

图 4–47　交互式布局
（a）工具条命令；（b）执行效果

Step5 依据上述方法调整元件的位置和方向。手工布局调整后的 PCB 图如图 4–48 所示。

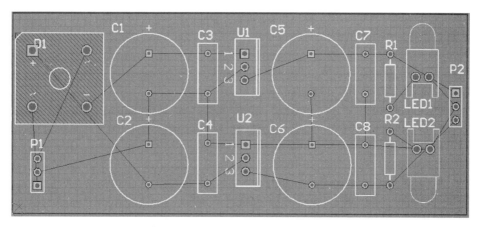

图 4-48 手工布局调整后的 PCB 图

 实践技巧

要实现原理图与 PCB 图的交互式布局，应先满足原理图和 PCB 文件在同一个项目文件中。

任务 7 布线规则设置

布线规则设置用于系统的电气 DRC 检验，主要包括电气规则和布线规则设置。若在布线过程中违反布线规则，则系统自动报警。本项目中先设置布线规则中的布线层和线宽设置，其余采用默认设置，要求：底层布线，电源线宽为 20 mil，地线为 30 mil，一般布线为 10 mil。

方法：Step1 执行菜单命令【Design】→【Rules】，单击展开 "Routing"，可见其中包括八项规则，如图 4-49 所示。

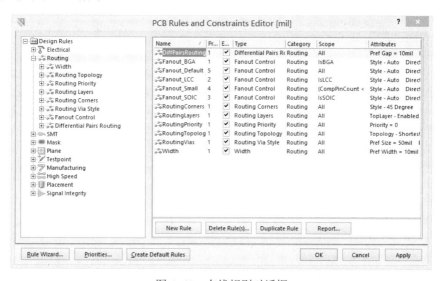

图 4-49 布线规则对话框

Step2 布线层设置。右击 "Routing" 下的 "Routing Layers" 选项，如图 4-50 所示，单面板布线层选择 "Bottom Layer"。

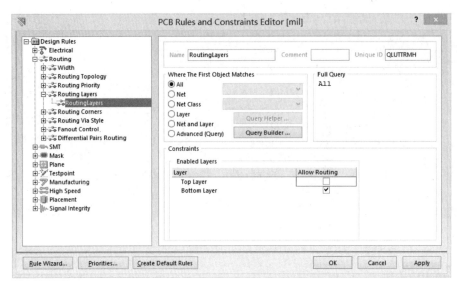

图 4–50　布线层设置

Step3 线宽设置。右击"Routing"下的"Width"选项，在弹出的快捷菜单中选择"New Rule…"，即可新建默认名称为"Width-1"的宽度规则，单击新建的"Width-1"名称，在右边的对话框"Name"栏中输入线宽的名称"GND"，在"Where The First Object Matches"选项区中选择"Net"，在全部网络中选择"GND"，在"Constraints"栏中把三者的数据都改为30 mil，如图 4–51 所示。利用同样的方法设置电源线宽。

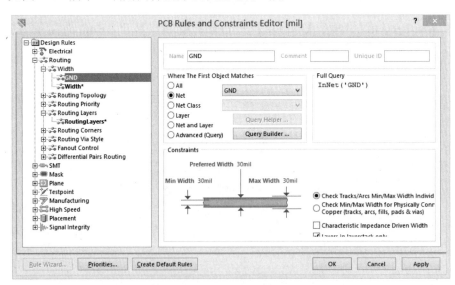

图 4–51　线宽设置

任务 8　自动布线

采用自动布线的方法把 PCB 图中的飞线变成导线，实现真正的电气连接。

方法：执行菜单命令【Auto Route】→【All…】，系统弹出"Situs Routing Strategies"对话框，如图 4–52 所示，一般采用默认。单击 **Route All** 按钮即可布线。

布线过程中会出现自动布线信息对话框,如图 4-53 所示。若在自动布线过程中发现异常,可执行菜单命令【Auto Route】→【Stop】,终止布线。自动布线结果如图 4-54 所示。

图 4-52　布线策略对话框

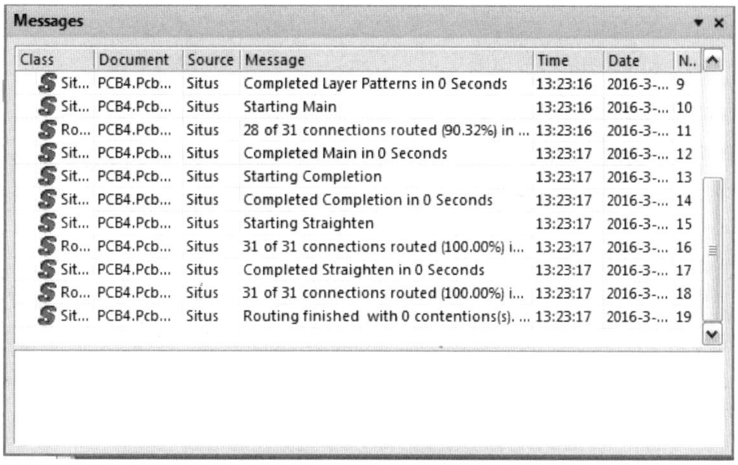

图 4-53　布线过程中出现的"Messages"面板

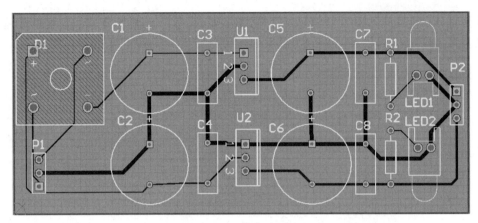

图 4-54 自动布线结果

任务 9 手工修改布线

布线的三种方法中，手工布线适合于电路比较简单的电路，对于稍复杂的电路往往进行自动布线后的 PCB 板通常会做一些手工调整，以符合实际工艺要求和美观。

方法：Step1 删除原有布线。执行菜单命令【Tools】→【Un-Route】→【Connection】，鼠标变成十字光标，点中被删除的导线即可，如图 4-55（a）所示。右击退出删除状态。

Step2 手工绘制布线。执行菜单命令【Place】→【Interactive Routing】或使用配线工具栏的"交互式布线"工具 来实现，如图 4-55（b）所示。

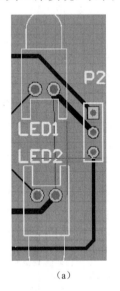 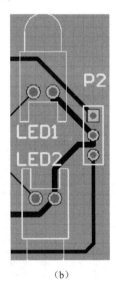

(a)　　　　　　　　　　　　　　(b)

图 4-55　手工修改连线
(a) 删除导线；(b) 手工绘制导线

任务 10 重定义 PCB

根据实际电路的需要，定制电路板的实际大小。

方法：Step1 切换工作层。把工作层切换到"Mechanical1"，执行菜单命令【Place】→【Line】，定义物理边界与电气边界一样大。

项目 4 稳压直流电源电路板设计

Step2 选中物理边界。选中物理边界,然后执行菜单命令【Tools】→【Covert】→【Create Cutout from Selected Primitives】。

Step3 执行菜单命令【Design】→【Board Shape】→【Define from Selected Objects】,就定义了物理边界。

任务 11　三维视图

生成三维视图,预览电路板。

方法:执行菜单命令【Tools】→【Legacy Tools】→【Legacy 3D View】,三维显示效果如图 4-56 所示。

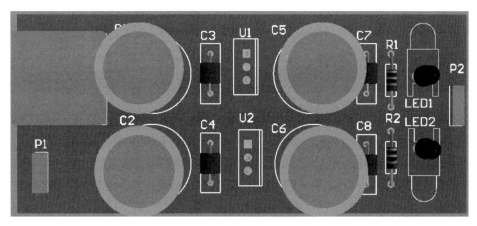

图 4-56　三维显示效果

任务 12　PCB 报表输出

(1) 生成 PCB 板信息。

PCB 信息报表用于提供 PCB 的信息,包括 PCB 尺寸、焊盘、过孔的数量及元器件符号等。

Step1 执行菜单命令【Report】→【Board Information】,系统会弹出如图 4-57 所示的"PCB Information"对话框,单击"Components"选项卡和"Nets"选项卡,分别如图 4-58 和图 4-59 所示。

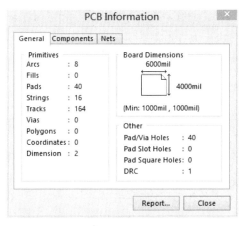

图 4-57　"General"选项卡

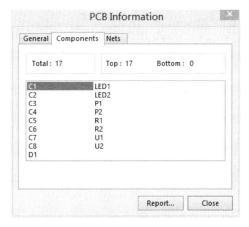

图 4-58　"Components"选项卡

Step2 选择图 4-57、图 4-58 和图 4-59 所示中的 **Report...** 按钮，打开如图 4-60 所示对话框，单击 **Report** 按钮，则系统会自动生成 PCB 信息报表。

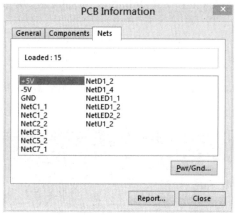

图 4-59 "Nets"选项卡　　　　图 4-60 板报告对话框

（2）生成元器件报表。

执行菜单命令【Report】→【Bill of Materials】，弹出如图 4-61 所示对话框。在左侧显示要显示的项目，在右侧显示所选项目的具体信息。单击 **Menu** 按钮，选择"Export..."项则输出报表文件，选择"Report..."项则可预览报表，如图 4-62 所示。

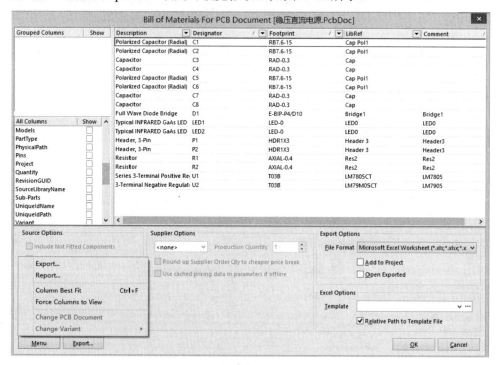

图 4-61 元器件报表对话框

（3）生成网络状态报表。

执行菜单命令【Report】→【Netlist Status】，系统将生成以".REP"为后缀的网络状态

项目 4　稳压直流电源电路板设计

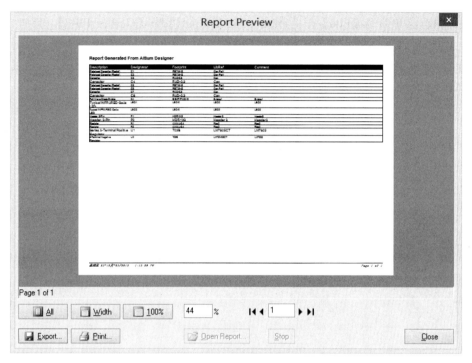

图 4-62　预览报表对话框

报表。网络状态报表列出了每一个网络的名称、布线所处的工作层以及网络的完整走线长度，如图 4-63 所示。

图 4-63　网络状态报表

任务 13　输出 Gerber 文件

设计完成的 PCB 文件，不能直接导入制板工艺的机器识别，需要转换成生产文件，包括：光绘文件、钻孔文件、网表文件、贴片坐标文件和装配文件。单面板生成的 Gerber 文件包含：底层线路（.GBL）、底层阻焊（.GBS）、顶层字符（.GTO）和边框（.GKO）。

下面以转换成光绘文件为例介绍其流程。

Step1 执行菜单命令【File】→【Fabrication Outputs】→【Gerber Files】，弹出光绘设置对话框，如图 4-64 所示，包含 5 个选项卡，用于设置 Gerber 文件的精度和输入板层等参数。

Step2 设置单位和格式。选择"General"选项卡。选择英制单位"Inches"作为度量单位，设置格式栏为 2:5，如图 4-64 所示。

图 4-64　设置单位和格式

Step3 选择输出层。单击图 4-64 的"Layers"选项卡，弹出如图 4-65 所示的界面。在左侧选择需要生成光绘的层，右侧表示将所选层添加到每一个即将生成的光绘层，一次选中需要输出的所有的层。

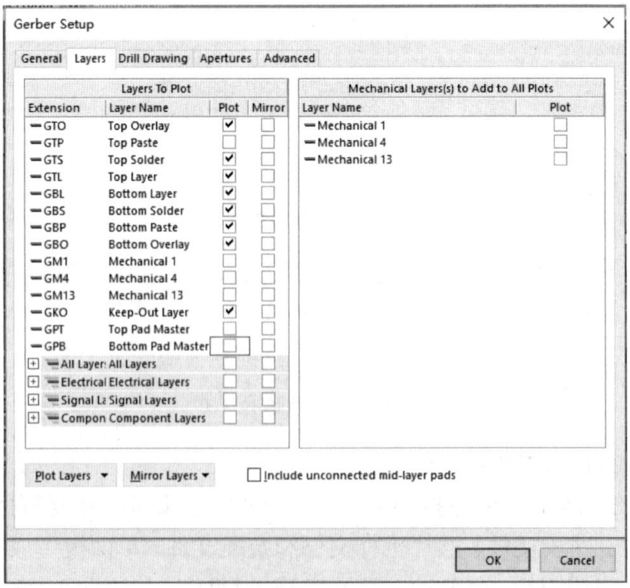

图 4-65　设置输出层

项目 4　稳压直流电源电路板设计

Step4 设置钻孔孔符层。单击"Drill Drawing"选项卡,界面如图 4-66 所示,单击 **Configure Drill Symbols...**按钮,弹出"Drill Symbols"对话框。

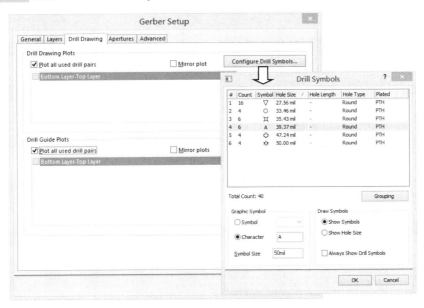

图 4-66　钻孔孔符层设置界面

Step5 设置光圈。单击"Apertures"选项卡,然后选中"Embedded apertures"复选框,如图 4-67 所示,系统将在输出加工数据文件时自动产生 D 码文件。

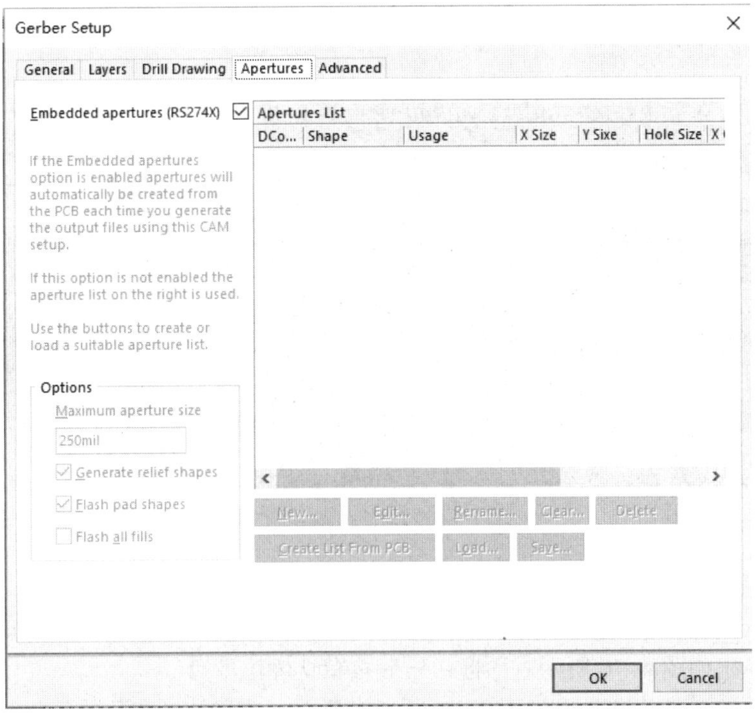

图 4-67　设置光圈

Step6 设置高级选项。单击"Advanced"选项卡，如图4-68所示。选中"**Use polygons** for octagonal pads"复选框，其余采用默认设置。

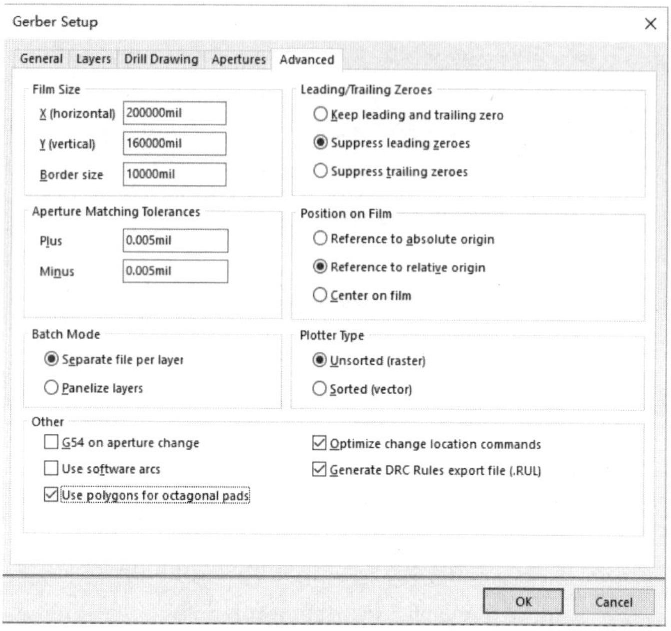

图4-68 设置高级选项

Step7 输出各层Gerber文件。设置完毕后，单击 **OK** 按钮，系统输出各层的Gerber图形文件：顶层文件*.gtl、底层文件*.gbl、禁止布线层文件*.gko，如图4-69所示，都自动保存在当前PCB文件的目录下。

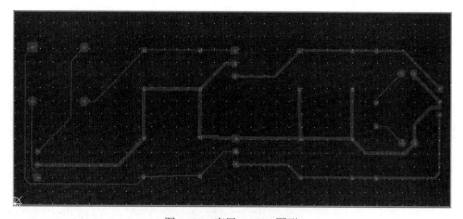

图4-69 底层Gerber图形

任务14 输出钻孔加工文件

方法：Step1 在PCB编辑环境下，执行菜单命令【File】→【Fabrication Outputs】→【NC Drill Files】，弹出如图4-70所示对话框，一般按默认输出即可。

Step2 单击 **OK** 按钮，弹出如图4-71所示对话框，选择精度和孔的形状等设置，一般也采用默认即可，生成钻孔文档，如图4-72所示。

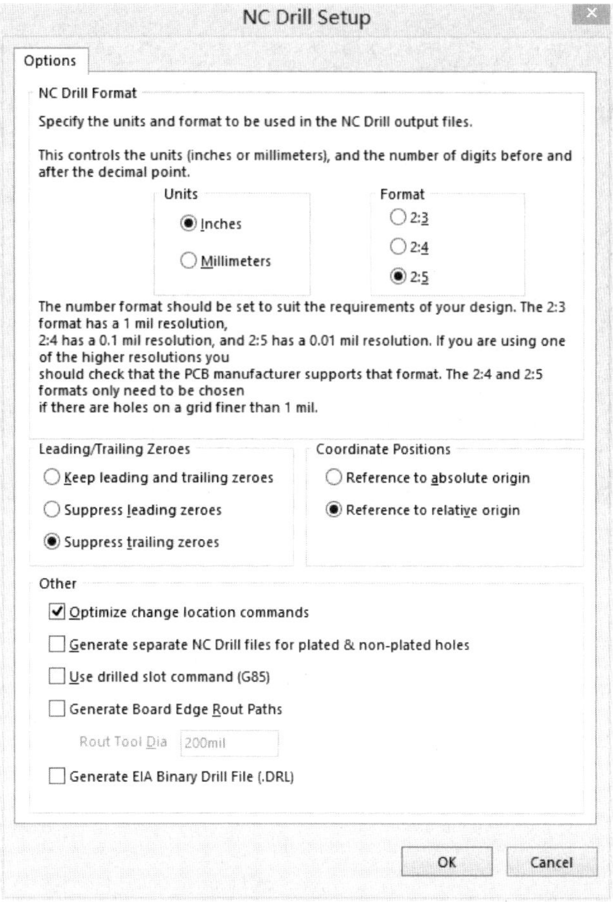

图 4-70　生成钻孔文件

图 4-71　输入孔数据界面

任务 15　生成网络表文件

网络表文件是用来验证光绘文件和 PCB 文件是否一致的辅助性文件。执行菜单命令【File】→【Fabrication Outputs】→【Test Point Report】，弹出如图 4-73 所示对话框，一般按默认设置即可。

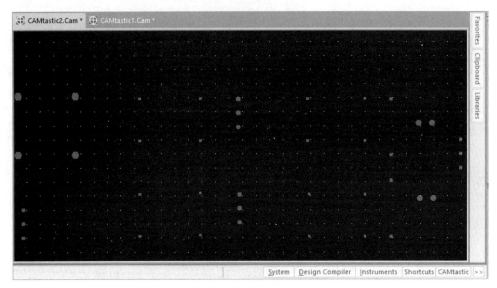

图 4–72　NC 钻孔图形文件

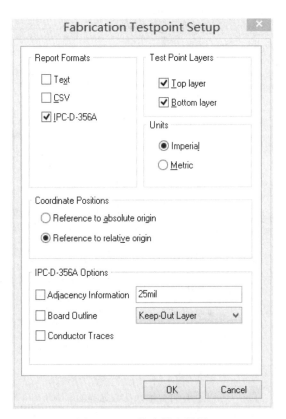

图 4–73　网络表输出设置

任务 16　装配文件

执行菜单命令【File】→【Assembly Outputs】→【Assembly Drawings】，则自动生成装配文件，如图 4–74 所示。

项目 4　稳压直流电源电路板设计

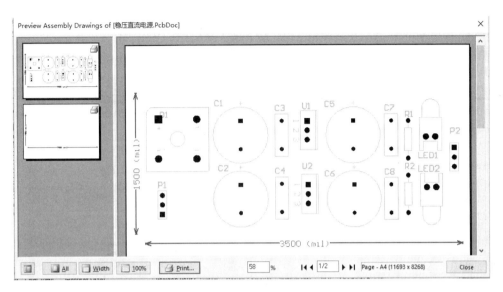

图 4-74　装配文件预览

任务 17　输出 PDF 格式 PCB 图

AD15 系统不仅能够输出原理图的 PDF 文件，也能输出 PCB 的 PDF 文件，方法同原理图 PDF 格式类似。

4.4　测　　试

4.4.1　巩固测试——声光控延时电路

子项目一：声光控延时电路原理图绘制

声光控延时电路原理图如图 4-75 所示。

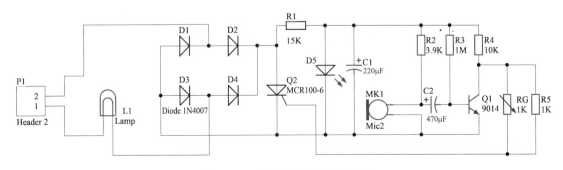

图 4-75　声光控延时电路原理图

115

任务 1　新建项目文件

新建一个项目文件"声光控延时电路.PrjPCB",如图 4-76 所示。

任务 2　新建原理图文件

新建原理图文件"声光控延时电路.SchDoc",如图 4-77 所示。

图 4-76　新建项目文件

图 4-77　新建原理图文件

任务 3　设置工作环境

(1) 图纸设置。方向水平放置;大小为标准风格 A;工作区颜色为 34 号;边框颜色为 9 号。

(2) 栅格设置。捕捉栅格为 10 mil;可视栅格为 10 mil;电气栅格为 8 mil。

(3) 字体设置。系统字体为宋体,字号为"10",字形为粗体。

(4) 标题栏设置。图纸标题栏采用"Standard"标准形式;用特殊字符串设置标题为"声光控延时电路",字号为三号;图纸为 16 张中的第 3 张,字号为"9";设计者为"Marry",字号为"9",如图 4-78 所示。

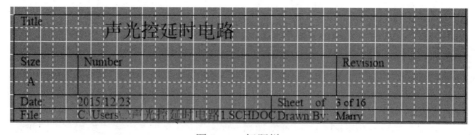
图 4-78　标题栏

任务 4　加载元件库

加载元件库"Miscellaneous Connectors .IntLib"和"Miscellaneous Devices .IntLib"。

任务 5　查找并放置元件

放置声光控延时电路原理图中所需的接口、发光二极管、电阻、三极管、电解电容、光敏电阻、驻极体话筒、灯泡等,元件所在库见表 4-4,同时修改元件属性,如图 4-79 所示。

表 4-4 声光控延时电路元件

Library Ref（元件库名称）	Library（库）	Designator（元件标识）	Footprint（封装）	Comment（注释）	Value（值）
Header 2	Miscellaneous Connectors.IntLib	P1	HDR1X2	Header 2	
Diode 1N4007	Miscellaneous Devices.IntLib	D1～D4	DIODE-0.4	Diode 1N4007	
Res2		R1	AXIAL-0.4		15K
Res2		R2	AXIAL-0.4		3.9K
Res2		R3	AXIAL-0.4		1M
Res2		R4	AXIAL-0.4		10K
Res2		R5	AXIAL-0.4		1K
Res Adj2		RG	AXIAL-0.6		1K
Cap Pol1		C1	RB7.6-15		220 μF
Cap Pol1		C2	RB7.6-15		470 μF
LED0		D5	LED-1		
Mic2		MK1	PIN2	Mic2	
2N3904		Q1	TO-92A	9014	
SCR		Q2	TO-220-AB	MCR100-6	
Lamp		L1	PIN2	Lamp	

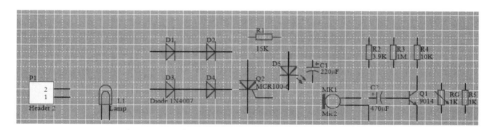

图 4-79 放置元件并修改属性

任务 6 绘制导线

在原理图中绘制导线，如图 4-80 所示。

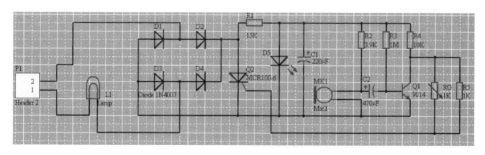

图 4-80 绘制导线

任务 7 编译原理图

编译原理图,直到没有错误信息,如图 4–81 所示。

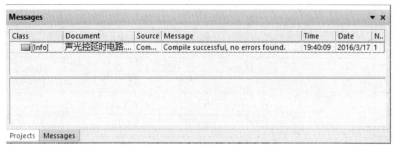

图 4–81 "Messages"信息面板

任务 8 生成网络表文件

生成网络表文件,如图 4–82 所示。

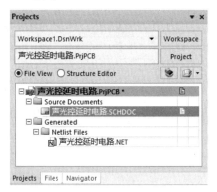

图 4–82 网络表文件

子项目二:声光控延时电路 PCB 制作

制作声光控延时电路 PCB,如图 4–83 所示。

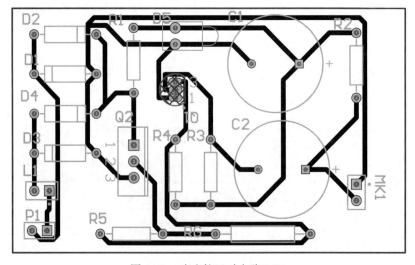

图 4–83 声光控延时电路 PCB

项目 4 稳压直流电源电路板设计

任务 1　新建 PCB 文件

新建一个 PCB 文件"声光控延时电路.PcbDoc",如图 4-84 所示。

任务 2　设置环境参数

测量单位:Imperial。

网格设置:100 mil。

任务 3　定义电路板电气边界,标注尺寸

定义电路板的电气边界为 2 500 mil×1 500 mil,如图 4-85 所示。

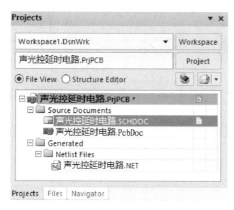

图 4-84　新建 PCB 文件　　　　　　　　图 4-85　电气边界

任务 4　加载网络表并手工布局

手工布局的结果如图 4-86 所示。

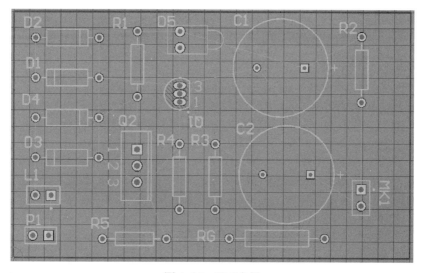

图 4-86　手工布局

任务 5　设置布线规则

设置线宽都为 30 mil,如图 4-87 所示。设置布线层的布线规则,如图 4-88 所示。

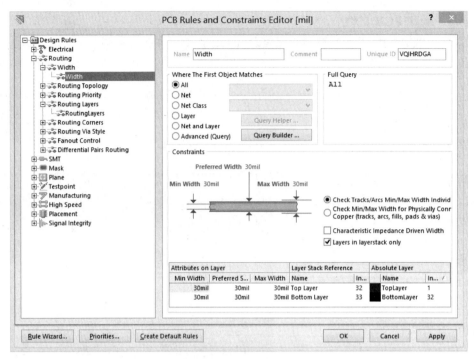

图 4-87　设置线宽

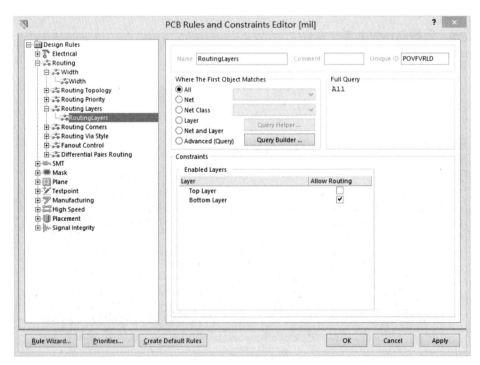

图 4-88　设置布线层

任务 6　自动布线

自动布线的效果图如图 4-89 所示。

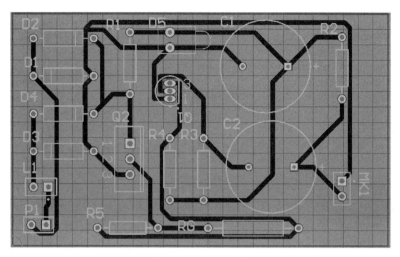

图 4-89 自动布线

4.4.2 提高测试——流水灯电路

子项目一：绘制流水灯电路原理图

根据图 4-90 绘制原理图，具体要求如下：

（1）新建一个项目文件"流水灯电路.PrjPCB"，新建原理图文件"流水灯电路.SchDoc"。

（2）工作环境设置。图纸水平放置；大小为标准风格 C；工作区颜色为 30 号，边框颜色为 6 号。

（3）栅格设置。捕捉栅格为 10 mil；可视栅格为 20 mil；电气栅格为 8 mil。

（4）字体设置。系统字体为宋体，字号为"10"，字形为粗体。

（5）标题栏设置。图纸标题栏采用"ANSI"形式。

（6）设置图纸设计信息。标题为"流水灯电路"，图纸为 16 张中的第 4 张，设计者为"Marry"。

（7）加载集成库。加载集成库"Miscellaneous Connectors.IntLib""Miscellaneous Devices.IntLib""NSC Analog Timer Circuit.IntLib""NSC Logic Counter.IntLib"。

（8）修改属性，参见表 4-5。

（9）输出 PDF 文档。

表 4-5 流水灯电路元件

Library Ref （元件库名称）	Library （库）	Designator （元件标识）	Footprint （封装）	Comment （注释）	Value （值）
Header 2	Miscellaneous Connectors.IntLib	P1	HDR1X2	Header 2	
Res2	Miscellaneous Devices.IntLib	R1～R9	AXIAL-0.3		200
Res2		R10	AXIAL-0.3		2K
Res2		R11	AXIAL-0.3		15K

续表

Library Ref（元件库名称）	Library（库）	Designator（元件标识）	Footprint（封装）	Comment（注释）	Value（值）
Cap Pol1	Miscellaneous Devices.IntLib	C2	CAPR5-4X5		220 μF
Cap Pol1		C4	CAPR5-4X5		47 μF
Cap		C1	RAD-0.1		104
Cap		C3	RAD-0.1		103
LED0		DS1～DS9	BAT-2		
LM555J	NSC Analog Timer Circuit.IntLib	U1	J08A	LM555J	
CD4017BMN	NSC Logic Counter.IntLib	U2	N16E	CD4017	

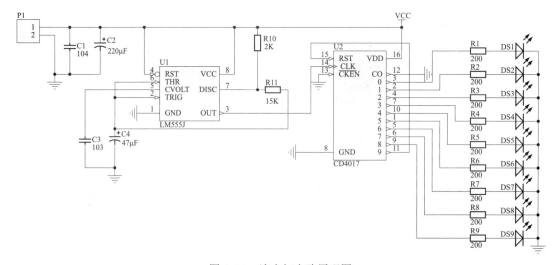

图 4-90 流水灯电路原理图

子项目二：制作流水灯电路 PCB

（1）新建一个 PCB 文件"流水灯电路.PcbDoc"。

（2）设置单面板工作层。

（3）定义电路板的电气边界为 2 800 mil×1 700 mil。

（4）设置布线规则，底层布线，要求电源线宽 25 mil，地线线宽 40 mil，一般导线宽 15 mil。

（5）自动布线。

（6）输出 Gerber 文件。

进 阶 篇

通过基础篇、初级篇的学习，我们掌握了简单原理图的绘制和单面PCB设计。但是实际电路往往比较复杂，连线也很多，这就需要用一条总线来代替多条连线，或者要用几张图纸来绘制一个实际的电路原理图，随之匹配的PCB单面板则无法满足需要。本篇将通过"温度控制器电路板设计"和"洗衣机控制器电路板设计"两个项目，实现以下能力培养目标：

（1）掌握原理图编辑环境；
（2）能绘制带有总线的电路原理图和层次电路图；
（3）掌握PCB编辑环境；
（4）能设计双面PCB板。

项目 5

温度控制器电路板设计

5.1 项目导入

无论在炎热的夏天,还是寒冷的冬天,人们总能享受到温度适宜的室内环境,因为许多家用电器,如空调,能按用户设定的数值进行温度调节,以达到合适的温度,同时也具有节省能源的作用,符合现代绿色家居的设计理念。这类家用电器中,起主要作用的电路就是温度控制器,图 5-1 所示为温度控制器电路原理图,图 5-2 所示为温度控制器 PCB 图。

5.2 项目分析

由图 5-1 可知,此项目电路原理图比项目 3、项目 4 的复杂,但电源原理图依然结构清晰、功能直观,这是因为在导线连接方式时采用了总线、网络标号和输入输出端口的优化方法。

(1)总线和网络标号,如图 5-3 所示。总线就是代表数条并行导线的一条线,是输出数据的公共通道,常用于元件的数据总线或地址总线。但是总线本身没有电气连接意义,需要网络标号进行连接,如电路图 5-3 所示的 D0~D7。网络标号相同,就代表电气相通。如电路中标有 D0 网络标号的元件引脚,则它们是电气连接的。

(2)输入/输出(I/O)端口,如图 5-4 所示。输入/输出端口也是电路原理图中表示电气连接的另一种方式,图中 IN1、IN2 就是端口,端口名称相同,表明电气连接。

当图形复杂,连线错综复杂时,往往单面板就很难满足需要,电路板就可以制成双面或多面板。而在 PCB 设计过程中,PCB 布局和 PCB 布线是两个重要的环节。为了设计高质量高性能的 PCB 板,在设计过程中,应遵循一些 PCB 布局和布线的原则。

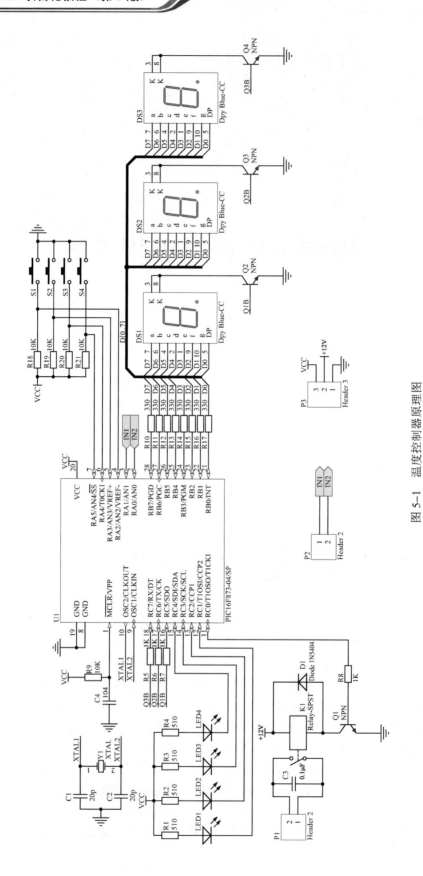

图 5-1 温度控制器原理图

项目 5　温度控制器电路板设计

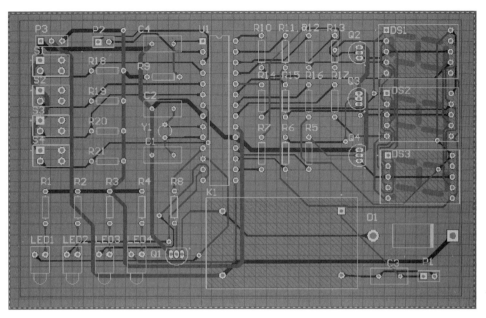

图 5-2　温度控制器 PCB 图

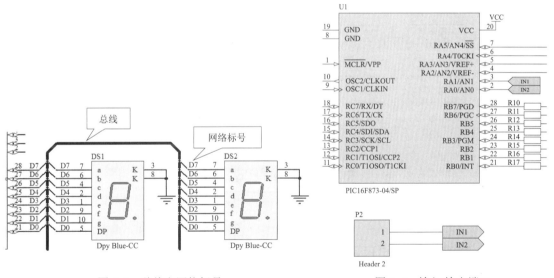

图 5-3　总线和网络标号　　　　图 5-4　输入/输出端口

1. PCB 布局原则

（1）均匀性原则。在 PCB 布局过程中，元器件应均匀整齐布置在电路板上，相邻元器件要有一定的距离，并且电路板周围应留有一定的空隙。

（2）模块化原则。根据电路的功能，把电路划分成几个模块。在 PCB 布局时，按照电路模块就近原则，进行布局。

（3）方向一致性原则。对于有极性的元器件，如电解电容，尽可能保持极性方向一致。若出现两个方向时，两个方向应相互垂直。

（4）模拟地数字地分开原则。对于电路中的模拟地和数字地，原则上尽可能分开。

（5）特殊元器件布局原则。发热元件不能紧邻导线和热敏元件；电源插座尽量布置在印制板的周围；所有 IC 元件单边对齐；卧装电阻、插件电感、电解电容等元件的下方避免布过孔。

（6）高频元器件布局原则。高频元器件布局时，为了提高抗干扰性，飞线应尽可能短，这样布线时才会尽可能短。

2. PCB 布线原则

（1）布线区域原则。布线区域距 PCB 板边≤1 mm，以及安装孔周围 1 mm 内禁止布线。

（2）布线长度原则。导线布设尽可能短，同一元件的地址线和数据线尽可能一样长。

（3）布线宽度原则。三种线宽满足"地线>电源线>信号线"，地线尽可能宽，并可将电路板的空余都覆上地，地线的线宽不应低于 0.50 mm（25 mil）；电源线尽可能宽，线宽不应低于 0.46 mm（或 18 mil）；信号线宽尽量粗细一致，线宽一般在 0.2～0.30 mm（8～12 mil）。

（4）布线间距原则。相邻导线必须满足电气的安全性能，也就是安全间距，导线间距应大于安全间距并尽可能宽些。

（5）布线拐角原则。PCB 板走线尽量使用大于 90°的拐角，不使用 90°拐角布线。

（6）特殊元件布线原则。CPU 入出线不应低于 0.25 mm（或 10 mil）；线间距不应低于 0.25 mm（或 10 mil）；晶振下面不允许走信号线。

本项目主要包括创建项目文件、绘制带有总线的原理图、生成网络表、自动创建 PCB 文件、加载网络表、手工布局和自动布线等操作，如图 5-5 所示，重点需解决以下几个问题：

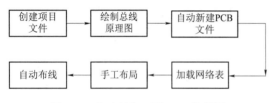

（1）如何绘制总线和网络标号？
（2）如何绘制输入/输出端口？
（3）如何进行有效布局？
（4）如何进行有效布线？
（5）PCB 后期处理包含哪些？

图 5-5 自动制作双面 PCB 流程图

5.3 项目实施

5.3.1 温度控制器原理图绘制

带有总线的原理图设计过程一般包括原理图工作环境设置、放置元器件、放置网络标号、放置总线和总线分支、连线和保存等步骤，具体如图 5-6 所示。

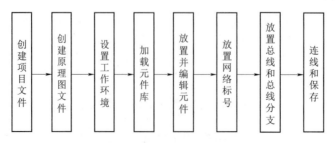

图 5-6 温度控制器原理图绘制流程

项目 5 温度控制器电路板设计

任务 1 新建项目文件

新建一个项目文件"温度控制器.PrjPCB"。

方法一：执行菜单命令【File】→【New】→【Project...】；

方法二：在"Files"面板上单击"Blank Project（PCB）"。

任务 2 原理图前期准备

原理图的前期准备工作包括：新建原理图文件、保存原理图、设置工作环境和加载元件库等。本项目中新建一个原理图文件"温度控制器.SchDoc"，并对工作环境进行设置，具体要求如下：

（1）图纸设置。方向为水平放置；大小为标准风格 B；工作区颜色为 70 号色；边框颜色为 1 号色。

（2）栅格设置。捕捉栅格为 5 mil；可视栅格为 10 mil；电气栅格为 3 mil。

（3）字体设置。系统字体为 Verdana，字号为"9"，字形为粗体。

（4）标题栏设置。图纸标题栏采用"ANSI"形式，标题栏格式如图 5-7 所示。"温度控制器"字号为 26；图纸为共 8 张中的第 3 张，字号为 16。

图 5-7 标题栏设置

Step1 新建原理图文件。

方法一：执行菜单命令【File】→【New】→【Schematic】。

方法二：在"Files"面板上单击"Schematic Sheet"选项。

方法三：在"Files"面板上单击"Other Document"→"Schematic Document"选项。

方法四：右击项目文件名，在弹出的快捷菜单中选择【Add New to Project】→【Schematic】命令。

Step2 保存原理图文件。

方法一：执行菜单命令【File】→【Save】或单击保存按钮 。

方法二：右击默认名称"Sheet1.SchDoc"，在弹出的快捷菜单中选择【Save as...】命令，在保存对话框中输入文件名称为"温度控制器"。

Step3 设置工作环境参数。

方法一：执行菜单命令【Design】→【Document Options...】，在弹出的对话框中选择参数设置选项。

方法二：在原理图编辑窗口单击鼠标右键，在弹出的快捷菜单中执行【Options】→【Document Options...】或【Document Parameters...】或【Sheet...】命令。

在弹出的对话框中选择"Parameters"参数选项卡，在相应对话框中输入信息，如表 5-1 所示。

表 5-1 标题栏参数

参数变量名	修改值
Title	温度控制器
Organization	正德职业技术学院
Address1	南京市将军大道 18 号
Sheet Number	3 of 8

执行菜单命令【Place】→【Text Sting】,在 Text 属性文本框中输入"=",就会提示参数,根据如图 5-8 所示设置标题栏。

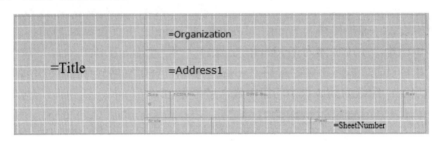

图 5-8 标题栏

执行菜单命令【Tools】→【Schematic Preferences...】或在右击弹出的快捷菜单中执行【Options】→【Schematic Preferences...】命令,打开原理图优先设定对话框,并切换到"Graphical Editing"(图形编辑选项卡),选中"Convert Special Strings"转换特殊字符选项,如图 5-9 所示,单击 **OK** 按钮,标题栏便如图 5-7 所示。

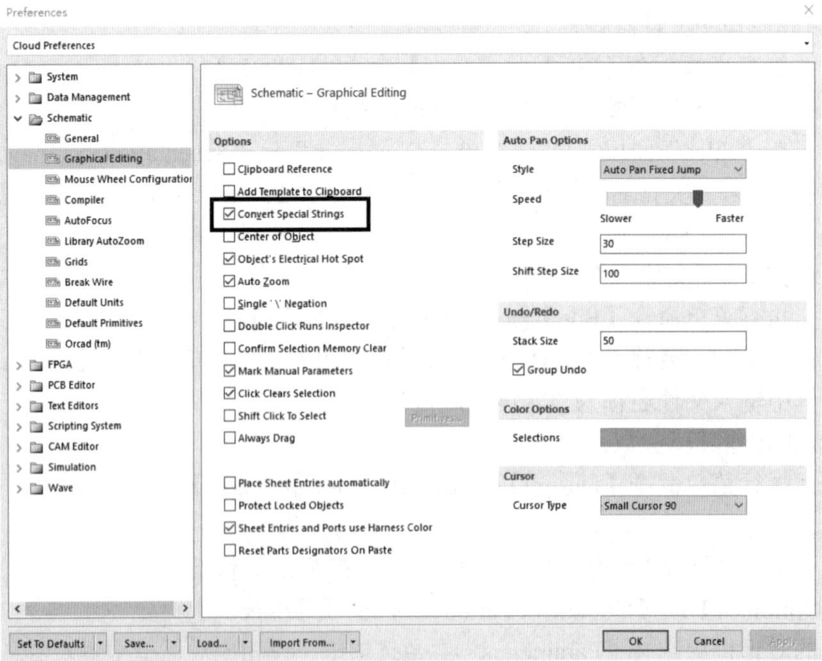

图 5-9 原理图优先设定对话框

任务 3　加载元件库

加载集成库文件 "Microchip Microcontroller 8-Bit PIC16F.IntLib" "Miscellaneous Devices.IntLib" 和 "Miscellaneous Connectors.IntLib"。

方法一：单击 "Libraries" 工作面板的 **Libraries...** 按钮。

方法二：执行菜单命令【Design】→【Add/Remove Library...】。

 实践技巧

"Microchip Microcontroller 8-Bit PIC16F.IntLib" 集成库加载路径为：Altium\AD15\Library\Microchip。

任务 4　加载原理图元器件

元器件的操作包括元件查询、元件的放置调整、元件的排列对齐和元件的属性设置等。本项目根据图 5-10 所示，查找并放置元件、调整位置。

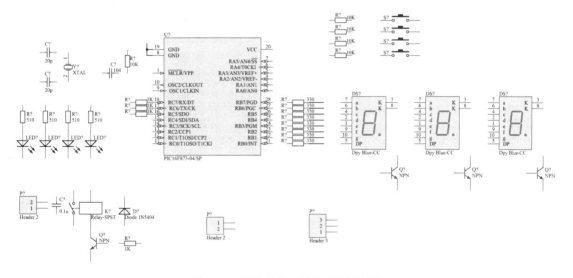

图 5-10　调整并修改属性后的原理图

方法：Step1 查找放置元件。如果知道元件名称和元件所在库的位置，就可以利用以下方法一、方法二或者方法三进行查找；如果只知道元件的名称，不知道元件所在的库，就可以利用方法四的查询功能。

方法一：利用 "Libraries" 元件库工作面板指定元件所在库，在过滤区输入名称；

方法二：执行菜单命令【Place】→【Part】或单击配线工具栏的按钮 ，方法同上；

方法三：右击，在弹出的快捷菜单中选择【Place Part...】，方法同上。

方法四：右击，在弹出的快捷菜单中选择【Place Part...】或【Find Component...】，或者在 "Libraries" 元件库工作面板单击 **Find** 按钮。

Step2 调整位置。根据原理图布局对元器件的位置进行调整，包括元件移动、选择等操作。最常用的就是用鼠标移动元件，用 "Space（空格键）" "X" "Y" 键改变方向。

Step3 排列和对齐。选中需要调整的元件，执行菜单命令【Edit】→【Align】。
Step4 属性修改。根据表 5-2，修改元件属性。

方法一：手动设置，如项目 3 和项目 4。

方法二：自动设置，如本项目中任务 5 的自动标注元件标号和任务 6 的同时修改多个对象的属性。

表 5-2 元件属性

元件类型	Designator（元件标识）	Library（库）	Library Ref（元件库名称）	Footprint（封装）
接口	P3	Miscellaneous Connectors.IntLib	Header3	HDR1X3
接口	P1，P2		Header2	HDR1X2
单片机	U1	Microchip Microcontroller 8-Bit PIC16F.IntLib	PIC16F873-04/SP	PDIP300-28
电容	C1～C4	Miscellaneous Devices.IntLib	Cap	RAD-0.2
电阻	R1		Res2	AXIAL-0.4
电阻	R2～R21		Res2	AXIAL-0.3
晶振	Y1		XTAL	R38
发光二极管	LED1～LED4		LED1	LED-1
二极管	D1		Diode 1N5404	DO-201AD
继电器	K1		Relay-SPST	MODULE4
按键	S1～S4		SW-PB	DPST-4
三极管	Q1～Q4		2N3904	TO-92A
数码管	DS1～DS3		Dpy Blue-CC	H

 知识拓展——智能粘贴

AD15 的复制、剪切及粘贴与 Office 等工具软件中的操作方法相同，此外 AD15 提供了独特的队列粘贴功能。

例如，复制元件 R1 和 LED1，然后启动队列粘贴【Edit】→【Smart Paste...】，参数设置如图 5-11 所示，结果共粘贴 3 次，元件编号每次递增 1，水平间隔 40（中心线距离 4 个栅格），确定后光标变成十字，在待放置位置单击左键，结果如图 5-12 所示。

项目 5　温度控制器电路板设计

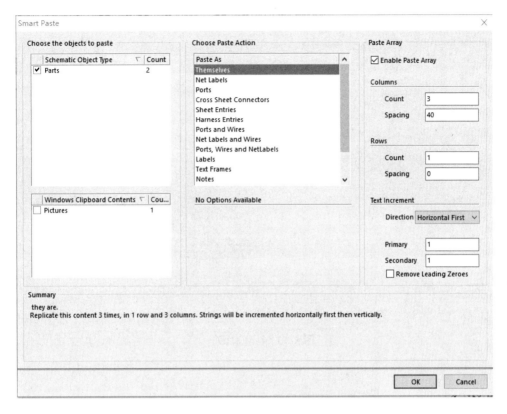

图 5-11　队列粘贴参数设置对话框

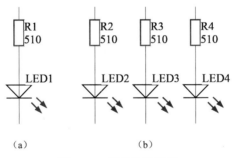

图 5-12　智能粘贴结果

任务 5　自动标注元件标号

使用自动标注元件标号，不仅可以提高效率，减少工作量，而且可以避免元件标号重复，提高正确率。

方法：Step1 设置元件自动标注方式。执行菜单命令【Tools】→【Annotate Schematics...】，在如图 5-13 所示的"Annotate"对话框中，指定元件重新编号的范围（All）、处理顺序为"Down Then Cross"，在"Current"栏中显示当前值。

Step2 更新标注列表。单击图 5-13 中 **Update Changes List** 按钮，系统再次弹出元件标注变化提示对话框，如图 5-14 所示，单击 **OK** 按钮，元件序号会自动标注，如图 5-15 所示。

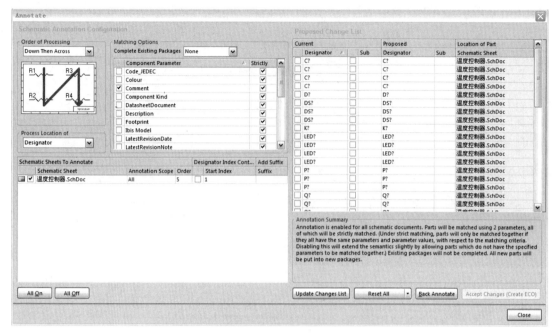

图 5-13 注释对话框

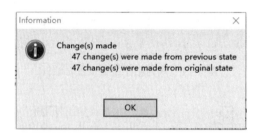

图 5-14 自动注释提示

图 5-15 建议变化表变化

Step3 更新修改。单击图 5-15 中 **Accept Changes（Create ECO）** 按钮，系统弹出更新修改的对话框，如图 5-16 所示。

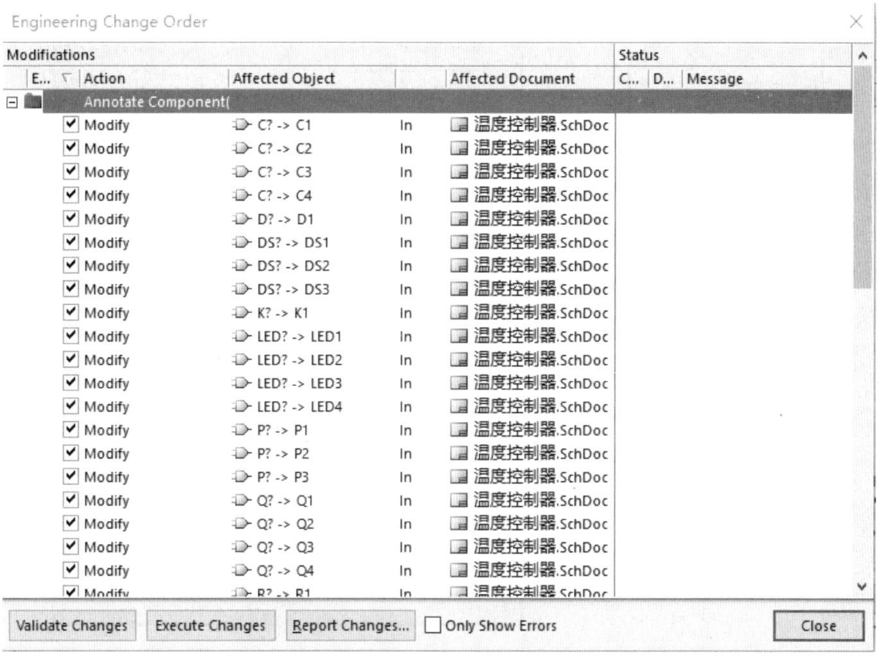

图 5-16 更新修改对话框

Step4 检测修改可行性。单击图 5-16 中的 **Validate Changes** 按钮，系统会在图 5-16 中给出修改可行性结果，如图 5-17 所示。

Step5 执行变化。单击图 5-16 中的 **Execute Changes** 按钮，系统会在图 5-16 中给出修改结果，如图 5-18 所示。

Step6 结束。单击图 5-16 中的 **Close** 按钮，再单击图 5-13 的 **Close** 按钮，在原理图上可看到修改效果，如图 5-1 所示。

图 5-17 检测可行性结果

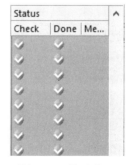

图 5-18 修改结果

任务 6　同时修改多个对象的属性

同时修改具有相同属性的元件。

方法：Step1 执行菜单命令【Edit】→【Find Similar Objects】；或右击元件，如电阻，在

弹出的对话框中选择【Find Similar Objects…】命令，如图 5-19 所示。

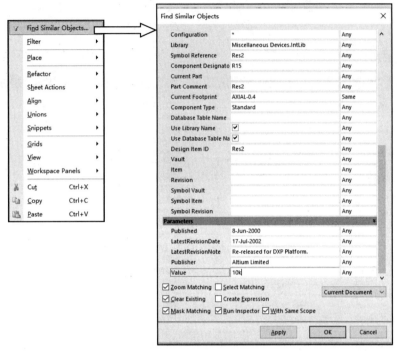

图 5-19　右击快捷键

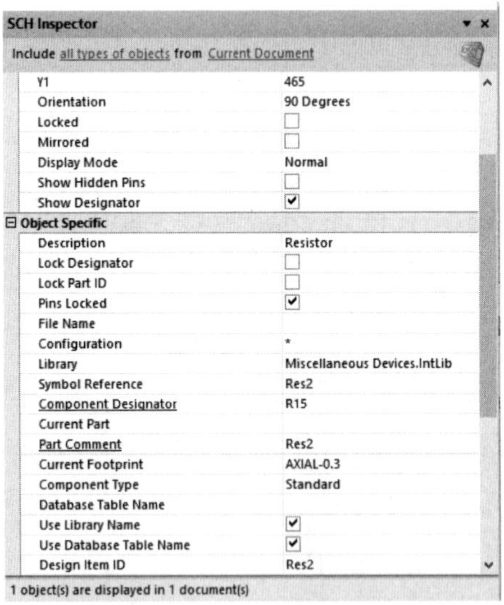

Step2 单击 OK 按钮，系统就寻找与"R15"电阻封装相同的元件，同时弹出"SCH Inspector"对话框，如图 5-20 所示。

Step3 选中图中需要修改相同属性的电阻元件。参考表格 5-2，按"Shift"键，用鼠标选取具有相同属性的元件，选中元件以高亮状态显示。

Step4 修改封装属性。在图 5-20 中找到"Current Footprint"栏，将其右边的封装改为 AXIAL-0.3，并按"Enter"键确认，然后关闭该对话框，封装修改完成。

Step5 清除高亮状态。执行右击快捷菜单【Filter】→【Clear Filter】或工具栏按钮，即可回到原理图编辑状态。

Step6 重复 Step1～Step5，修改其他具有相同属性的元件。

图 5-20　"SCH Inspector"对话框

实践技巧

若在操作过程中，关闭了"SCH Inspector"对话框，可按"F11"键弹出。

任务 7　放置网络标号

当原理图比较复杂,元件之间的引脚除了用导线相连外,还可以用网络标号,只要网络标号相同,说明两点连接在一起。

方法:Step1 放置引出线。为了给网络标号足够的放置空间,一般需在元件引脚引出一段导线,如图 5-21 所示。

视频 8　优化连接方法

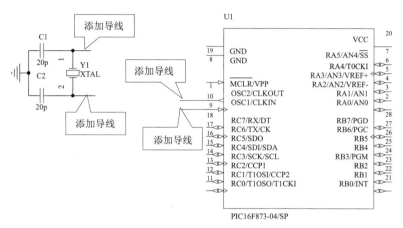

图 5-21　放置网络标号引出线

Step2 启动网络标号命令。执行菜单命令【Place】→【Net Label】,或单击"Wiring"配线工具栏上的 Net 按钮,光标上跟随的是上一次使用该工具结束时的状态。

Step3 修改属性。单击"Tab"键,在如图 5-22 所示的"Net Label"属性对话框中输入网络名称,如"XTAL1""XTAL2"。

Step4 放置网络标号。将鼠标移至合适位置,当出现红色热点时,如图 5-23 所示,单击鼠标左键确定。

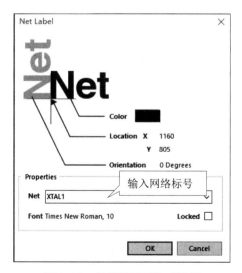

图 5-22　网络标号属性对话框

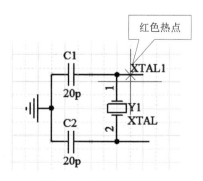

图 5-23　放置网络标号

实践技巧

将网络标号放置导线上时,要出现红色热点,否则该网络标号没有连接到元件引脚上。

网络标号区分大小写,"XTAL1"和"xtal1"表示不同的网络标号。

当需要在网络标号放置处上画线,以表示该点信号低电平有效时,如 $\overline{R}$ 和 $\overline{D}$,则其输入方式为在字母后插入"\",如"R\"和"D\"。

当网络标号的首位或尾位为数字时,则每次放置后,网络标号的数字会自动加 1。

任务 8 放置总线、总线分支

当电路中含有数据总线、地址总线时,常用"总线"来代替平行导线,以简化电路。

方法:Step1 绘制总线。执行菜单命令【Place】→【Bus】,或单击配线工具栏上的按钮,启动总线工具后,光标处带有"×"。总线与导线的操作方法完全相同,如图 5-24 所示。

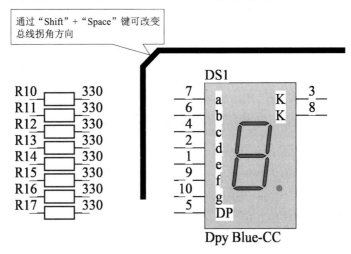

图 5-24 绘制总线

Step2 绘制引脚引出线。为了给网络标号留有一定的空间,在绘制总线分支前要引出一段导线,如图 5-25 所示。

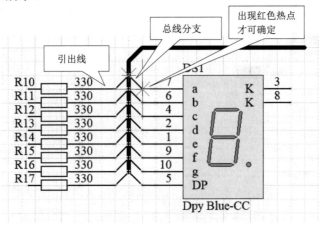

图 5-25 绘制总线分支

项目 5　温度控制器电路板设计

Step3 绘制总线分支。执行菜单命令【Place】→【Bus Entry】，或单击配线工具栏上的 按钮，光标处带有"\"或者"/"，可通过"X""Y"和"Space"键切换方向，当出现红色热点后，单击鼠标左键确定，放置完毕后，单击鼠标右键或"Esc"键退出状态。

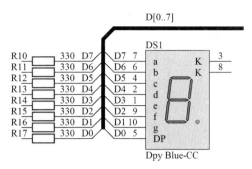

图 5-26　放置网络标号

Step4 放置总线网络标号。总线的网络标号常用"总线名[n1..n2]"来表示，例如，总线的网络标签 D[0..7]表示一组导线 D0～D7，如图 5-26 所示。总线的网络标签可以不放置，不会引起连接错误。

Step5 绘制其余总线和总线分支。根据图 5-27 所示，参照步骤 Step1～Step4 绘制其余总线和总线分支。

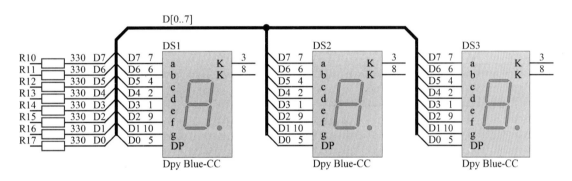

图 5-27　总线和总线分支

任务 9　放置输入/输出（I/O）端口

放置输入/输出端口，即 I/O 端口。和网络标号类似，具有相同名称的端口即具有电气连接功能。

方法：Step1 绘制 I/O 端口引出线。执行菜单命令【Place】→【Wire】或者单击配线工具条上 按钮。

Step2 启动 I/O 端口命令。执行菜单命令【Place】→【Port】或单击配线工具栏上的 按钮，启动端口工具后，光标处跟随着一个 I/O 端口，该端口是上次使用端口工具结束时的状态。

Step3 设置属性。按"Tab"键，弹出"Port Properties"对话框，如图 5-28 所示。

Step4 放置 I/O 端口。将鼠标移到合适位置，直到出现红色热点，单击鼠标左键，确定端口起始点，如图 5-29 所示；将鼠标拖到另一合适位置后，再单击鼠标左键确定另一端，如图 5-30 所示。

Step5 放置其余端口。根据步骤 Step1～Step4，放置其余端口并修改属性，具体端口属性设置见表 5-3。

Step6 退出放置状态。单击右键或"Esc"键退出状态。

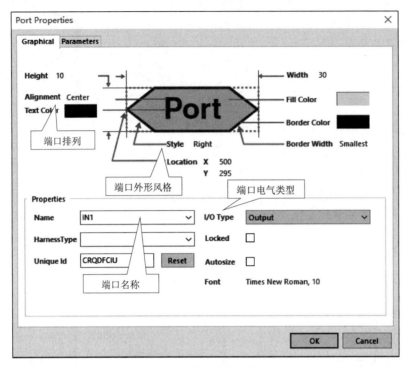

图 5-28 端口属性对话框

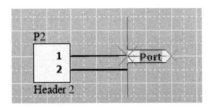 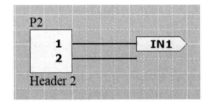

图 5-29 确定输入/输出端口起始点　　图 5-30 确定端口终点

表 5-3 输入/输出端口属性设置

连接元件	Name （端口名称）	Style （端口外形）	I/O Type （端口类型）	Alignment （排列）
P2	IN1	Right	Output	Center
	IN2	Right	Output	Center
U1	IN1	Left	Input	Center
	IN2	Left	Input	Center

 知识拓展——输入/输出端口属性

（1）Name（端口名称）。端口名称默认为 Port，并区分大小写，如 IN1 和 in1 表示两个

项目5 温度控制器电路板设计

不同的端口。

（2）I/O Type（端口类型）。共有四个选项：Unspecified——不确定；Output——输出；Input——输入；Bidirectional——双向。

（3）Alignment（排列）。指端口名称中的字符串在端口中的位置，共有三个选择：Left——左对齐；Right——右对齐；Center——居中。

（4）Style（端口外形）。共有 8 个选项：None（Horizontal）——水平放置的矩形；Left——端口向左；Right——端口向右；Left&Right——水平双向；None（Vertical）——垂直放置矩形；Top——向上；Bottom——向下；Top&Bottom——垂直双向。

若输入/输出端口放置之前，没有绘制引出线，则端口外形都为从左往右。执行菜单命令【Tools】→【Schematic Preferences...】，弹出如图5-31所示对话框。若选中"Unconnected Left To Right"复选框，对于未连接的输入/输出端口，一律显示从左往右的方向。

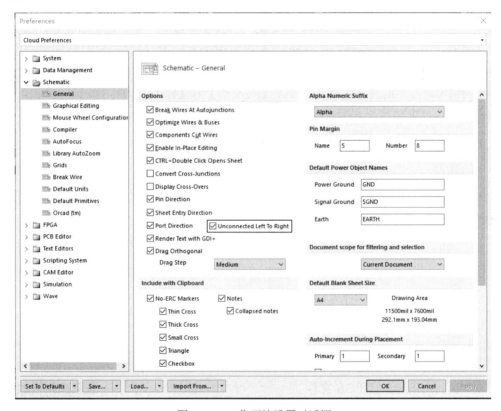

图5-31 工作环境设置对话框

任务10 原理图验证

原理图绘制好之后，要对原理图进行检查，以确保原理图的正确性。原理图验证包括：原理图自动检查规则设置、原理图的编译和原理图修正。

方法：Step1 设置自动检查规则。

执行菜单命令【Project】→【Project Options...】，一般采用默认即可。

Step2 原理图编译。

方法一：执行菜单命令【Project】→【Compile PCB Project 温度控制器.PrjPCB】。

方法二：执行菜单命令【Project】→【Compile Document 温度控制器.SchDoc】，打开"Messages"面板查看错误信息。

Step3 原理图修正。

若原理图编译后，弹出"Messages"面板，则修正其中的错误，直至编译无误。

实践技巧

若项目文件中只有一个原理图文件，则原理图编译方法一和方法二的效果一样，都检查当前原理图文件。若项目文件中有多个原理图文件，则方法一检查当前原理图文件，而方法二检查项目文件中的所有原理图文件。

任务 11　原理图信息输出

原理图信息的输出，可方便元器件的采购、设计人员查阅。原理图信息包括：表示原理图元件和连接关系的网络表、罗列元件的元器件报表和 PDF 格式的原理图等。

方法：Step1 生成网络表。执行菜单命令【Design】→【Netlist For Project】→【PCAD】。

Step2 生成元器件报表。执行菜单命令【Reports】→【Bill of Materials】。

Step3 输出 PDF 格式原理图。执行菜单命令【File】→【Smart PDF...】。

5.3.2　温度控制器 PCB 制作

温度控制器 PCB 图如图 5-2 所示。

制作 PCB 板，除了采用手动布线外，也可以采用自动布线方法，本项目就采用此方法，一般的操作步骤如图 5-32 所示。

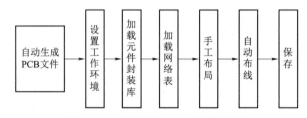

图 5-32　自动制作 PCB 双面板流程

任务 1　利用向导创建 PCB 文件

创建 PCB 文件，可以通过相应命令，也可通过向导创建。利用向导创建 PCB 文件，还可以进行一些相应参数的设置，包括：PCB 板层、PCB 形状及尺寸定义、PCB 设计的一般参数设置（包括测量单位、元件和布线工艺、过孔尺寸等）。本项目就采用利用向导创建 PCB 文件的方法。

视频 9　利用向导创建 PCB 文件

方法：Step1 启动 PCB 板向导。单击"Files"面板上的"PCB Board Wizard..."选项，如图 5-33 所示，就进入 PCB 板向导界面，如图 5-34 所示。

Step2 选择测量单位。单击图 5-34 中的 Next> 按钮，进入如图 5-35 所示的界面，选择单位为"Imperial"。

项目 5　温度控制器电路板设计

图 5-33　"Files" 面板上的
"PCB Board Wizard..." 选项

图 5-34　PCB 板向导

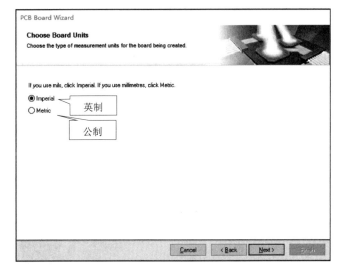

图 5-35　选择测量单位

Step3 选择电路板配置文件。单击图 5-35 中的 **Next>** 按钮，进入如图 5-36 所示的界面。这里有许多工业标准板规格，供设计者选择，也可以自定义。这里选择 "Custom" 自定义。

Step4 选择电路板详情。单击图 5-36 中的 **Next>** 按钮，进入如图 5-37 所示的界面。设置内容包括电路板形状（方形、圆形、自定义）、电路板尺寸（即物理边界）、放置尺寸的层（共有 16 个机械层，一般放置在机械层 4）、边界线宽、尺寸线宽、与板边缘保持的距离，还有供显示的复选项。

Step5 选择电路板层。单击图 5-37 中的 **Next>** 按钮，进入如图 5-38 所示的界面。该对话框用于设置电路板层，包括信号层和内部电源层。双面板没有内部电源层。

143

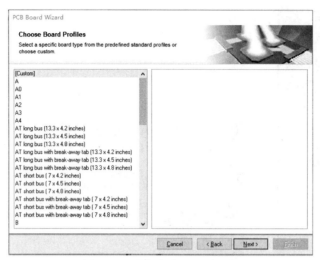

图 5-36　选择电路板配置文件

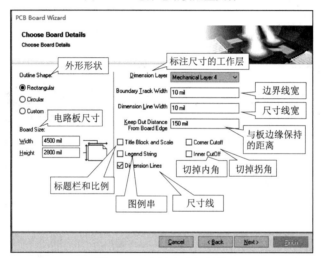

图 5-37　选择电路板详情

图 5-38　选择电路板层

项目 5　温度控制器电路板设计

Step6 选择过孔风格。单击图 5-38 中的 **Next>** 按钮，进入如图 5-39 所示的界面。该对话框用于选择过孔的风格：只显示通孔或只显示盲孔和埋孔。

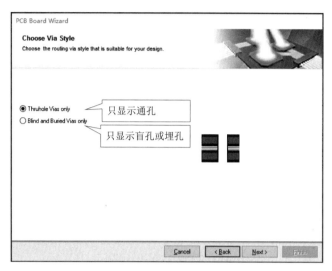

图 5-39　选择过孔风格

Step7 选择元件和布线逻辑。单击图 5-39 中的 **Next>** 按钮，进入图 5-40（a）所示的界面。该对话框用于选择元件类型：表面贴装形式（Surface-mount components）和通孔元件（Through-hole components）。若选择表面贴装形式，下面出现的是"是否希望把元件放在板两面？"。若选择通孔元件，如图 5-40（b）所示，下面出现的是"临近焊盘间的导线数"。这里选择图 5-40（b）的设置。

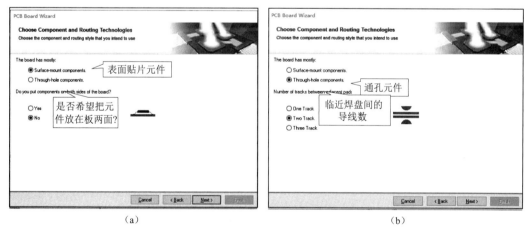

(a)　　　　　　　　　　　　　　　(b)

图 5-40　选择元件和布线逻辑
（a）表贴元件；（b）通孔元件

Step8 选择默认导线和过孔尺寸。单击图 5-40（b）中的 **Next>** 按钮，进入如图 5-41 所示的界面。该对话框可设置"Minimum Track Size"（最小导线尺寸）、"Minimum Via Width"（最小过孔直径）、"Minimum Via HoleSize"（最小过孔通孔直径）、"Minimum Clearance"（最小安全间距）。

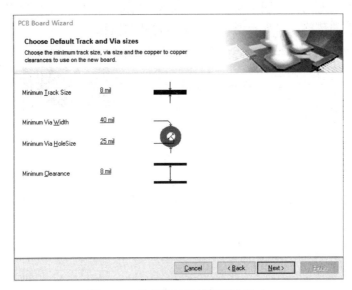

图 5-41 选择默认导线和过孔尺寸

Step9 电路板向导完成。单击图 5-41 中的 **Next>** 按钮,进入如图 5-42 所示的电路板向导完成界面,单击 **Next>** 按钮,完成 PCB 文件的创建和相应参数的设置,默认名为"PCB1.PcbDoc",如图 5-43 所示。

图 5-42 电路板向导完成

 实践技巧

利用向导生成的 PCB 文件,有时为"Free Document"下的自由文档,需手动拖到当前的项目文件下。

项目 5 温度控制器电路板设计

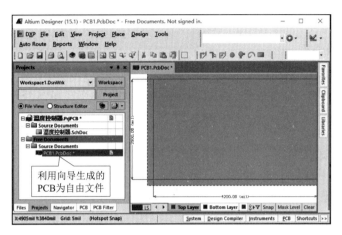

图 5–43 利用向导生成的 PCB 文件

任务 2 PCB 设计前期处理

PCB 设计的前期处理包括：PCB 尺寸规划、叠层管理、电路板工作层的设置、工作层的颜色和显示设置、网格及图纸页面的设置、系统环境参数的设置等。本项目中具体要求如下：

（1）电路板尺寸为：长 4 500 mil，宽 2 800 mil；电气边界为：4 200 mil×2 500 mil。

（2）电路板设计为双面板，层间间距采用默认设置。

（3）工作层颜色采用默认，显示设置信号层顶层和底层、机械层 1 和 4、禁止布线层、多层、顶层丝印层。

方法：Step1 PCB 尺寸规划。该项目中，在向导创建 PCB 文件时，已规划了电路板的尺寸；如果利用命令创建 PCB 文件，就需要手工规划电路板，如项目 3 和项目 4。

Step2 叠层管理。利用命令新建的 PCB 文件默认为双面板，本项目在向导中选择了双面板。

方法一：执行菜单命令【Design】→【Layer Stack Manager...】。

方法二：在 PCB 编辑窗口单击鼠标右键，在弹出的快捷菜单中执行【Options】→【Layer Stack Manager...】命令。

Step3 PCB 工作层的设置。执行菜单命令【Design】→【Manage Layer Sets】→【Board Layer Sets...】。本项目中采用默认形式。

Step4 PCB 网格及图纸页面设置。

方法一：执行菜单命令【Design】→【Board Options...】。

方法二：在 PCB 编辑窗口单击鼠标右键，在弹出的快捷菜单中执行【Options】→【Board Options...】或【Grids...】或【Sheet...】命令。

Step5 PCB 工作层的颜色及显示设置。

方法一：执行菜单命令【Design】→【Board Layers & Colors...】。

方法二：在 PCB 编辑窗口单击鼠标右键，在弹出的快捷菜单中执行【Options】→【Board Layers & Colors...】命令。

Step6 PCB 系统环境设置。

方法一：执行菜单命令【DXP】→【Preference】或【Tools】→【Preference...】。

方法二：在 PCB 编辑窗口单击鼠标右键，在弹出的快捷菜单中执行【Options】→【Preference...】命令。

任务 3　加载网络表

把原理图信息导入 PCB 文件，可以在 PCB 图界面进行，也可以在原理图界面进行。在加载网络表前，要确保元件及封装所在库已加载；加载网络表时，要确保无误；加载网络表后，若在 PCB 图或原理图进行了修改，则需要确保原理图与 PCB 图同步修改。

方法：Step1 加载元件封装库。若采用集成库，则在原理图已加载，无须再加载；若元件封装属性采用单独的封装库，则需要再加载。本项目中无须再加载。

Step2 导入网络表信息到 PCB 图。

方法一：在 PCB 设计界面，执行菜单命令【Design】→【Import Changes From 温度控制器.PrjPCB】。

方法二：在原理图界面，使用同步设计器，执行菜单命令【Design】→【Update PCB Document 温度控制器.PcbDoc】。

Step3 同步更新。本项目中把"R1"元件的封装改为"AXIAL-0.3"。

若原理图做了修改，需要将修改后的原理图保存。在原理图界面可执行菜单命令【Design】→【Update PCB Document 温度控制器.PcbDoc】，会弹出如图 5-44 所示的对话框。

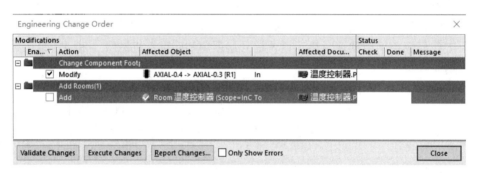

图 5-44　工程变化订单对话框

若 PCB 做了修改，同样需要对修改后的文件先保存，然后在 PCB 设计界面执行菜单命令【Design】→【Update Schematics in 温度控制器.PrjPCB】，弹出如图 5-45 所示的对话框，单击 Yes 按钮，也弹出如图 5-44 所示的对话框。

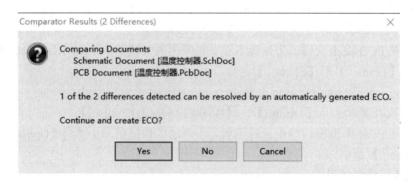

图 5-45　比较结果提示

任务 4　元件布局

PCB 元件布局的好坏直接影响布线的效果，因此在布局过程中要注意以下几个问题：

（1）布局前要考虑元器件的布局原则；

（2）布局时要考虑布局间距和位置；

（3）布局后要检查。

方法：Step1 布局前。

① 分析功能单元模块：信号输入模块（P2）、设置模块（R18～R21，S1～S4）、主控模块（U1）、复位模块（C4，R9）、时钟模块（C1、C2、Y1）、指示模块（R1～R4，LED1～LED4）、温度显示输出模块（R5～R7，R10～R17，DS1～DS3，Q2～Q4）、温度控制输出模块（R8，Q1，D1，K1，C3，P1）、电源模块（P3）。

② 分析原理图的信号流向，初步规划各功能单元在印制板上的位置为从左到右依次"输入→处理→输出"。电路处于运行状态时，模块间信号流向为：信号输入模块→主控模块→温度控制输出模块→温度显示输出模块。

③ 设置布局规则。执行菜单命令【Design】→【Rules...】，弹出 PCB 规则和设置限制对话框，如图 5-46 所示。系统提供了 10 类设计规则，这里选择"Placement"布局规则设置，包括 6 个子规则，其中常用的是：

Component Clearance（元器件间距）：双击"Component Clearance"子规则下面的"Component Clearance"，右边显示设置界面，如图 5-46 所示。

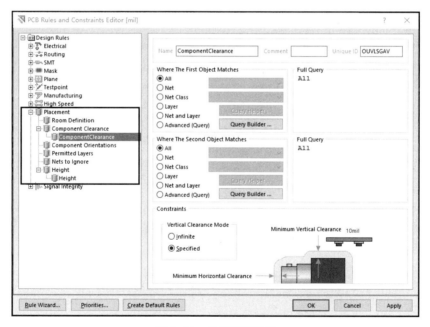

图 5-46　布局规则设置

Component Orientations（元器件布局方向）：右击"Component Orientations"子规则，选择【New Rule】命令，新建一个"Component Orientations"，双击该规则，右边显示如图 5-47 所示。

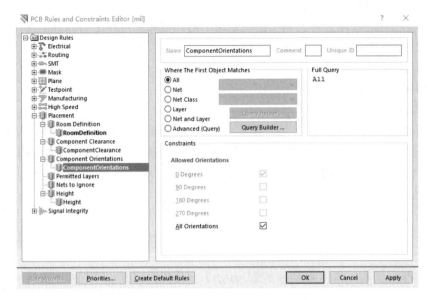

图 5-47 "Component Orientations"子规则设置

Permitted Layers（工作层设置）：右击"Permitted Layers"子规则，选择【New Rule】命令，新建一个"Permitted Layers"，双击该规则，右边显示如图 5-48 所示。

图 5-48 "Permitted Layer"子规则设置

Nets To Ignore（忽略网络）：右击"Nets To Ignore"子规则，选择【New Rule】命令，新建一个"Nets To Ignore"，双击该规则，右边显示如图 5-49 所示。

Height（高度）：右击"Height"子规则，选择【New Rule】命令，新建一个"Height"，双击该规则，右边显示如图 5-50 所示。

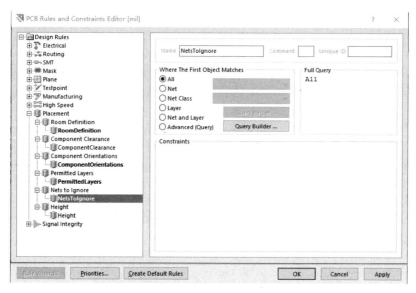

图 5-49 "Nets To Ignore"子规则设置

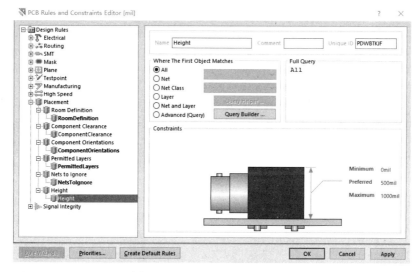

图 5-50 "Height"子规则设置

Step2 布局中。

可以采用自动布局和手动布局，但实际工程中往往不采用自动布局，而采用手动布局。

① 放置核心元件（单片机 U1）到 PCB 中间位置。

② 在核心元件 U1 的左边放置信号输入模块和设置模块，放置时注意接插件 P1 和按钮尽量放在板边；在核心元件 U1 的右边先放置各种输出模块（温度显示输出模块、温度控制输出模块）的主要元件，放置时注意使显示和指示器件能便于察看。

③ 在核心元件 U1 周围放置复位模块和时钟模块。放置时注意使时钟模块尽量靠近单片机的 9、10 引脚。

④ 按模块分区放置其他非核心元件。必要时根据需要调整已经放置的元件位置。

⑤ 旋转元件方向，使飞线最短，飞线交叉最少，以利于布线。

⑥ 使用排列功能，使同一行或同一列的元件对齐且均匀。按照要求布局后的结果如图 5-51 所示。

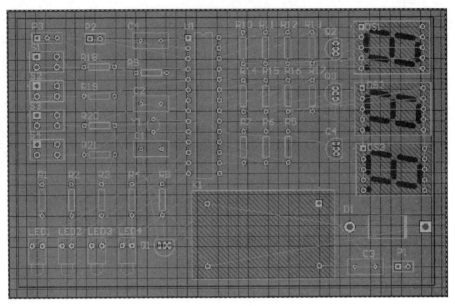

图 5-51 布局参考图

Step3 布局后。

布局后，要对 PCB 布局的合理性进行检查，可通过密度检查和 3D 预览。

① 执行菜单命令【Tools】→【Density Map】，在 PCB 图上生成一张密度指示图，如图 5-52 所示。其中绿色表示密度低，黄色表示密度中，红色表示密度高。本例中密度均匀，密度显示低。

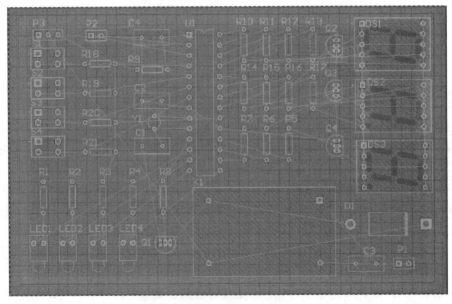

图 5-52 密度指示图

② 执行菜单命令【Tools】→【Legacy Tools】→【Legacy 3D View】，就可生成 3D 效果图，如图 5-53 所示。

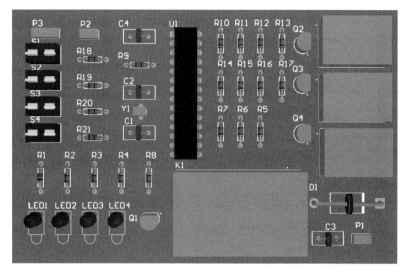

图 5-53　3D 效果图

任务 5　元件布线

PCB 布线是 PCB 设计过程中的重要步骤，前面的任务都是为它服务的。因此在布线过程中要解决以下几个问题：

（1）布线前要进行布线规则和布线策略设置；

（2）布线时要考虑布线方式；

（3）布线后要进行合理性和正确性检查。

方法：Step1 设置布线规则。电源线、地线线宽 40 mil、信号线宽 12 mil；双面布线；45°转角；其他规则选择默认。

执行菜单命令【Design】→【Rules...】，弹出 PCB 规则和约束编辑器对话框，与布线规则有关的主要是"Electrical"和"Routing"选项卡。"Electrical"选项卡主要设置电气特性对象，用于系统的电气规则检查；"Routing"选项卡主要用于设置布线规则，如线宽、布线优先级、布线拐角形式等。

① 最小安全距离设置子规则。单击选项卡"Electrical"→"Clearance"选项，用于设置导线与导线、导线与焊盘、焊盘与焊盘之间的最小安全距离。在单面板和双面板中一般设置为 10～12 mil。"Clearance"选项设置如图 5-54 所示。

② 短路设置子规则。单击选项卡"Electrical"→"Short-Circuit"选项，如图 5-55 所示，用于设置短路的导线是否允许出现在 PCB 上，通常情况下是不允许的，默认为不允许。

③ 未连接网络设置子规则。单击选项卡"Electrical"→"Un-Routed Net"选项，默认情况下右边没有规则设置，需右击选择【New Rule】命令新建一个规则，双击该规则后显示如图 5-56 所示，用于设置没有布线的网络，仍以飞线的形式保持连接。

④ 未连接引脚设置子规则。单击选项卡"Electrical"→"Un-Connected Pin"选项，如图 5-57 所示，用于设置指定范围内的连接引脚规则。

图 5-54 "Clearance"选项设置　　　　图 5-55 "Short-Circuit"选项设置

图 5-56 "Un-Routed Net"选项设置　　　图 5-57 "Un-Connected Pin"选项设置

⑤ 线宽规则。单击选项卡"Routing"→"Width"选项，新建规则"Width_1""Width_2""Width_3"，线宽设置如图 5-58 所示。

⑥ 走线拓扑结构规则。单击选项卡"Routing"→"Topology"选项，在"Constraints"栏中选择"Shortest"，如图 5-59 所示。

⑦ 布线优先级设置。单击选项卡"Routing"→"Priority"选项，单击 **Priorities…** 按钮，如图 5-60 所示。在弹出的对话框中通过 **Increase Priority** 按钮或 **Decrease Priority** 按钮改变优先级。

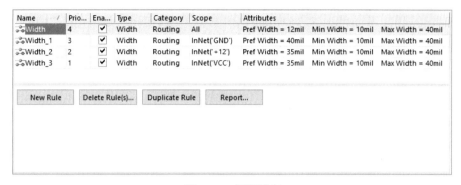

图 5-58　设置线宽

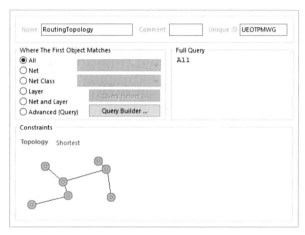

图 5-59　设置拓扑结构

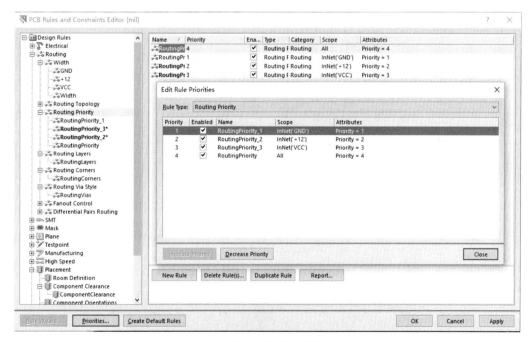

图 5-60　布线优先级设置

⑧ 布线层规则。单击选项卡"Routing"→"Routing Layers"选项，在"Constraints"栏中选择"Bottom Layer"和"Top Layer"，如图 5-61 所示。

⑨ 布线拐角模式。单击选项卡"Routing"→"Routing Corners"选项，在"Constraints"栏中选择 45°转角；其他规则选择默认，如图 5-62 所示。

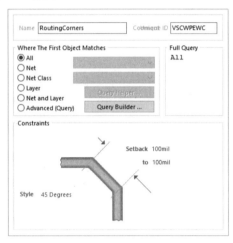

图 5-61　设置布线层　　　　　　　图 5-62　布线拐角模式

Step2 设置布线策略。

执行菜单命令【Auto Route】→【Setup…】，弹出如图 5-63 所示的布线策略对话框，默认的是双面板布线策略，满足本项目的要求。

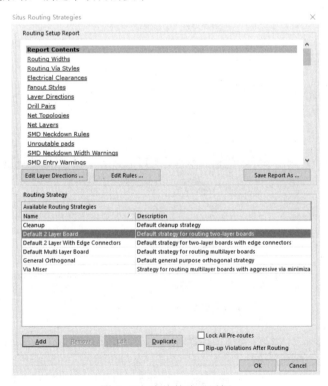

图 5-63　布线策略对话框

Step3 自动布线。选择布线方式，进行自动布线。布线方式有全局布线方式、网络布线方式、网络类布线方式、连线布线方式、局部区域布线方式、空间布线方式、元件布线方式、器件类布线方式等，如图 5-64 所示。本项目中采用局部区域布线方式和全局布线方式。

图 5-64 布线方式选择

① 采用局部布线法布地线。执行菜单命令【Auto Route】→【Net】，光标变为十字形，放大编辑区，单击 GND 网络中的任意焊盘或者飞线，系统自动对 GND 网络布线，布线结果如图 5-65 所示。

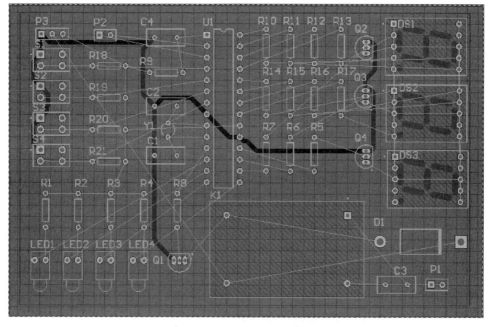

图 5-65 局部自动布地线网络

② 采用全局布线法布其余信号线。执行菜单命令【Auto Route】→【All】，弹出如图 5-66 所示的自动布线对话框，这里也可以设置布线策略。选中对话框中"Lock All Pre-routes"复选框，锁定全部预布线，单击 **Route All** 按钮，启动自动布线，布线结果如图 5-67 所示。

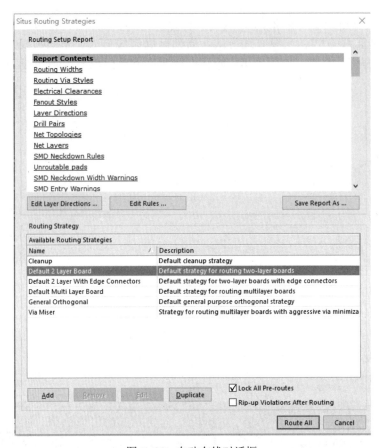

图 5-66　自动布线对话框

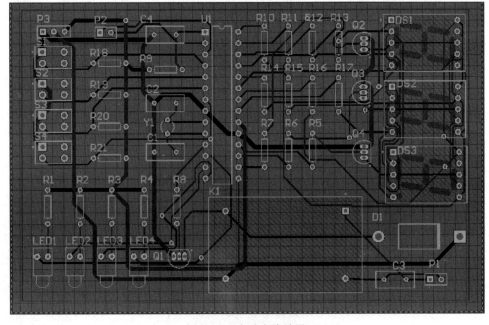

图 5-67　自动布线结果

Step4 布线检查。

执行菜单命令【Tools】→【Design Rule Check...】,可手动运行 DRC 检查器,如图 5-68 所示。包括两项内容的设置:"Report Options"用于设置 DRC 报告中所包含的内容;"Rules To Check"用于设置检验的规则,一般采用默认即可。单击 Run Design Rule Check... 按钮,系统就进行错误检查,并弹出"Messages"错误信息对话框,如图 5-69 所示,如无错误,则显示空白。

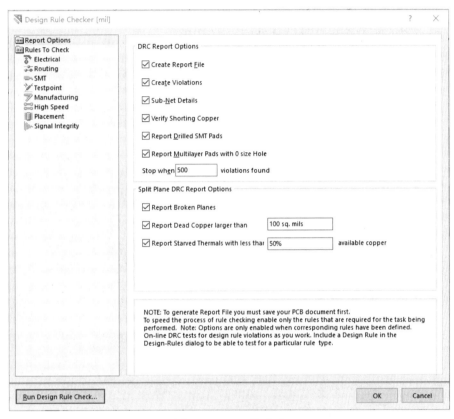

图 5-68 DRC 检查器

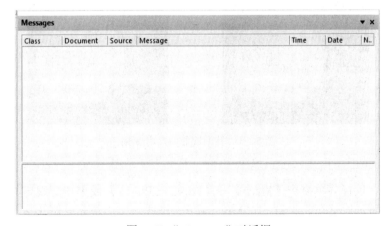

图 5-69 "Messages"对话框

任务 6　PCB 设计后期处理

PCB 设计的后期处理包括泪滴化焊盘和覆铜。泪滴化焊盘，即在印制导线与焊盘或过孔相连时，为了增强连接的牢固性，在连接处逐渐加大印制导线宽度，形状就像一个泪珠。覆铜就是将 PCB 上闲置的空间作为基准面，然后用固体铜填充。覆铜的意义在于：减小地线阻抗，提高抗干扰能力；降低压降，提高电源效率；与地线相连，减小环路面积。

方法：Step1 泪滴化焊盘。执行菜单命令【Tools】→【Teardrops…】，弹出如图 5–70 所示对话框，采用默认设置，之前引脚的焊盘如图 5–71（a）所示，在泪滴化之后就变成如图 5–71（b）所示。泪滴化之后的 PCB 如图 5–72 所示。

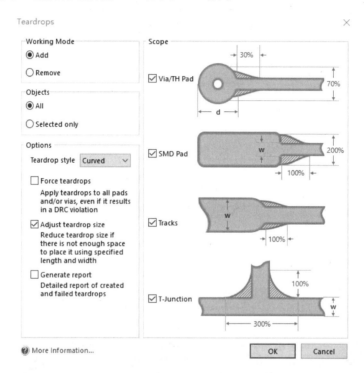

图 5–70　泪滴属性对话框

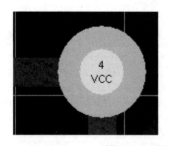 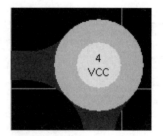

图 5–71　补泪滴前后焊盘变化
（a）补泪滴前；(b) 补泪滴后

Step2 覆铜。执行菜单命令【Place】→【Polygon Pour...】或单击配线工具栏上 ▆ 按钮，弹出如图 5–73 所示对话框。设置 Fill Mode（填充模式：实心填充、影化填充、无填充，当填充区域较大时，使用影化填充）、Layer（覆铜所在的层）、Connect to NET（覆铜所连接的

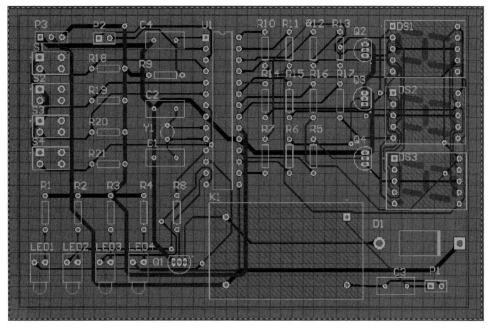

图 5-72 补泪滴后的 PCB

网络),然后单击 **OK** 按钮,鼠标变成十字光标,在电路板上画一个封闭的区域,即可完成覆铜,如图 5-74 和图 5-75 所示。

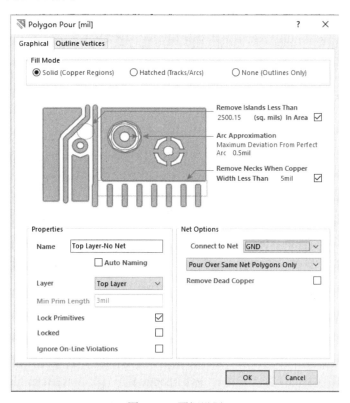

图 5-73 覆铜设置

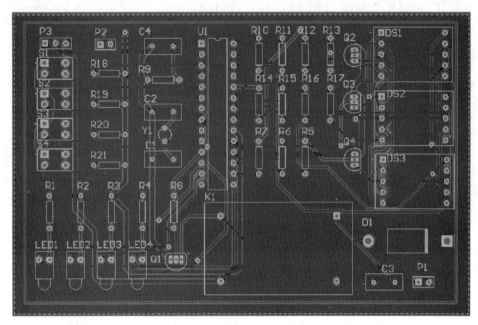

图 5-74 单面覆铜后（顶层）

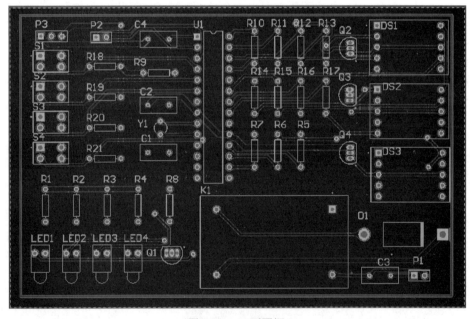

图 5-75 双面覆铜

任务 7 输出 PCB 报表

生成 PCB 报表，包括生成 PCB 板信息、生成元器件报表、生成网络状态报表。

方法：Step1 生成 PCB 板信息。执行菜单命令【Reports】→【Board Information】。

Step2 生成元器件报表。执行菜单命令【Reports】→【Bill of Materials】。

Step3 生成网络状态报表。执行菜单命令【Reports】→【Netlist Status】。

任务 8　输出 Gerber 文件和钻孔文件

线路板文件设计好后，需输出机器可执行的加工文件，包括光绘文件、钻孔文件和装备文件等。本项目的双面板 Gerber 文件包含：顶层线路（.GTL）、底层线路（.GBL）、顶层阻焊（.GTS）、底层阻焊（.GBS）、顶层字符（.GTO）和边框（.GKO）。

方法：Step1 光绘文件。执行菜单命令【File】→【Fabrication Outputs】→【Gerber Files】。

Step2 钻孔文件。执行菜单命令【File】→【Fabrication Outputs】→【NC Drill Files】。

Step3 装配文件。执行菜单命令【File】→【Assembly Outputs】→【Assembly Drawings】。

5.4　测　　试

5.4.1　巩固测试——数字钟电路

子项目一：数字钟电路原理图绘制

数字钟电路原理图如图 5-76 所示。

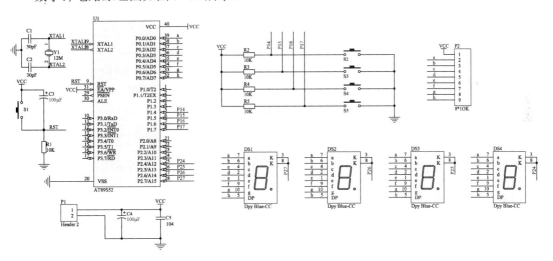

图 5-76　数字钟电路原理图

任务 1　新建项目文件

新建一个项目文件"数字钟电路.PrjPCB"，如图 5-77 所示。

任务 2　新建原理图文件

新建原理图文件"数字钟电路.SchDoc"，如图 5-78 所示。

任务 3　设置工作环境

（1）图纸设置。方向为水平放置；大小为标准风格 A4；工作区颜色为 70 号色；边框颜色为 6 号色。

（2）栅格设置。捕捉栅格为 10 mil；可视栅格为 10 mil；电气栅格为 8 mil。

（3）字体设置。系统字体为宋体，字号为"10"，字形为粗体。

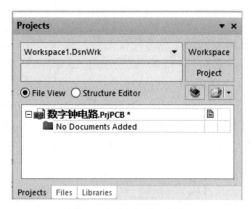
图 5-77　新建项目文件

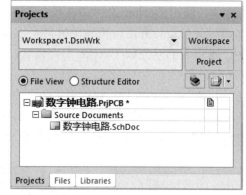
图 5-78　新建原理图文件

（4）标题栏设置。图纸标题栏采用"ANSI"形式，标题栏格式如图 5-79 所示，图中字体为楷体，字号为小二。

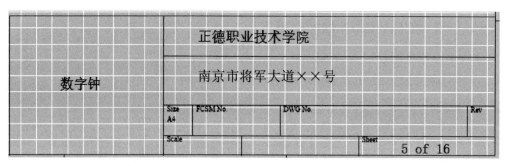

图 5-79　标题栏

任务 4　加载集成库

加载库"Miscellaneous Connectors .IntLib""Miscellaneous Devices .IntLib"和"Philips Microcontroller 8-Bit.IntLib"。

任务 5　查找并放置元件

如图 5-80 所示，放置数字钟电路原理图中所需的接口、单片机、电阻、电容、电解电容和数码管等元件，元件所在库见表 5-4，同时修改元件属性。

表 5-4　数字钟电路元件

Library Ref（元件库名称）	Library（库）	Designator（元件标识）	Footprint（封装）	Comment（注释）	Value（值）
P80C52SBPN	Philips Microcontroller 8-Bit.IntLib	U1	SOT129-1	AT89S52	
Res2	Miscellaneous Devices.IntLib	R1～R5	AXIAL-0.3		10K
Cap		C1～C2	RAD-0.1		30 pF
Cap		C5	RAD-0.1		104
Cap Pol1		C3	CAPR5-4X5		10 μF

续表

Library Ref（元件库名称）	Library（库）	Designator（元件标识）	Footprint（封装）	Comment（注释）	Value（值）
Cap Pol1	Miscellaneous Devices.IntLib	C4	CAPR5–4X5		100 μF
XTAL		Y1	RAD–0.2	12M	
SW–PB		S1～S5	DPST–4		
Dpy Blue–CC		DS1～DS4	H	Dpy Blue–CC	
Header 2	Miscellaneous Connectors.IntLib	P1	HDR1X2	Header 2	
Header 9		P2	HDR1X9	8*10K	

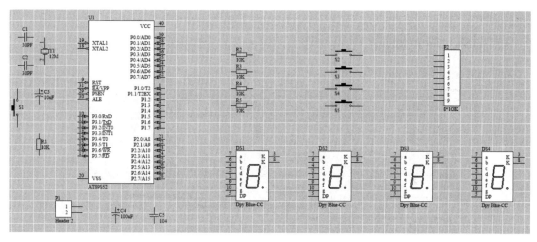

图 5-80　放置元件并修改属性

任务 6　绘制导线

按照图 5-76 所示连接元件。

任务 7　编译原理图

编译原理图，直至"Messages"信息框中无"Error"信息，如图 5-81 所示。

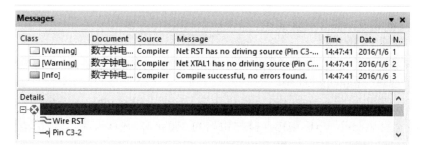

图 5-81　"Messages"信息面板

任务 8　生成网络表

生成"数字钟电路.NET"网络表文件，如图 5-82 所示。

165

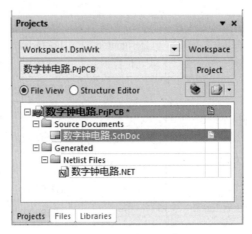

图 5-82 网络表文件

子项目二：数字钟电路 PCB 制作

数字钟电路 PCB 如图 5-83 所示。

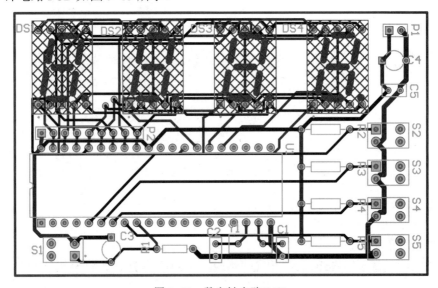

图 5-83 数字钟电路 PCB

任务 1　新建 PCB 文件

利用向导新建一个 PCB 文件"数字钟电路.PcbDoc"，如图 5-84 所示。要求：

（1）单位选择"Imperial"。

（2）设置电路板形状为方形，电路板尺寸为 3 600 mil×2 300 mil，放置尺寸的层为机械层 4，边界线宽为 20 mil，与板边缘保持的距离为 100 mil，并且只显示尺寸标注，如图 5-85 所示。

（3）选择电路板层。信号层为 2 层，内部电源层为 0 层。

（4）选择过孔风格。只显示通孔。

（5）选择元件和布线逻辑。选择通孔元件。

项目 5　温度控制器电路板设计

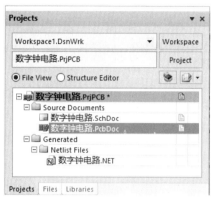

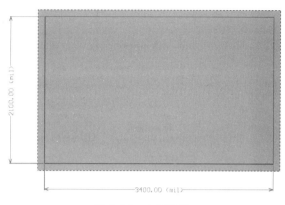

图 5-84　新建 PCB 文件

图 5-85　电气边界

任务 2　设置环境参数

测量单位："Imperial"；网格：50 mil。

任务 3　加载网络表并手工布局

手工布局 PCB 板，如图 5-86 所示。

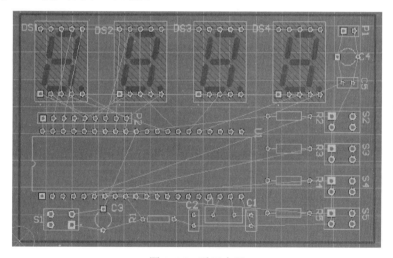

图 5-86　手工布局

任务 4　设置布线规则

设置布线规则：要求电源线宽 30 mil，地线线宽 40 mil，一般导线宽 20 mil，如图 5-87 所示。布线层：顶层和底层，如图 5-88 所示。布线拐角模式："Rounded"模式，如图 5-89 所示。

图 5-87　设置线宽

图 5-88 设置布线层

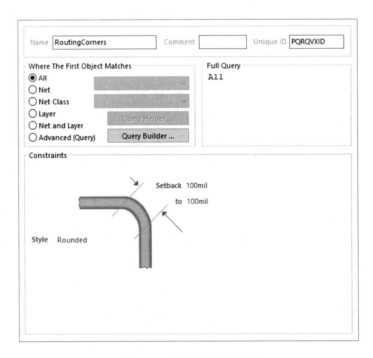

图 5-89 设置布线拐角模式

任务 5　自动布线

局部布置地线，如图 5-90 所示；然后再全局布线，如图 5-91 所示。

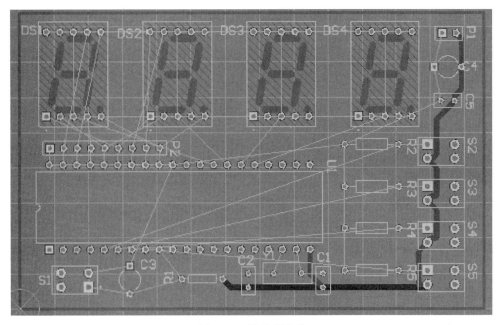

图 5-90 地线预布线

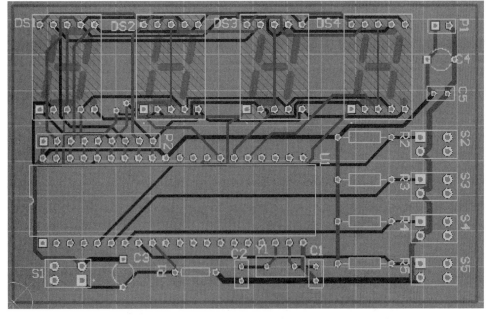

图 5-91 自动布线

任务 6 放置泪滴

给电路图中所有焊盘补泪滴，如图 5-92 所示。

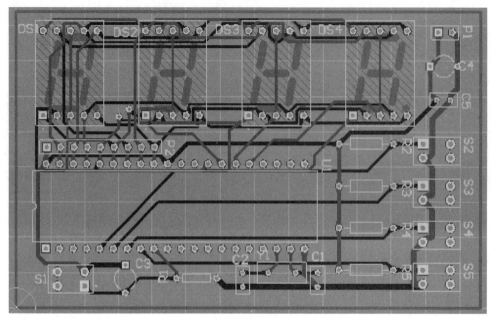

图 5-92 补泪滴

任务 7 覆铜

给电路板顶层和底层都覆铜,并且与地线相连,如图 5-93 所示。

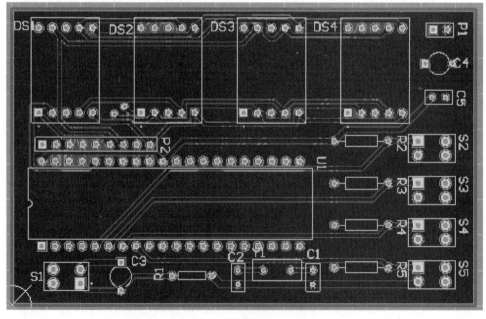

图 5-93 电路板双面覆铜

5.4.2 提高测试——抢答器电路

子项目一：绘制抢答器电路原理图

根据图 5-94 绘制原理图，具体要求如下：

（1）新建一个项目文件"抢答器电路.PrjPCB"，新建原理图文件"抢答器电路.SchDoc"。
（2）工作环境设置。图纸水平放置；大小为标准风格 C；工作区颜色为 30 号，边框颜色为 6 号。
（3）栅格设置。捕捉栅格为 10 mil；可视栅格为 10 mil；电气栅格为 8 mil。
（4）字体设置。系统字体为宋体，字号为"10"，字形为粗体。
（5）标题栏设置。图纸标题栏采用"ANSI"形式，标题为"抢答器电路"；图纸为 12 张中的第 6 张，设计者为"Marry"，字体为楷体，字号为小二。
（6）加载集成库。加载集成库"Miscellaneous Connectors.IntLib""Miscellaneous Devices.IntLib""NSC Analog Timer Circuit.IntLib""TI Interface Display Driver.IntLib"。
（7）修改元件属性。元件属性见表 5-5。
（8）输出 PDF 文档。

表 5-5 抢答器电路元件

Library Ref（元件库名称）	Library（库）	Designator（元件标识）	Footprint（封装）	Comment（注释）	Value（值）
Header 2	Miscellaneous Connectors.IntLib	P1	HDR1X2	Header 2	
Res2		R1~R6 R16，R17	AXIAL-0.3		10K
Res2		R7	AXIAL-0.3		2K
Res2		R8	AXIAL-0.3		100K
Res2		R9~R15	AXIAL-0.3		360
Cap Pol1		C3，C5	CAPR5-4X5		100 μF
Cap	Miscellaneous Devices.IntLib	C1，C4	RAD-0.1		104
Cap		C2	RAD-0.1		103
Diode 1N4148		D1~D18	DIODE-0.4	1N4148	
SW-PB		S1~S9	DPST-4		
2N3904		Q1	TO-92A	9013	
Speaker		LS1	PIN2		
Dpy Blue-CC		DS1	H		
LM555J	NSC Analog Timer Circuit.IntLib	U1	J08A		LM555J
SN54LS48J	TI Interface Display Driver.IntLib	U2	J016	CD4511	

子项目二：制作抢答器电路 PCB

（1）新建一个 PCB 文件"抢答器电路.PcbDoc"。要求：① 单位选择"Imperial"。② 设置电路板形状为方形，电路板尺寸为 3 900 mil×3 000 mil，放置尺寸的层为机械层 4，边界线宽 20 mil，与板边缘保持的距离为 50 mil，并且只显示尺寸标注。③ 选择电路板，信号层为 2 层，内部电源层为 0 层。④ 选择过孔风格，只显示通孔。⑤ 选择元件和布线逻辑，选择通孔元件。

（2）设置布线规则，双面布线，要求电源线宽 25 mil，地线线宽 40 mil，一般导线宽 15 mil。

（3）布线。电源线地线预布线，然后再全局布线。

（4）对所有焊盘补泪滴，并且双面覆铜。

（5）输出 Gerber 文件。

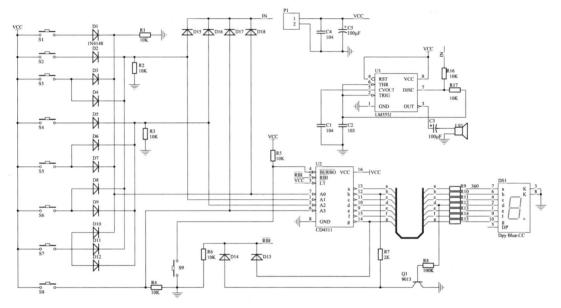

图 5-94　抢答器电路原理图

项目 6 洗衣机控制器电路板设计

6.1 项目导入

洗衣机是非常普遍的家用电器，具有自动洗涤、定时、显示和模式选择等功能，这些功能由内部的洗衣机控制电路实现。本项目的主要内容是设计一款洗衣机控制电路，如图 6-1 所示为洗衣机控制电路原理图，如图 6-2 所示为洗衣机控制电路 PCB 图。

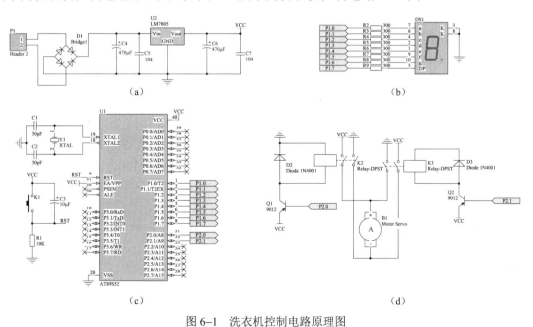

图 6-1 洗衣机控制电路原理图
（a）电源模块；（b）显示模块；（c）处理模块；（d）控制模块

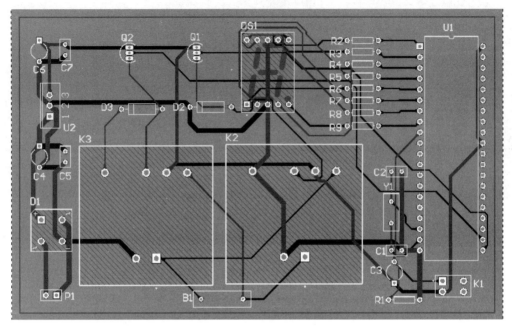

图 6–2 洗衣机控制电路 PCB 图

6.2 项 目 分 析

当电路比较复杂时,连线比较错综复杂,除了采用网络标号、总线和端口等优化方法外,还可以采用层次型电路设计优化方法。

层次型电路设计的原则是化整为零、聚零为整的模块化设计方法,将一个庞大的电路原理图分成若干个子电路模块。它由两大部分组成——母图和子图。子图为代表每一个具有独立功能的原理图;母图不是一般意义上的原理图,它由电路模块符号组成,代表子图与子图之间的连接关系,如图 6–3 所示。

层次原理图的设计方法主要有两种:自上而下和自下而上。自上而下的设计方法是先根据电路结构将电路按照功能分成不同模块,用电路模块符号代表子电路画母图,然后根据母图中电路模块符号生成子原理图,再详细画子图,先总体后局部。自下而上的设计方法是先画详细的子图,根据子图生成电路模块符号,再画母图。其中,自上而下的设计方法比较常用。

本项目中采用自上而下的设计方法,完成本项目的主要过程包括创建项目文件、绘制母图、绘制子图、生成网络表、自动创建 PCB 文件、加载网络表、自动布局、手工布局和自动布线等操作,如图 6–4 所示,重点需解决以下几个问题:

(1) 如何绘制层次原理图?
(2) 层次原理图与一般的原理图有什么区别?
(3) 在 PCB 设计时应注意什么?

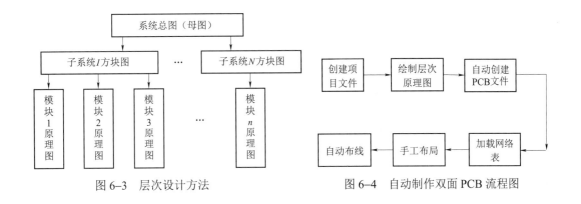

图 6-3 层次设计方法　　　　　图 6-4 自动制作双面 PCB 流程图

6.3 项目实施

6.3.1 洗衣机控制电路层次原理图绘制

任务 1　将电路划分为多个电路模块

若要用层次电路的方法表述一幅较复杂的原理图,首先需要将原理图分割成子图模块。

方法:子图模块分割的基本原则是以电路功能单元为基本模块。本电路图根据功能,将电路图分为电源模块、显示模块、处理模块和控制模块,如图 6-1 所示。模块之间的连接使用输入/输出端口,如图 6-1(b)模块中 P1.0～P1.7 和图 6-1(c)模块中 P1.0～P1.7 是电气相连的。其中电源模块是一个专门模块,它和其他各模块之间均有关联,系统会通过网络标号分析地和电源的连接情况,不需要将电源和地作为端口列出,因此可以认为它和其他模块没有连线。

任务 2　新建项目文件

采用任何一种方法新建一个项目文件"洗衣机控制电路.PrjPCB"。

方法一:执行菜单命令【File】→【New】→【Project...】。

方法二:在"Files"面板上单击"Blank Project"选项。

任务 3　新建母图原理图

采用任何一种方法新建一个母图原理图文件"洗衣机控制电路-总图.SchDoc"。

方法一:执行菜单命令【File】→【New】→【Schematic】。

方法二:在"Files"面板上单击"Schematic Sheet"选项。

方法三:右击项目文件名,在弹出的快捷菜单中执行【Add New to Project】→【Schematic】命令。

视频 10　层次电路图的创建

知识拓展——利用"Storage Manager"文件管理

执行【System】→【Storage Manager】命令,选择要修改的文件名,单击鼠标右键,即可进行重命名、删除等操作，如图 6-5 所示。

图 6-5　存储管理器对话框

任务 4　绘制母图原理图

绘制如图 6-6 所示的方块电路图。各方块是各个模块电路的简化符号，每个方块都有与之相对应的子电路图，而方块图中的端口代表一个子图与另外子图的连接。

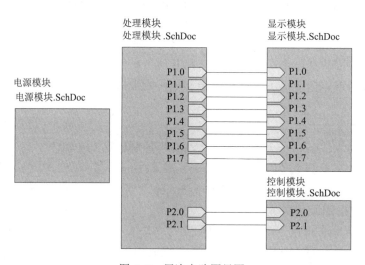

图 6-6　层次电路图母图

方法：Step1 放置方框电路。执行菜单命令【Place】→【Sheet Symbol】或单击配线工具条上的 按钮。鼠标变成十字形光标，并有一个方框浮挂在光标上，单击鼠标左键，确定方框的左上角位置，如图 6-7（a）所示。拖动鼠标，确定方框大小后，再单击鼠标左键，确定方框右下角位置，如图 6-7（b）所示。按右键或"Esc"键退出。

双击方框，弹出"Sheet Symbol"对话框，如图 6-8 所示，可以修改方块电路的属性。其中"Designator"用于设置方块电路图名称；"Filename"用于设置子原理图文件名，而且必须添加后缀名".SchDoc"。

项目 6 洗衣机控制器电路板设计

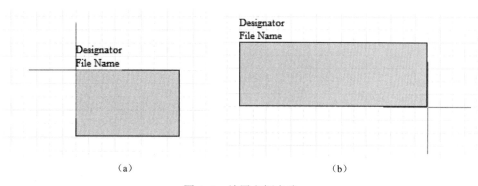

图 6-7 放置方框电路
（a）确定左上角；（b）确定右下角

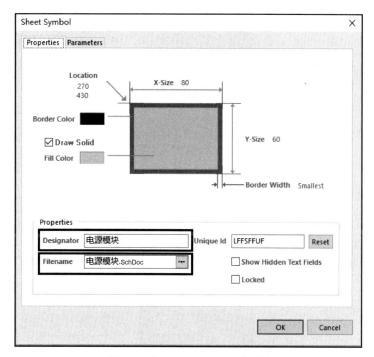

图 6-8 "Sheet Symbol" 对话框

利用同样方法，可以修改其他方框图的属性，修改后如图 6-9 所示。

Step2 放置方块端口。执行菜单命令【Place】→【Add Sheet Entry】或单击配线工具条的 按钮。鼠标变成十字形光标，挪动鼠标至方块内，单击鼠标左键，这时鼠标上就悬挂一个方块电路端口，如图 6-10（a）所示，将方块端口移到方块边沿合适的位置，单击鼠标左键，放置方块电路端口，如图 6-10（b）所示。

双击方块电路端口，或者方块电路端口悬浮在鼠标上时按"Tab"键，就弹出"Sheet Entry"属性对话框，如图 6-11 所示。

根据上述方法放置其余端口，端口属性见表 6-1。放置完端口后的电路图如图 6-12 所示。

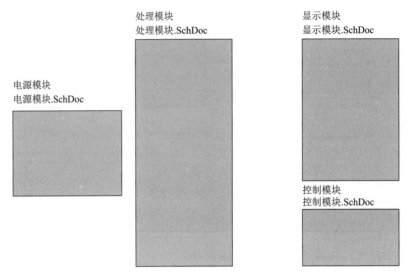

图 6-9 放置后的四个方框图

图 6-10 放置方块图端口
(a) 鼠标移至方块内; (b) 放置一个端口

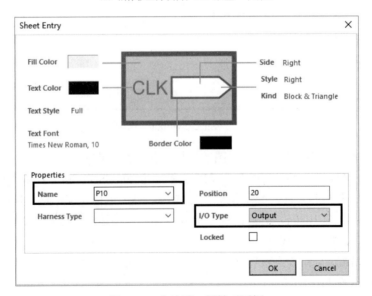

图 6-11 方块端口属性对话框

项目 6　洗衣机控制器电路板设计

表 6-1　方块电路端口属性

方块电路名称	Name	I/O Type	Style
处理模块	P1.0~P1.7	Output	Right
	P2.0~P2.1	Output	Right
显示模块	P1.0~P1.7	Input	Right
控制模块	P2.0~P2.1	Input	Right

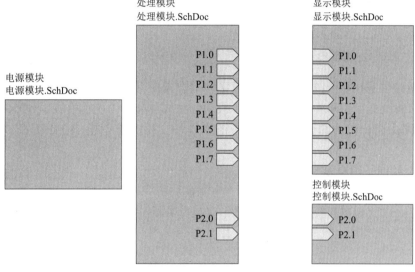

图 6-12　放置好端口的电路图

知识拓展——方块端口属性

Name：端口名称。

I/O Type：端口输入输出类型。共有四个选项：Unspecified（不确定），Output（输出），Input（输入），Bidirectional（双向）。

Style：端口形状。共有八个选项：None（Horizontal）（水平无方向）、Left（左箭头）、Right（右箭头）、Left&Right（左右箭头）、None（Vertical）（垂直无方向）、Top（上箭头）、Bottom（下箭头）、Top&Bottom（上下箭头）。

Step3 连接方块端口。用总线、导线或网络标号将方块电路端口相连，如图 6-6 所示。

任务 5　新建子图原理图

由母图生成各子电路图，如图 6-13 所示。

方法：Step1 新建处理模块子图原理图。执行菜单命令【Design】→【Create Sheet From Sheet Symbol】。鼠标变成十字形光标，单击处理电路方块，系统会自动建立名为"处理模块.SchDoc"的原理图，系统已自动将方块电路 I/O 端口转化成了子图的 I/O 端口，如图 6-14 所示。

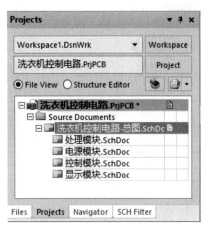 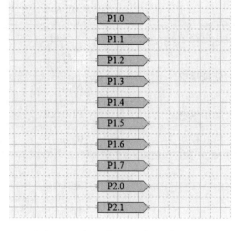

图 6-13　新建的子图原理图　　　　图 6-14　自动生成的输入/输出端口

Step2 新建显示模块子图原理图。执行菜单命令【Design】→【Create Sheet From Sheet Symbol】,鼠标变成十字形光标,单击显示模块,生成原理图"显示模块.SchDoc"。

Step3 利用同样的方法,继续创建子图原理图文件"控制模块.SchDoc"和"电源模块.SchDoc"。

任务 6　绘制子图原理图

绘制处理模块、显示模块、控制模块、电源模块所代表的详细电路原理图。

方法：Step1 绘制电源模块子图原理图。双击"电源模块.SchDoc"文件,绘制图 6-1（a）所示的电源模块原理图,元件属性见表 6-2。

表 6-2　电源模块元件属性

Library Ref （元件库名称）	Library （库）	Designator （元件标识）	Footprint （封装）	Comment （注释）	Value （值）
Volt Reg	Miscellaneous Devices.IntLib	U2	TO–220–AB	LM7805	
Cap		C5，C7	RAD–0.1		104
Cap Pol1		C4，C6	CAPR5–4X5		470 μF
Bridge1		D1	D–38	Bridge1	
Header 2	Miscellaneous Connectors.IntLib	P1	HDR1X2	Header 2	

Step2 绘制显示模块子图原理图。双击"显示模块.SchDoc"文件,绘制图 6-1（b）所示的显示模块原理图,元件属性见表 6-3。

表 6-3　显示模块元件属性

Library Ref （元件库名称）	Library （库）	Designator （元件标识）	Footprint （封装）	Comment （注释）	Value （值）
Dpy Blue–CC	Miscellaneous Devices.IntLib	DS1	LEDDIP–10/C15.24		
Res2		R2～R9	AXIAL–0.3		300

Step3 绘制处理模块子图原理图。双击"处理模块.SchDoc"文件，绘制图 6-1（c）所示的处理模块原理图，元件属性见表 6-4。

表 6-4 处理模块元件属性

Library Ref （元件库名称）	Library （库）	Designator （元件标识）	Footprint （封装）	Comment （注释）	Value （值）
P80C52SBPN	Philips Microcontroller 8-Bit.IntLib	U1	SOT129-1	AT89S52	
Res2	Miscellaneous Devices.IntLib	R1	AXIAL-0.3		10K
Cap		C1，C2	RAD-0.1		30 pF
Cap Pol1		C3	CAPR5-4X5		10 μF
XTAL		Y1	RAD-0.2	12M	
SW-PB		K1	DPST-4		

Step4 绘制控制模块子图原理图。双击"控制模块.SchDoc"文件，绘制图 6-1（d）所示的控制模块原理图，元件属性见表 6-5。

表 6-5 控制模块元件属性

Library Ref （元件库名称）	Library （库）	Designator （元件标识）	Footprint （封装）	Comment （注释）	Value （值）
Diode 1N4001	Miscellaneous Devices.IntLib	D2，D3	DIODE-0.4	Diode 1N4001	
Relay-DPST		K2，K3	MODULE6	Relay-DPST	
2N3906		Q1，Q2	TO-92	9012	
Motor Servo		B1	RAD-0.4	Motor Servo	

任务 7 层次原理图的切换

用户在使用时，往往需要母图和子图之间来回切换，对于层次结构比较简单的，可以通过方法一实现；对于层次结构比较复杂的，可以通过方法二或者方法三实现。

方法一：设计管理器切换原理图层次。

Step1 设计管理器时，用鼠标左键单击层次模块的电路原理图文件前面的"+"号，使其树状结构展开。

Step2 如果需要在文件之间进行切换，只需用鼠标左键单击设计管理器中的原理图文件，原理图编辑器就自动切换到相应的层次电路图。

方法二：从母图切换到子图。

Step1 打开层次原理图的总图，执行菜单命令【Tools】→【Up/Down Hierarchy】，或者单击工具栏中的 按钮。

Step2 此时鼠标箭头变为十字光标,在图纸中移动十字光标到一个方块电路上,然后单击鼠标左键。

Step3 此时在工作窗口中就会打开所切换的方块电路所代表的原理图子图,这时鼠标箭头仍保持为十字光标。单击鼠标右键即可退出切换工作状态。

方法三:从子图切换到母图。

Step1 打开层次原理图的子图,执行菜单命令【Tools】→【Up/Down Hierarchy】或者单击工具栏中的 ↕ 按钮,此时光标变成十字形状。

Step2 将光标移动到子图中的某个输入/输出端口(Port)上,单击鼠标左键。

Step3 此时工作区窗口自动切换到此原理图子图的方块电路上,并且十字光标停留在用户单击的 I/O 端口同名的方块电路的出入点上。然后单击鼠标右键可退出切换工作状态。

任务 8 放置 ERC 忽略点

在进行电气规则检查(ERC)时,若要忽略对某些引脚的检查,如图 6-15 所示的单片机其余引脚,就可以放置 No ERC 测试点,避免不是错误的错误产生。

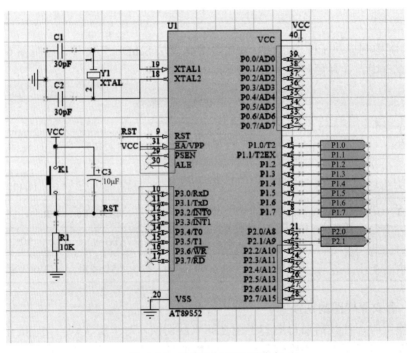

图 6-15 放置 No ERC 测试点

方法:执行菜单命令【Place】→【Directives】→【Generic No ERC】或者单击工具栏中的 × 按钮,鼠标上悬挂红色"×",单击鼠标左键即可在相应引脚放置 No ERC 测试点。

任务 9 标注 I/O 信号

在电路图中标注输入信号和输出信号,增强电路的可读性,如图 6-16 所示。

方法:Step1 绘制坐标系。单击"Utilities"工具条的 **Place Line** 按钮,如图 6-17 所示,绘制坐标系,如图 6-18 所示。

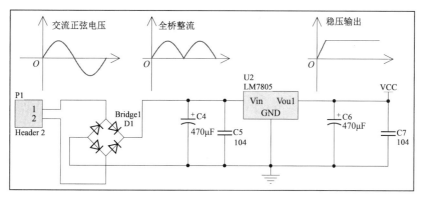

图 6-16 放置 I/O 信号

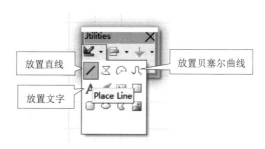

图 6-17 实用工具条

Step2 绘制正弦波。单击"Utilities"工具条的 **Place Beziers** 按钮,先确定正弦波第 1 点起点,如图 6-19 所示;然后单击鼠标左键确定第 2 点最高点,如图 6-20 所示;再确定第 3 点,如图 6-21 所示;最后利用前面的三点法绘制负正弦波,正弦波图形如图 6-16 所示。

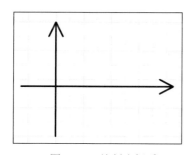

图 6-18 绘制坐标系

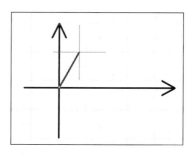

图 6-19 确定正弦波第 1 点起点

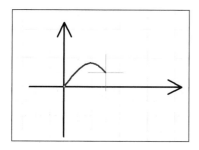

图 6-20 确定第 2 点最高点

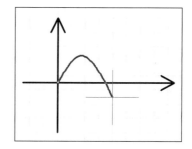

图 6-21 确定正弦波第 3 点

Step3 注释说明。执行菜单命令【Place】→【Text String】或单击"Utilities"工具条的 Place Text String 按钮,注释文字说明,如图 6–16 中的"交流正弦电压""全桥整流"和"稳压输出"。

任务 10　原理图验证

方法：Step1 设置自动检查规则。执行菜单命令【Project】→【Project Options...】,一般采用默认即可,无须修改。

Step2 原理图编译。执行菜单命令【Project】→【Compile PCB Project 洗衣机控制电路.PrjPCB】。

Step3 原理图修正。若原理图编译后,弹出"Messages"面板,则修正其中的错误,直至编译无误。

任务 11　原理图信息输出

原理图信息的输出,方便元器件的采购、设计人员查阅。原理图信息包括：表示原理图元件和连接关系的网络表,罗列元件的元器件报表和 PDF 格式的原理图等。

方法：Step1 生成网络表。执行菜单命令【Design】→【Netlist For Project】→【PCAD】。

Step2 生成元器件报表。执行菜单命令【Reports】→【Bill of Material】。

Step3 输出 PDF 格式原理图。执行菜单命令【File】→【Smart PDF...】。

6.3.2　洗衣机控制电路的 PCB 设计

任务 1　新建 PCB 文件

采用任何一种方法创建 PCB 文件"洗衣机控制电路.PcbDoc",并保存。电路板的大小为 120 mm×74 mm。

方法一：手工创建 PCB 文件。执行菜单命令【File】→【New】→【PCB】；或在"Files"面板上单击"PCB File"选项；或右击项目文件名,在弹出的快捷菜单中执行【Add New to Project】→【PCB】命令。

方法二：利用向导创建 PCB 文件。要求：① 单位选择"Metric"；② 设置电路板形状为方形,电路板尺寸为 120 mm×74 mm,放置尺寸的层为机械层 4,尺寸标准线宽和禁止布线边界线宽为 0.3 mm,禁止布线与板子边界的距离为 2 mm,并且只显示尺寸标注；③ 选择电路板层：信号层为 2 层,内部电源层为 0 层；④ 选择过孔风格：只显示通孔。

任务 2　加载网络表

把原理图信息导入 PCB。

方法：执行菜单命令【Design】→【Import Changes From 洗衣机控制电路.PrjPCB】,导入结果如图 6–22 所示。

任务 3　PCB 布局

电路板的左边为电源部分,从上到下排列。输入信号按信号流向从电路板的右下边向上排列。依次是处理模块和显示模块,数码管放在电路板的最上方。布局时注意：

（1）P1 接插件放在板边,延时开关 K2 和 K3 均放在板的下边,以方便插接和调整。

（2）晶振电路尽量靠近单片机的时钟输入引脚,缩短导线,减少干扰。

（3）所有集成块和分立元件尽可能保持相同的方向。有极性电容在飞线交叉少的情况下尽可能方向一致地放置。

项目 6 洗衣机控制器电路板设计

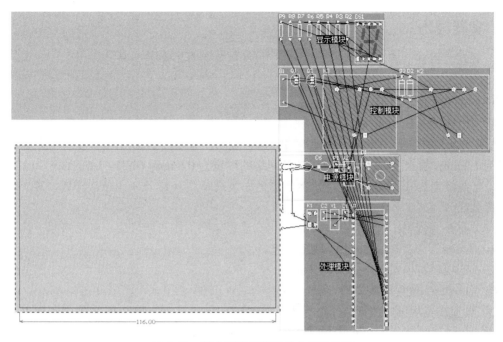

图 6–22 载入网络表和元件之后的 PCB

（4）布局后，调整元件标注信息的位置，使之不要在焊盘、过孔和元件上面。

（5）将元件焊盘移到网格点上，以方便布线。

方法：Step1 布局规则设置。执行菜单命令【Design】→【Rules...】，一般采用默认即可。

Step2 元件布局。根据 PCB 布局原则和布局方法，进行元件布局，如图 6–23 所示。

Step3 元件检查。执行菜单命令【Tools】→【Density Map】，进行密度检查，要求显示绿色，元件均匀分布。

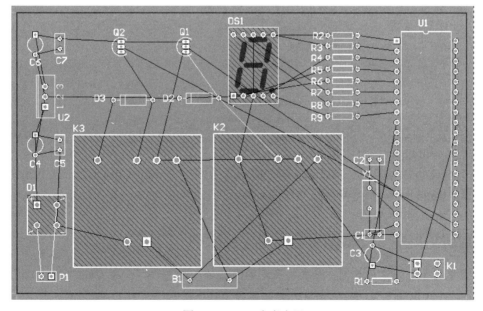

图 6–23 PCB 参考布局

实践技巧

一般在布局时不进行元件的镜像翻转,以免造成元件引脚无法对应。

任务 4　PCB 布线

根据电路功能和 PCB 设计要求,本项目的 PCB 设计具体要求如下:

(1)本电路带有微处理器,因此地线应尽可能粗,本项目 PCB 的线宽要求独立电源部分线宽为 1.2 mm,独立区域布线;设定 VCC 网络的线宽为 0.8 mm,GND 网络的线宽为 1.2 mm;其余信号线线宽为 0.4 mm;并设定 GND 的优先级最高,VCC、C4–1 依次降低,其余信号线优先级最低。

(2)布线层规则:对于晶振电路,禁止在晶振电路周围走信号线,以免相互干扰;选中"Bottom Layer"和"Top Layer",双面布线。

(3)布线拐角模式:Rounded 圆角。

方法:Step1 设置布线规则。

① 设置线宽规则。执行菜单命令【Design】→【Rules...】,弹出 PCB 规则和约束编辑器对话框,单击选项卡"Routing"→"Width"选项,设置线宽,通过单击 Increase Priority、Decrease Priority 按钮调整优先级,如图 6–24 所示。

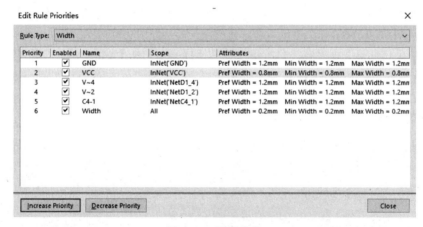

图 6–24　设置线宽

② 设置布线层规则。单击选项卡"Routing"→"Routing Layers",在"Constraints"栏中选择"Bottom Layer"和"Top Layer",双面布线。

③ 设置布线拐角模式。单击选项卡"Routing"→"Routing Corners",在"Constraints"栏中选择"Rounded",其他规则选择默认。

 知识拓展——线宽和安全间距设计原则

根据印制导线的宽度原则,一般按照"毫米安培"原则选取,即 1 mm(约 40 mil)宽的线宽,允许 1 A 最高电流。对于集成电路,尤其是数字电路通常取 8~12 mil 即可。只要密度可以,电源和地线要加宽。

印制导线的安全间距一般遵循"毫米 200 V"原则，即 1 mm 宽的间距允许 200 V 最高电压。对数字电路，工艺允许即可。

Step2 自动布线。

① 采用区域布线法布电源区域。

执行菜单命令【Auto Route】→【Area】，光标变为十字形，放大编辑区，用鼠标拉一个框选择独立电源区，布线结果如图 6-25 所示。

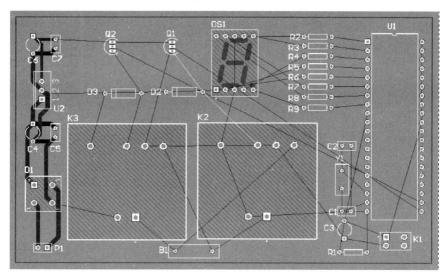

图 6-25　局部区域布线结果

② 采用区域布线法布晶振区域。

执行菜单命令【Auto Route】→【Area】，光标变为十字形，放大编辑区，用鼠标拉一个框选择晶振电路区，布线结果如图 6-26 所示。

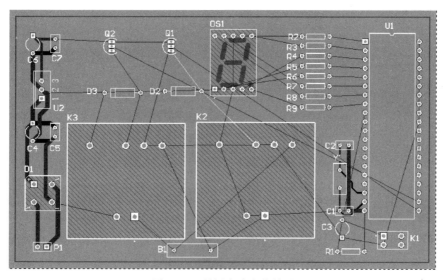

图 6-26　晶振电路布线结果

③ 采用网络布线法布地线和电源线。

执行菜单命令【Auto Route】→【Net】，光标变为十字形，放大编辑区，单击 GND 网络、VCC 网络、网络中的任意焊盘或者飞线，系统自动对 GND 网络布线，布线结果如图 6–27 所示。

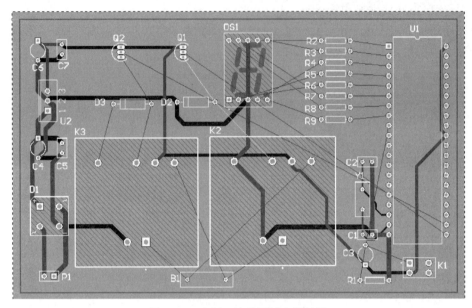

图 6–27　电源、地线区域布线结果

④ 自动布其余信号线。

执行菜单命令【Auto Route】→【All...】，在弹出的对话框中选中"锁定全部预布线"，单击 **Route All** 按钮，启动自动布线，布线结果如图 6–28 所示。

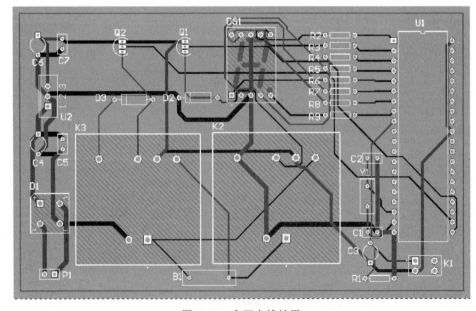

图 6–28　全局布线结果

Step3 PCB 布线检查。

执行菜单命令【Tools】→【Design Rule Check...】，系统将弹出"Messages"面板，如果 PCB 有违反规则的问题，将在窗口中显示错误信息，同时在 PCB 上高亮显示违规的对象，并生成一个报告文件，扩展名为"洗衣机控制电路.DRC"，用户可以根据违规信息对 PCB 进行修改。

任务 5 PCB 后续处理

Step1 补泪滴。执行菜单命令【Tools】→【Teardrops...】，对电路板中的焊盘进行补泪滴处理。

Step2 覆铜。执行菜单命令【Place】→【Polygon Pour...】或单击配线工具栏的■按钮，对电路板进行双面覆铜。处理后的 PCB 如图 6-29 所示。

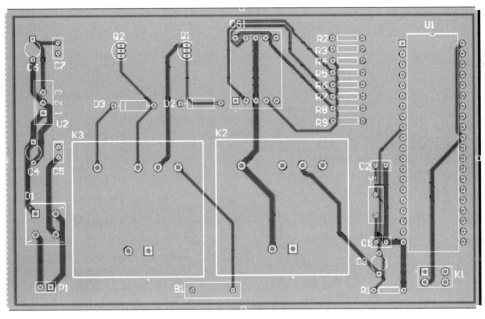

图 6-29 后续处理后的 PCB

任务 6 输出 PCB 报表

生成 PCB 报表，包括生成 PCB 板信息、生成元器件报表、生成网络状态报表。

方法：Step1 生成 PCB 板信息。执行菜单命令【Report】→【Board Information】。

Step2 生成元器件报表。执行菜单命令【Report】→【Bill of Materials】。

Step3 生成网络状态报表。执行菜单命令【Report】→【Netlist Status】。

任务 7 输出 Gerber 文件和钻孔文件

本项目的双面板 Gerber 文件包含：顶层线路（.GTL）、底层线路（.GBL）、顶层阻焊（.GTS）、底层阻焊（.GBS）、顶层字符（.GTO）和边框（.GKO）。

方法：Step1 光绘文件。执行菜单命令【File】→【Fabrication Outputs】→【Gerber Files】。

Step2 钻孔文件。执行菜单命令【File】→【Fabrication Outputs】→【NC Drill Files】。

Step3 装配文件。执行菜单命令【File】→【Assembly Outputs】→【Assembly Drawings】。

6.4 测 试

6.4.1 巩固测试——摇摆钟

子项目一：摇摆钟电路层次原理图绘制

摇摆钟电路原理图如图 6-30 所示。

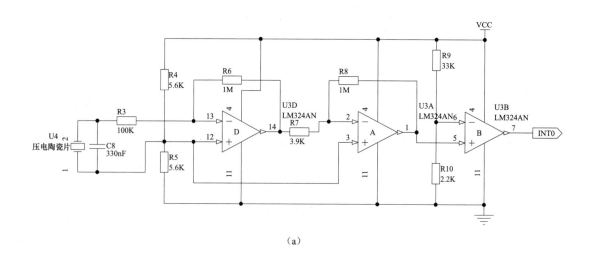

(a)

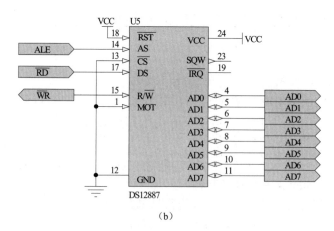

(b)

图 6-30 摇摆钟电路原理图
(a) 放大模块；(b) 时钟模块

项目 6 洗衣机控制器电路板设计

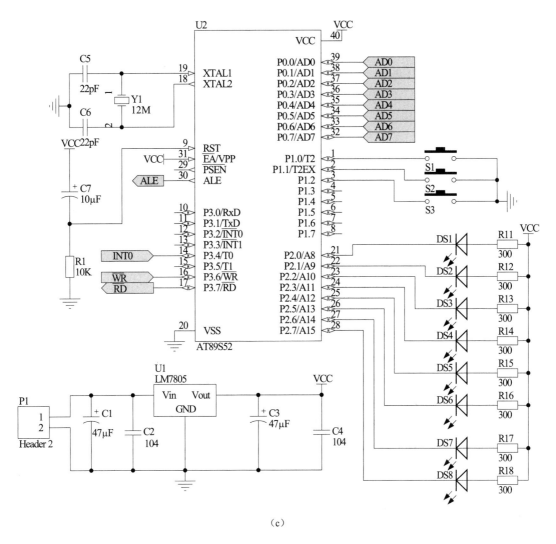

(c)

图 6-30 摇摆钟电路原理图（续）
(c) 控制模块

把图 6-30 画成层次电路图，分成三大子模块，如图 6-31 所示。

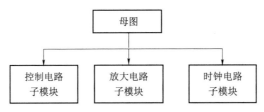

图 6-31 层次原理图结构

任务 1　新建项目文件

新建一个项目文件"摇摆钟电路.PrjPCB"。

任务 2　新建母图原理图文件

新建母图原理图文件"摇摆钟电路–母图.SchDoc"。

任务 3　绘制母图原理图

Step1 放置方块电路，如图 6–32 所示。

Step2 放置方块电路端口，如图 6–33 所示，端口属性见表 6–6。

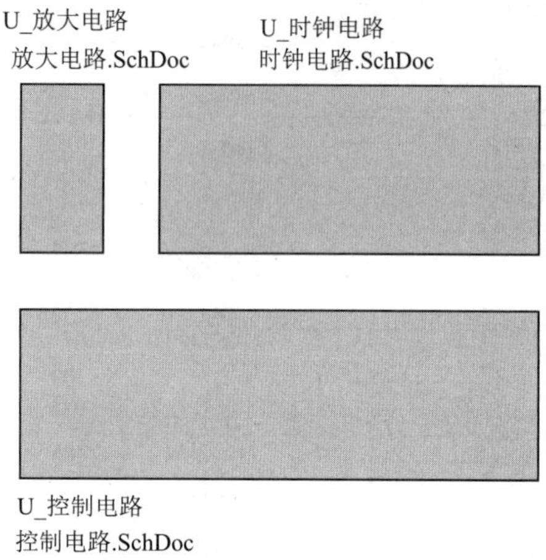

图 6–32　放置方块电路

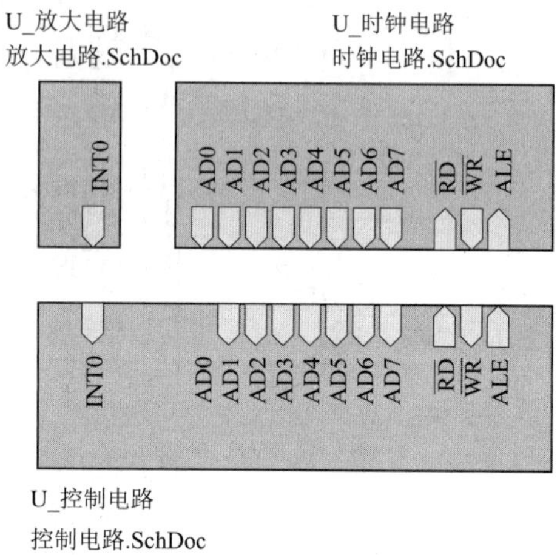

图 6–33　放置方框电路端口

表 6–6　方块电路端口属性

模块	Name	I/O Type	Style
U_控制模块	AD0～AD7	Input	Top
	INT0	Input	Top
	$\overline{WR}$	Input	Top
	$\overline{RD}$	Output	Top
	ALE	Output	Top
U_放大模块	INT0	Output	Bottom
U_时钟模块	AD0～AD7	Output	Bottom
	$\overline{WR}$	Output	Bottom
	$\overline{RD}$	Input	Bottom
	ALE	Input	Bottom

Step3 连线。根据方块电路的电气连接关系，用导线将方块电路端口连接起来，如图 6–34 所示。

任务 4　新建子图原理图文件

通过母图生成子图文件：控制模块.SchDoc，放大模块.SchDoc，时钟模块.SchDoc。

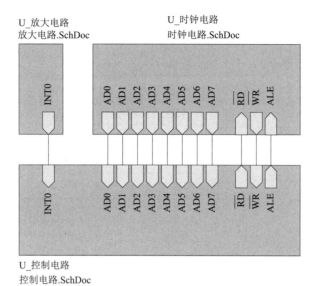

图 6-34 完成后的母图

任务 5　绘制子图原理图

Step1 加载集成库。"Miscellaneous Devices.IntLib""Miscellaneous Connectors.IntLib""Dallas Peripheral Real Time Clock.IntLib""ST Operational Amplifier.IntLib""Philips Microcontroller 8-Bit.IntLib"和"Capacitor Polar Radical Cylinder.PcbLib"。

 实践技巧

（1）"Dallas Peripheral Real Time Clock.IntLib"库所在路径：Alitum\AD15\Library\Dallas Semiconductor。

（2）"ST Operational Amplifier.IntLib"库所在路径：Alitum\AD15\Library\ST Microelectronics。

（3）"Philips Microcontroller 8-Bit.IntLib"库所在路径：Alitum\AD15\Library\Philips。

（4）"Capacitor Polar Radical Cylinder.PcbLib"库所在路径：Alitum\AD15\Library\PCB。

Step2 绘制放大模块电路。放大电路如图 6-30（a）所示，元件属性见表 6-7。

表 6-7　放大模块电路元件属性

Library Ref （元件库名称）	Library （库）	Designator （元件标识）	Footprint （封装）	Comment （注释）	Value （值）
LM324AN	ST Operational Amplifier.IntLib	U3	DIP14	LM324AN	
Res2	Miscellaneous Devices.IntLib	R3	AXIAL-0.3		100K
Res2		R4～R5	AXIAL-0.3		5.6K
Res2		R6	AXIAL-0.3		1M
Res2		R7	AXIAL-0.3		3.9K

续表

Library Ref（元件库名称）	Library（库）	Designator（元件标识）	Footprint（封装）	Comment（注释）	Value（值）
Res2	Miscellaneous Devices.IntLib	R8	AXIAL–0.3		1M
Res2		R9	AXIAL–0.3		33K
Res2		R10	AXIAL–0.3		2.2K
Cap		C8	RAD–0.1		330 nF
XTAL		U4	CAPR5–4X5	压电陶瓷片	

<u>Step3</u> 绘制时钟模块电路。时钟模块电路如图6–30（b）所示，元件属性见表6–8。

表6–8 时钟模块电路元件属性

Library Ref（元件库名称）	Library（库）	Designator（元件标识）	Footprint（封装）	Comment（注释）	Value（值）
DS12887	Dallas Peripheral Real Time Clock.IntLib	U5	ENDIP24A	DS12887	

<u>Step4</u> 绘制控制模块电路。控制模块电路如图6–30（c）所示，元件属性参考表6–9。

表6–9 控制模块元件属性

Library Ref（元件库名称）	Library（库）	Designator（元件标识）	Footprint（封装）	Comment（注释）	Value（值）
P80C52SBPN	Philips Microcontroller 8–Bit.IntLib	U2	SOT129–1	AT89S52	
Volt Reg	Miscellaneous Devices.IntLib	U1	TO–220–AB	LM7805	
Cap		C2，C4	RAD–0.1		104
Cap Pol1		C1，C3	CAPPR1.5–4x5		47 μF
Cap		C5，C6	RAD–0.1		22 pF
Cap Pol1		C7	CAPPR1.5–4x5		10 μF
XTAL		Y1	RAD–0.2		12M
SW–PB		S1~S3	DPST–4		
Res2		R1	AXIAL–0.3		10K
Res2		R11~R18	AXIAL–0.3		300
LED0		DS1~DS8	CAPPR1.5–4x5		
Header 2	Miscellaneous Connectors.IntLib	P1	HDR1X2	Header 2	

子项目二：摇摆钟电路 PCB 制作

任务 1　新建 PCB 文件

利用向导新建一个 PCB 文件"摇摆钟电路.PcbDoc"。要求：

（1）单位选择"Metric"。

（2）设置电路板形状为方形，电路板尺寸为 71 mm×76 mm，放置尺寸的层为机械层 4，尺寸标准线宽和禁止布线边界线宽为 0.3 mm，禁止布线边界与板子边缘的距离为 2 mm，并且只显示尺寸标注，如图 6-35 所示。

（3）选择电路板层。信号层为 2 层，内部电源层为 0 层。

（4）选择过孔风格。只显示通孔。

（5）选择元件和布线逻辑。选择通孔元件。

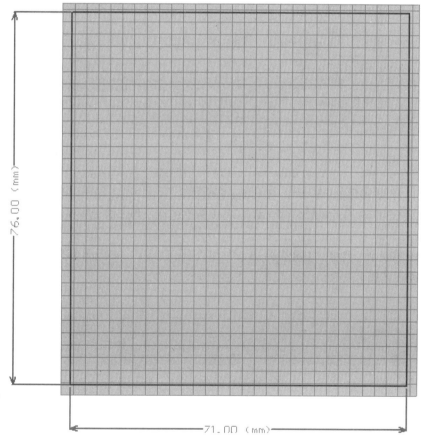

图 6-35　设置电路板形状

任务 2　加载网络表并手工布局

手工布局后的 PCB 如图 6-36 所示。

任务 3　设置布线规则

（1）线宽规则。

① 独立电源部分线宽为 1.2 mm，独立区域布线。

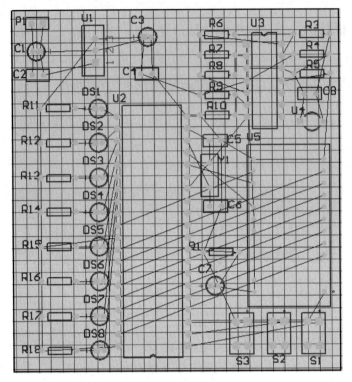

图 6-36 手工布局

② 设定 VCC 网络的线宽为 0.8 mm，GND 网络的线宽为 1.2 mm。

③ 其余信号线线宽为 0.3 mm，如图 6-37 所示。

④ 并设定 GND 的优先级最高，VCC、C1-1 依次降低，其余信号线优先级最低，如图 6-37 所示。

（2）布线层规则。选中"Bottom Layer"和"Top Layer"，双面布线。

（3）布线拐角模式：Rounded 圆角；其他规则选择默认。

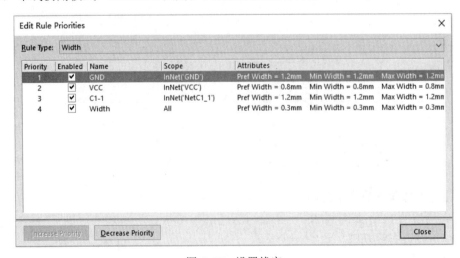

图 6-37 设置线宽

任务 4 自动布线

Step1 采用局部布线法布独立电源区域,如图 6-38 所示。

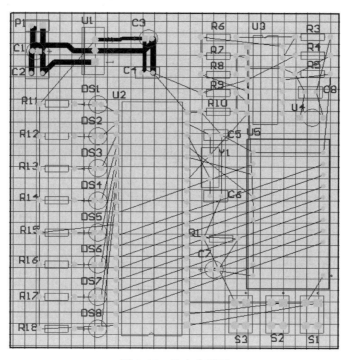

图 6-38 独立电源区

Step2 采用网络布线法布电源和地线,如图 6-39 所示。

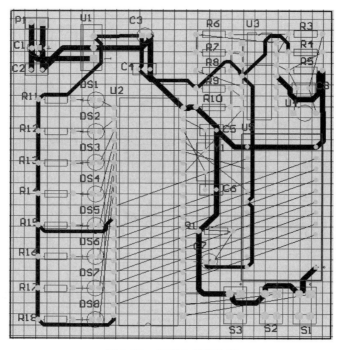

图 6-39 电源地线预处理

Step3 采用全局布线自动布线,如图 6-40 所示。

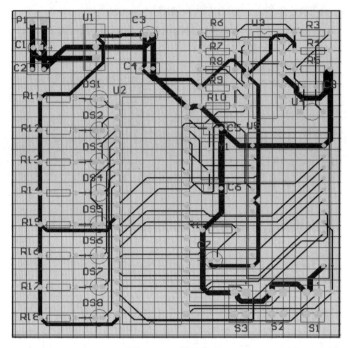

图 6-40 全局布线

任务 5 泪滴化焊盘

给电路图中所有焊盘补泪滴,如图 6-41 所示。

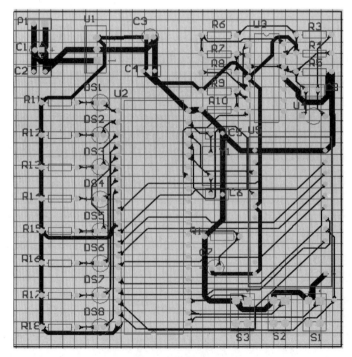

图 6-41 补泪滴

任务 6 覆铜

给电路板顶层和底层双面覆铜,并且与地线相连,如图 6-42 所示。

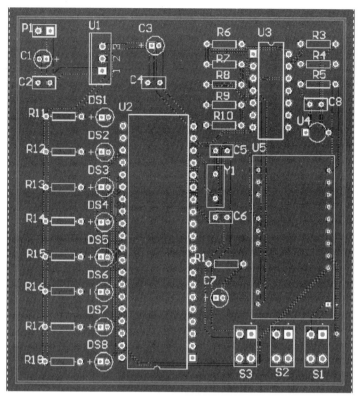

图 6-42 覆铜

6.4.2 提高测试——超声波测速仪

超声波测速仪原理图如图 6-43 所示。

子项目一：绘制层次原理图

根据图 6-43,采用自下而上的方法绘制层次电路图,具体要求：
(1) 新建一个项目文件"超声波测速仪.PrjPCB"。
(2) 新建各个子原理图文件。

① 新建子原理图文件"电源模块.SchDoc",绘制如图 6-43(a)所示的电路图,元件属性见表 6-10。

② 新建子原理图文件"显示模块.SchDoc",绘制如图 6-43(b)所示的电路图,元件属性见表 6-10。

③ 新建子原理图文件"处理模块.SchDoc",绘制如图 6-43(c)所示的电路图,元件属性见表 6-10。

④ 新建子原理图文件"发射接收模块.SchDoc",绘制如图 6-43(d)所示的电路图,元件属性见表 6-10。

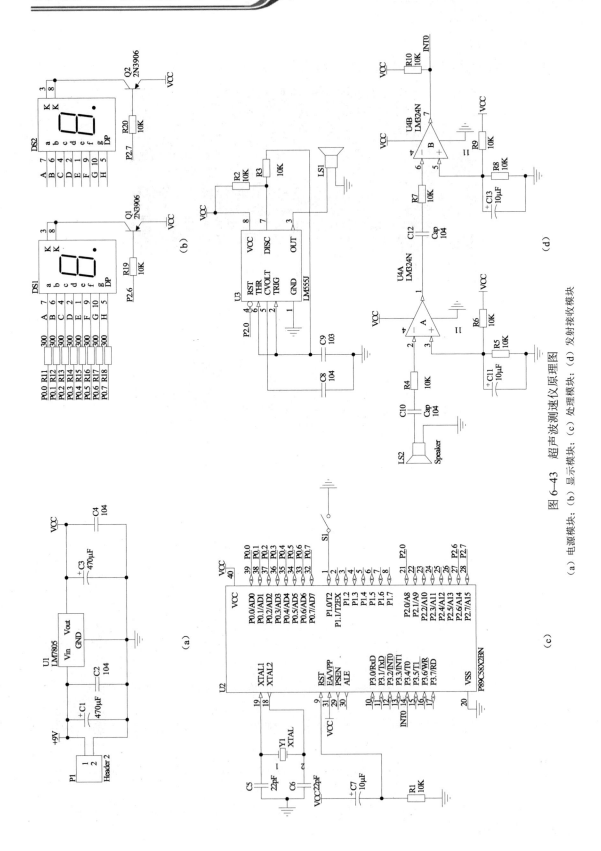

图 6-43 超声波测速仪原理图

(a) 电源模块；(b) 显示模块；(c) 处理模块；(d) 发射接收模块

表 6-10 层次原理图元件属性

	Library Ref（元件库名称）	Library（库）	Designator（元件标识）	Footprint（封装）	Comment（注释）	Value（值）
电源模块	Header 2	Miscellaneous Connectors.IntLib	P1	HDR1X2	Header 2	
	Cap Pol1	Miscellaneous Devices.IntLib	C1，C3	CAPPR2-5x6.8		470 μF
	Cap		C2，C4	RAD-0.1		104
	Volt Reg		U1	TO-220-AB	LM7805	
显示模块	Res2	Miscellaneous Devices.IntLib	R11～R18	AXIAL-0.3		300
	Res2		R19，R20	AXIAL-0.3		10K
	Dpy Blue-CC		DS1，DS2	LEDDIP-10/C15.24		
	2N3906		Q1，Q2	TO-226-AA	2N3906	
处理模块	P89C58X2BN	Philips Microcontroller 8-Bit.IntLib	U2	SOT129-1	AT89S52	
	Res2	Miscellaneous Devices.IntLib	R1	AXIAL-0.3		10K
	Cap		C5，C6	RAD-0.1		22 pF
	Cap Pol1		C7	CAPPR2-5x6.8		10 μF
	XTAL		Y1	RAD-0.2	12M	
	SW-SPST		S1	DPST-4		
发射接收模块	LM555J	NSC Analog Timer Circuit.IntLib	U3	J08A		LM555J
	Speaker	Miscellaneous Devices.IntLib	LS1，LS2	PIN2		
	Res2		R2～R10	AXIAL-0.3		10K
	Cap		C8，C10，C12	RAD-0.1		104
	Cap		C9	RAD-0.1		103
	Cap Pol1		C11，C13	CAPPR1.5-4x5		10 μF
	LM324N	ST Operational Amplifier.IntLib	U4	DIP14	LM324N	

（3）新建母图原理图文件"超声波测速仪.SchDoc"。

（4）利用自下而上的方法生成母图方块电路图，如图 6-44 所示。

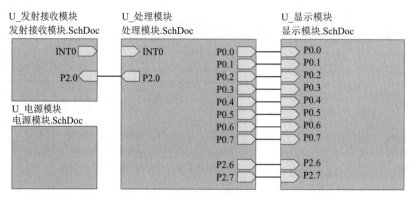

图 6–44　母图

子项目二：制作超声波测速仪电路 PCB

（1）新建一个 PCB 文件"超声波测速仪.PcbDoc"。要求：

① 单位选择"Metric"。

② 设置电路板形状为方形，电路板尺寸为 125 mm×60 mm，放置尺寸的层为机械层 4，尺寸标准线宽和禁止布线边界线宽为 0.6 mm，禁止布线与板边缘的距离为 1.5 mm，并且只显示尺寸标注。

③ 选择电路板层：信号层为 2 层，内部电源层为 0 层。

④ 选择过孔风格：只显示通孔。

（2）加载网络表，在 ECO 对话框信息中仔细检查有无封装缺漏，如有错，则需要检查并修改原理图。

（3）根据信号的流向和功能模块，进行元件的手工布局，合理调整元件的位置和密度，尽量减少交叉的飞线，缩短线距离，考虑接插件的位置以方便操作，注意散热和承重平衡。

（4）设置布线规则，双面布线，要求 V_{CC} 为+9 V，线宽 0.8 mm，地线线宽 1.2 mm，一般导线宽 0.3 mm。

（5）对于晶振电路，禁止在晶振电路周围以及 Bottom Layer（底层）走信号线，以免相互干扰，在 Bottom Layer 设置覆铜。

（6）布线。在电路板电源区电源线、地线进行局部预布线，然后再全局布线。

（7）给电路板上的所有焊盘补泪滴。

（8）输出 Gerber 文件。

深入篇

Altium Designer 15 提供了丰富的集成库（.IntLib）、原理图元件库（.SchLib）和 PCB 元件库（.PcbLib），并可以通过下载更新元件库，基本能满足一般原理图绘制和 PCB 设计的需要。但是，也有一部分元件并没有收录库中或与实际元器件有差别，特别是对于 PCB 元件封装，这就需要用户自己来设计。本篇将通过"遥控小车驱动器电路板设计"和"医用测温针电路板设计"两个项目，实现以下能力培养目标：

（1）了解原理图元件编辑环境；
（2）掌握原理图元件库的制作和调用；
（3）了解 PCB 元件库编辑环境；
（4）掌握 PCB 元件库的制作和调用；
（5）熟练设计双面 PCB 板。

项目 7 遥控小车驱动器电路板设计

7.1 项目导入

遥控小车一直备受小朋友们的青睐。手握遥控器能控制小车自如运行，遥控器是信号发射端，遥控小车上的信号接收端并驱动小车运行。本项目的主要内容是设计一款遥控小车驱动器，如图 7-1 所示为遥控小车驱动器电路原理图，如图 7-2 所示为遥控小车驱动器 PCB 图。

7.2 项目分析

虽然 AD15 提供了众多的元件库，但在原理图设计过程中，难免会遇到库中元件不能满足要求的情况，如图 7-1 所示的 LM293 元件。这时就需要用元件编辑器对库中元件进行修改，或创建新的原理图元件。

原理图元件由元件外形、元件引脚、元件属性 3 部分构成，如图 7-3 所示。

（1）元件引脚。元件的电气连接点，是电源、电气信号的出入口，它与 PCB 库中元件封装中的焊盘对应。

（2）元件外形。用于示意性地表达元件实体和原理，是一组无电气意义的绘图元素的集合。

（3）元件属性。元件的标注、型号、注释、PCB 等信息。

原理图库文件的存在形式主要有以下三种：

（1）作为某 PCB 工程的文件，为 PCB 工程提供元件，如图 7-4 所示。

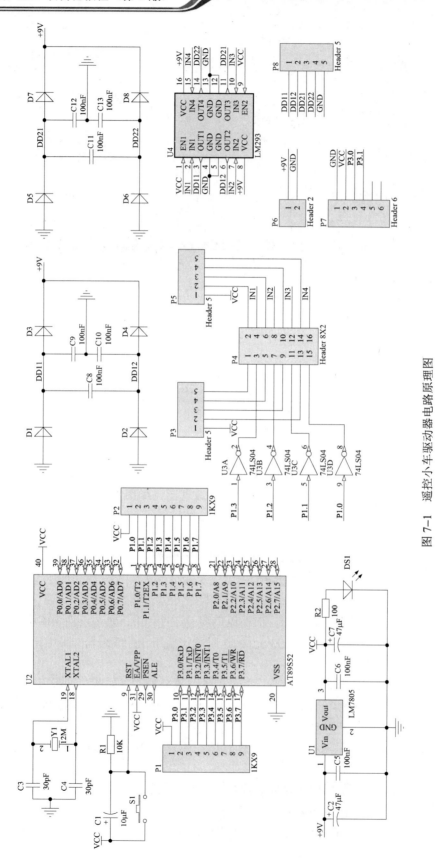

图 7-1 遥控小车驱动器电路原理图

项目 7　遥控小车驱动器电路板设计

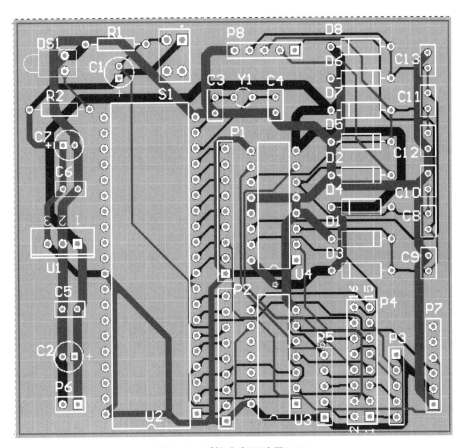

图 7-2　遥控小车驱动器 PCB

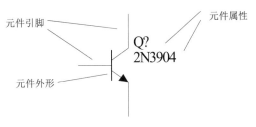

图 7-3　原理图元件的构成

（2）作为集成库工程中的文件，与其他库文件一起被编译成集成库，如图 7-5 所示。

图 7-4　某工程文件

图 7-5　集成库文件

207

（3）作为独立文件，可在工作区被任何工程使用，可以通过右击工程名称，在弹出的快捷菜单中选择【Add Existing to Project...】命令，如图7-6所示。

图7-6　独立文件

一般一个原理图库文件包含多个元件，如图7-7（a）所示。因此创建原理图库，首先创建元件所在库文件，后缀名为".SchLib"；其次绘制元件，包含新建元件、添加引脚和属性等，创建过程如图7-7（b）所示。

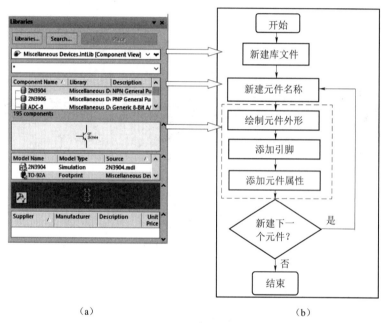

图7-7　原理图库文件创建流程
(a) 原理图库；(b) 创建流程

因此本项目的完成主要包括创建项目文件、制作原理图元件、绘制原理图、生成网络表、设计PCB图，如图7-8所示，重点需解决以下几个问题：

（1）如何创建原理图库文件？
（2）如何绘制元件？
（3）如何应用自己创建的库元件？

图7-8　PCB制作流程图

7.3 项目实施

7.3.1 遥控小车原理图元件库制作

任务 1　新建项目文件

新建一个项目文件"遥控小车驱动器.PrjPCB"。

方法一：执行菜单命令【File】→【New】→【Project...】。

方法二：在"Files"面板上单击"Blank Project"选项。

任务 2　新建元件库

新建一个原理图元件库文件"遥控小车驱动器.SchLib"。

方法：Step1 新建原理图元件库。

视频 11　原理图元件制作及使用

执行菜单命令【File】→【New】→【Library】→【Schematic Library】，系统建立默认名为"SchLib1.SchLib"的库文件，并自动进入原理图元件库编辑界面，同时在工作区面板中增加了一个新的工作面板"SCH Library"。或右击项目文件名，在弹出的快捷菜单中执行【Add New to Project】→【Schematic Library】命令。

Step2 保存原理图元件库。

执行菜单命令【File】→【Save】或【Save As】，在弹出的保存对话框中输入文件名"遥控小车驱动器.SchLib"，如图 7-9 所示。

图 7-9　新建的原理图元件库文件

Step3 启动元件库编辑器。

单击"SCH Library"面板，或者执行菜单命令【View】→【Workspace Panels】→【SCH】→【SCH Library】，打开元件库编辑器，如图 7-10 所示。执行菜单命令【Place】或单击实用工具条 按钮，就可打开绘制元件的工具，如图 7-11 所示。

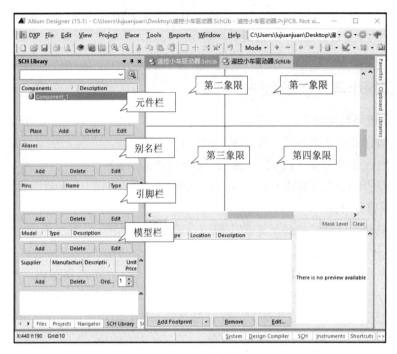

图 7-10 元件库编辑器

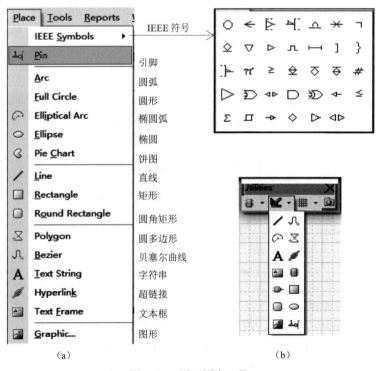

图 7-11 原理图库工具
(a) 菜单命令;(b) 工具条

项目 7 遥控小车驱动器电路板设计

知识拓展——"SCH Library"工作面板

工作面板包括元件栏、别名栏、引脚栏和模型栏四个部分,各部分的功能以及按钮功能见表 7-1。

表 7-1 "SCH Library"工作面板按钮功能

栏目	功能	Place	Add	Delete	Edit
元件栏	列出当前元件库中的所有元件	放置元件	添加一个元件	删除选定的元件	编辑选定的元件
别名栏	在元件栏中选择某一元件,在别名栏中列出该元件的别名		添加一个元件的别名	删除选定的别名	编辑选定的别名
引脚栏	列出选中元件的所有引脚信息		添加一只引脚	删除选定的引脚	编辑选定的引脚
模型栏	列出选中元件的模型信息,即封装		添加模型	删除选定的模型	编辑选定的模型

任务 3 新建法绘制一般元件

绘制元器件一般有两种方法:一是新建绘制法;二是复制绘制法。本项目中采用新建的方法绘制集成元件 LM293,如图 7-12 所示。

方法:Step1 重命名元件名。

打开 "SCH Library" 工作面板,系统已自动在该库中新建一个名为 "Component_1" 的元件,执行菜单命令【Tools】→【Rename Component...】,屏幕弹出 "Rename Component" 对话框,如图 7-13 所示,输入新元件名。

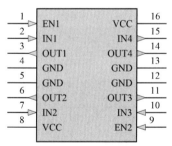

图 7-12 LM293 元件   图 7-13 元件名重命名对话框

Step2 设置栅格属性。

执行菜单命令【Tools】→【Document Options...】,打开 "Schematic Library Options" 对话框,如图 7-14 所示,在 "Grids" 区中设置捕获栅格为 10 mil。

Step3 绘制元件外形。

执行菜单命令【Place】→【Rectangle】或单击实用工具条中的绘图工具栏的 ▢ 按钮,此时鼠标上悬挂一矩形外框,单击鼠标左键确定外框左上角,一般作图区在第四象限,并且把矩形的起点设置在坐标轴原点,如图 7-15(a)所示;拖动鼠标到合适位置,再单击鼠标左键确定右下角,如图 7-15(b)所示;按右键或 "Esc" 键退出。

211

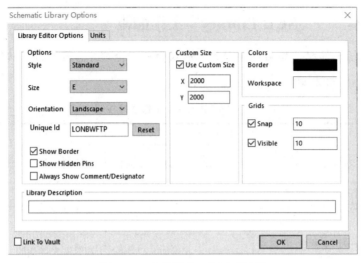

图 7-14　库编辑器工作区对话框

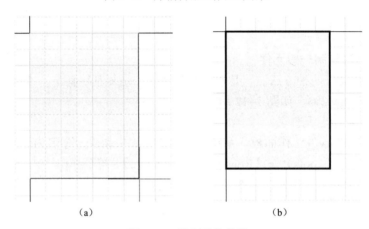

图 7-15　绘制元件外形
（a）确定左上角；（b）确定右下角

双击矩形，弹出属性对话框，如图 7-16 所示，可修改矩形外框的宽度、颜色等属性。

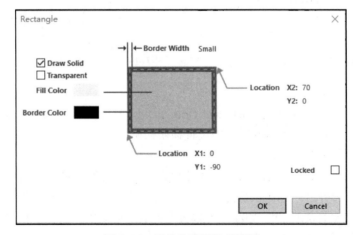

图 7-16　元件外形属性对话框

项目 7　遥控小车驱动器电路板设计

Step4 放置元件引脚。

执行菜单命令【Place】→【Pin】或单击绘图工具栏中的元件引脚放置按钮 ，鼠标上悬挂一引脚。放置时有十字光标的一端朝外，如图 7-17（a）所示；放置后如图 7-17（b）所示。

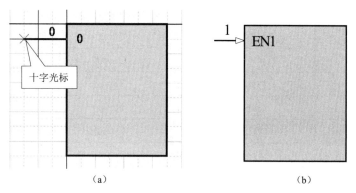

图 7-17　放置元件引脚
（a）放置元件引脚前；（b）放置元件引脚后

放置前按"Tab"键或放置后双击引脚，弹出修改元件引脚的属性对话框，如图 7-18 所示，标识符、引脚名称是必须设置的。根据表 7-2 和图 7-12，修改引脚属性，放置元件引脚。

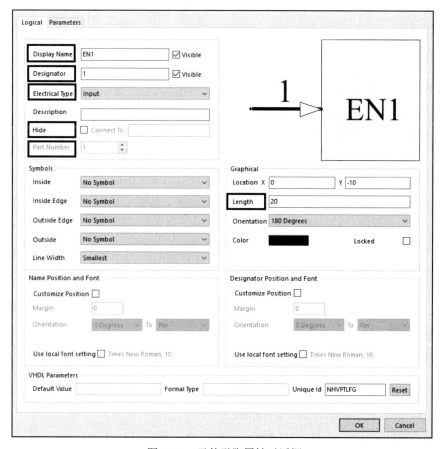

图 7-18　元件引脚属性对话框

表 7-2 元件引脚属性

Designator（标识符）	Display Name（引脚名称）	Electrical Type（电气类型）	Length（长度）/mil
1	EN1	Input	20
2	IN1	Input	20
3	OUT1	Output	20
4	GND	Power	20
5	GND	Power	20
6	OUT2	Output	20
7	IN2	Input	20
8	VCC	Power	20
9	EN2	Input	20
10	IN3	Input	20
11	OUT3	Output	20
12	GND	Power	20
13	GND	Power	20
14	OUT4	Output	20
15	IN4	Output	20
16	VCC	Power	20

知识拓展——引脚属性

元件引脚属性有很多项，常用的有以下几项。

（1）常用属性区域。

Display Name：引脚名称，若把"Visible"属性前面钩打上，说明引脚名称可见。

Designator：标识符，即引脚编号，若把"Visible"属性前面钩打上，说明引脚编号可见。

Electrical Type：电气类型，共有 Input（输入引脚）、IO（输入输出引脚）、output（输出引脚、OpenCollector（集电极开路引脚）、Passive（无源引脚）、Hiz（高阻抗引脚）、Emitter（发射极引脚）、Power（电源引脚）8 个选项。

Hide：引脚是否隐藏。若选中复选框，则表示隐藏，可在右边文本框中输入可连接的网络标号；若不选中，则表示不隐藏。

（2）"Symbols"符号区域。

符号区域有"Inside""Inside Edge""Outside Edge""Outside"和"Line Width"五个选项，每个选项都有下拉选项，其中常用的有：

Clock：时钟信号，如图 7-19（a）所示。

Dot：取反信号，如图 7-19（b）所示。

Active Lower Input：有源低信号输入端，如图 7-19（c）所示。
Active Lower Output：有源低信号输出端，如图 7-19（d）所示。
（3）"Graphical"绘图区域。

绘图区域决定引脚的位置、长度、颜色等，如有需要一般对长度进行设置，其余默认设置。

Length：引脚长度。

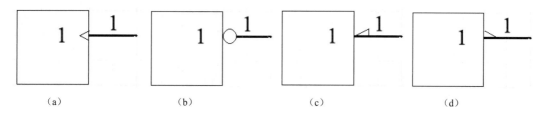

(a)　　　　(b)　　　　(c)　　　　(d)

图 7-19　符号区域属性

Step5 设置元件属性。

单击"SCH Library"工作面板元件区域的 **Edit** 按钮，弹出"Library Component Properties"对话框，如图 7-20 所示。需修改的属性有：

Default Designator：默认元件编号，如电容的"C？"、电阻的"R？"，这里设置为"U？"。
Default Comment：注释，即元件名称，这里设置为"LM293"。

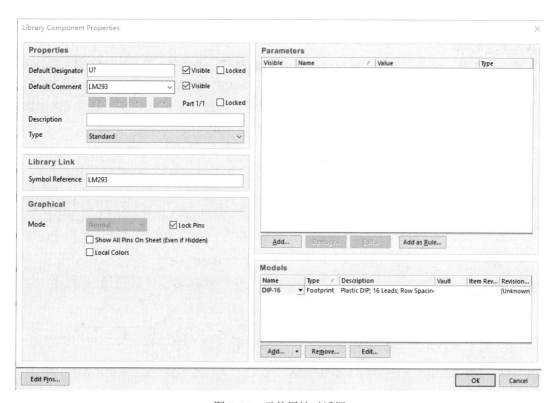

图 7-20　元件属性对话框

同时，单击图 7-20 所示对话框中的 **Edit Pins...** 按钮，会弹出"Component Pin Editor"对话框，如图 7-21 所示，单击 **Add...** 按钮可以添加引脚，单击 **Remove...** 按钮可删除引脚，单击 **Edit...** 按钮会弹出引脚编辑对话框，如图 7-22 所示。它们与单击"SCH Library"工作面板引脚区域的三个按钮功能相同。

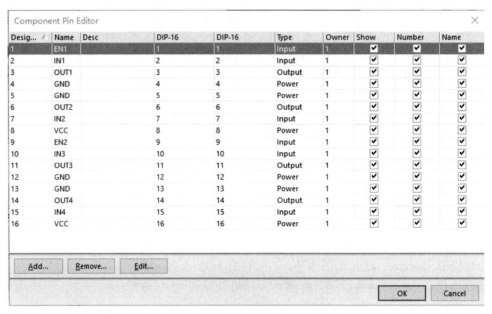

图 7-21 元件引脚编辑对话框

Step6 添加模型。

单击"SCH Library"工作面板模型区域的 **Edit** 按钮，弹出"Add New Model"对话框，如图 7-23 所示。选择"Footprint"，单击 **OK** 按钮，弹出"PCB Model"对话框，如图 7-24 所示，单击 **Browse...** 按钮就弹出库浏览对话框，如图 7-25 所示，在这里可以为元件添加封装，选择封装库"Dual-In-Line Package.PcbLib"中的 DIP-16。

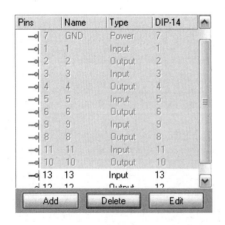

图 7-22 "SCH Library"面板元件引脚编辑对话框

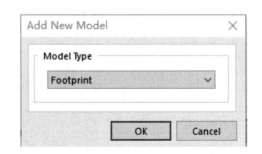

图 7-23 添加模型对话框

项目 7　遥控小车驱动器电路板设计

图 7-24　PCB 模型对话框

Step7 完成。

至此,元件制作完成,在"SCH Library"工作面板可以看到元件的基本信息,如图 7-26 所示。

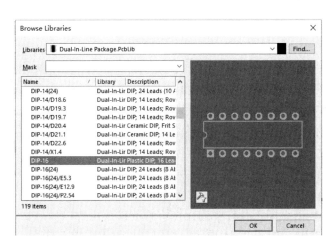

图 7-25　库浏览对话框

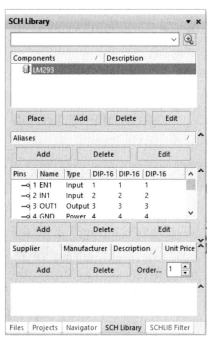

图 7-26　"SCH Library"工作面板

217

实践技巧

为元件添加模型时，封装所在库要选择文件类型为".PcbLib"。或者省去这里的添加模型步骤，在绘制原理图时再为元件添加模型。

任务 4　新建法绘制多功能单元元件

手工绘制多功能单元元件 74LS04。

方法：Step1 新建元件。

执行菜单命令【Tools】→【New Component...】或单击 **Add** 按钮，屏幕弹出"New Component Name"对话框，如图 7-27 所示，输入新元件名"74LS04"，则在"SCH Library"工作面板，系统又在该库中新建一个名为 74LS04 的元件，如图 7-28 所示。

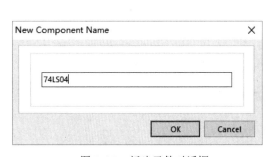

图 7-27　新建元件对话框

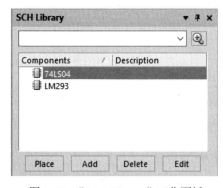

图 7-28　"SCH Library"工作面板

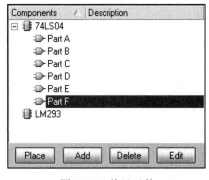

图 7-29　单元元件

Step2 设置栅格。

执行菜单命令【Tools】→【Document Options...】，打开"Schematic Library Options"对话框，在"Grids"区中设置捕获栅格为 5 mil。

Step3 创建单元。

执行菜单命令【Tools】→【New Part】或单击绘图工具栏中的元件单元按钮，连续执行 5 次，就创建了 6 个单元 Part A、Part B、Part C、Part D、Part E 和 Part F，如图 7-29 所示。

Step4 绘制 Part A 单元元件外形。

单击"SCH Library"工作面板上的 Part A，执行菜单命令【Place】→【Line】或单击绘图工具栏中的直线按钮，用鼠标左键确定线段的起点和终点，并且可以通过空格键改变线的方向，如图 7-30（a）所示，最后元件外形如图 7-30（b）所示。

Step5 添加 Part A 单元引脚。

执行菜单命令【Place】→【Pin】或单击绘图工具栏中的元件引脚放置按钮，为 Part A 添加引脚 1 和 2，以及电源 VCC 和地 GND，如图 7-31 所示，引脚属性设置见表 7-3。

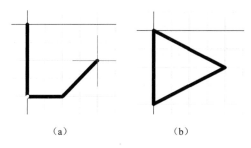
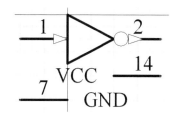

图 7-30　绘制单元 Part A 元件外形　　　　　　　图 7-31　添加引脚
(a) 通过空格键改变线的方向；(b) 元件外形

表 7-3　引脚属性

Designator （标志符）	Display Name （引脚名称）	Electrical Type （电气类型）	Outside Edge （边缘）	Length （长度）/mil	Part Number （单元编号）
1（可见）	1（不可见）	Input	No Symbol	20	1
2（可见）	2（不可见）	Output	Dot	20	1
7（可见）	GND（不可见）	Power	No Symbol	20	0
14（可见）	VCC（不可见）	Power	No Symbol	20	0

将电源线和地线的单元编号设为 0，如图 7-32 所示，观察 Part B、Part C、Part D、Part E 和 Part F，电源和地引脚已自动添加到这几个单元中，而且是相同的编号。

Step6 隐藏电源引脚和地引脚。

选择任何一子单元的电源和地引脚，在引脚属性对话框中设置"Hide"属性，若是地引脚，Connect To "GND"；若是电源引脚，Connect To "VCC"，如图 7-32 所示，最后效果如图 7-33 所示，地线和电源线已被隐藏。

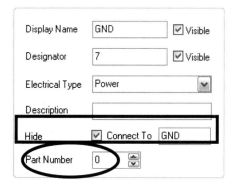
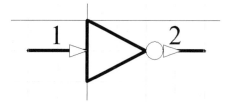

图 7-32　地引脚属性设置　　　　　　　图 7-33　Part A 元件图

Step7 绘制其他单元。

重复 Step4 和 Step5，绘制 Part B、Part C、Part D、Part E 和 Part F，如图 7-34～图 7-38 所示。

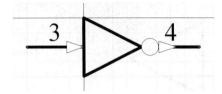

图 7-34 Part B 元件图

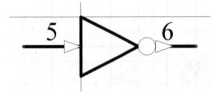 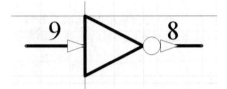

图 7-35 Part C 元件图　　　　　图 7-36 Part D 元件图

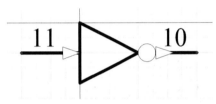 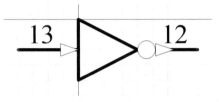

图 7-37 Part E 元件图　　　　　图 7-38 Part F 元件图

Step8 设置元件属性。

单击"SCH Library"工作面板元件区域的 **Edit** 按钮,弹出库元件属性对话框,如图 7-39 所示。

Step9 添加模型。

单击"SCH Library"工作面板模型区域的 **Add** 按钮,弹出"Add New Model"对话框,为元件添加封装,选择"DIP-14"。

 实践技巧

添加标注信息和封装信息时一定要选中元件 74LS04,而不是选中某个单元。

当需要在元件引脚上放上画线,以表示该点信号低电平有效时,在其字母后插入"\",如 $\overline{RD}$ 就输入"R\D\"。

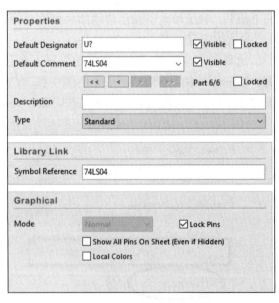

图 7-39 库元件属性对话框

任务 5 复制法绘制元件

利用类似复制元件的方法制作三端稳压集成元件 LM7805,外观如图 7-40 所示,其中 1 为输入端,2 为接地端,3 为输出端。经观察 LM7805 外观与"Miscellaneous Devices.IntLib"的"Volt Reg"元件相似,如图 7-41 所示。

图 7–40　LM7805 外观　　　　图 7–41　Volt Reg 元件

方法：Step1 从原理图中查找类似元件。利用"Library"元件库面板查找类似元件，如图 7–41 所示，并注意元件所在库"Miscellaneous Devices.IntLib"。

Step2 打开复制元件所在库。执行菜单命令【File】→【Open】，弹出"Choose Document to Open"对话框，如图 7–42 所示，找到"Volt Reg"元件所在的库文件"Miscellaneous Devices.IntLib"，单击**打开（O）**按钮，弹出如图 7–43 所示"Extract Sources or Install"对话框，单击 **Extract Sources** 按钮，在"Projects"面板上会自动显示该库所对应的集成库文件"Miscellaneous Devices.LibPkg"，如图 7–44 所示。

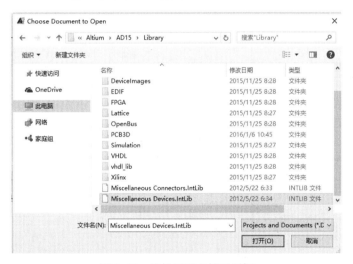

图 7–42　选择打开文档对话框

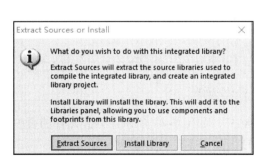

图 7–43　释放或安装集成库对话框

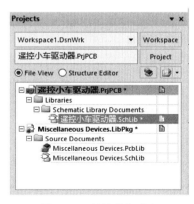

图 7–44　释放的集成库

Step3 复制元件。双击图 7–44 所示的源库文件"Miscellaneous Devices.SchLib",在"SCH Library"工作面板中选中要复制的"Volt Reg"元件,并将该元件显示在编辑窗口。执行菜单命令【Tools】→【Copy Component...】,弹出如图 7–45 所示"Destination Library"对话框,选择复制到的目标库文件"遥控小车驱动器.SchLib",单击 **OK** 按钮,元件将复制到目标库文件,如图 7–46 所示。

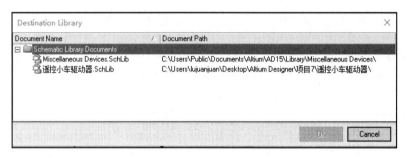

图 7–45　选择目标库文件

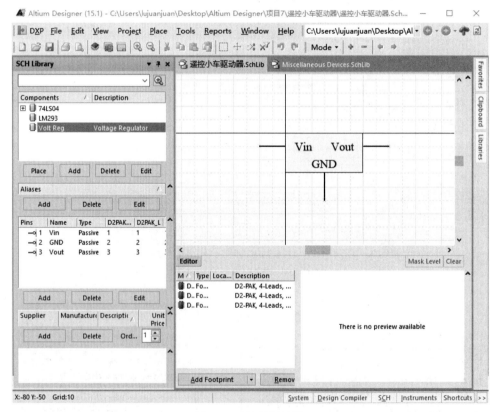

图 7–46　被复制元件

Step4 修改元件。该元件重命名为"LM7805",如图 7–47 所示;修改元件的引脚属性,如图 7–48 所示;元件属性默认元件编号为"U?",注释为"LM7805"。

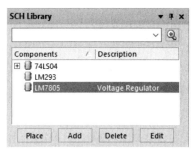
图 7-47 重命名

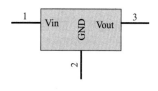
图 7-48 LM7805 元件

7.3.2 遥控小车原理图绘制

任务 1 新建原理图文件

新建原理图文件"遥控小车驱动器.SchDoc"。

方法一：执行菜单命令【File】→【New】→【Schematic】或在"Files"面板上单击"Schematic Sheet"选项。

方法二：单击"SCH Library"工作面板元件区域的 **Place** 按钮，系统就会自动创建一原理图文件，同时鼠标上悬挂元件。

任务 2 加载自制元件库

使用自制元件有两种方法：一是在"SCH Library"工作面板元件区域单击 **Place** 按钮，如果已创建原理图，就自动跳到原理图界面；如果未创建原理图文件，就会先创建原理图文件。二是与其他系统集成库或元件库一样加载。本项目中加载集成库"Miscellaneous Devices.IntLib""Miscellaneous Connectors.IntLib"和"Philips Microcontroller 8–Bit.IntLib"，自制元件库"遥控小车驱动器.SchLib"，如图 7-49 所示。

方法一：单击原理图编辑器界面的"Libraries"工作面板，单击 **Libraries...** 按钮。

方法二：执行菜单命令【Design】→【Add /Remove Library...】。

任务 3 绘制原理图

根据图 7-1 所示，放置所有元件、电源和地线并调整位置。利用自动标号、同时修改多个属性等高级操作命令修改元件属性，元件所在库见表 7-4。

图 7-49 加载的元件库

表 7-4 库元件名称

Library Ref （元件库名称）	Library Name （库）	Designator （元件标识）	Footprint （封装）	Comment （注释）	Value （值）
P80C32SBPN	Philips Microcontroller 8–Bit.IntLib	U2	SOT129–1	AT89S52	

续表

Library Ref（元件库名称）	Library Name（库）	Designator（元件标识）	Footprint（封装）	Comment（注释）	Value（值）
74LS04（自制）	遥控小车驱动器.SchLib	U3	DIP-14	74LS04	
LM293（自制）		U4	DIP-16	LM293	
LM7805（自制）		U1	TO-220-AB	LM7805	
Cap Pol1	Miscellaneous Devices.IntLib	C1	CAPPR2-5x6.8		10 μF
Cap Pol1		C2	CAPPR2-5x6.8		47 μF
Cap		C3~C4	RAD-0.1		30 pF
Cap		C5~C6	RAD-0.1		100 nF
Cap Pol1		C7	CAPPR2-5x6.8		47 μF
Cap		C8~C13	RAD-0.1		100 nF
Diode 1N4001		D1~D8	DIODE-0.4		
LED1		DS1	LED-1		
Res2		R1	AXIAL-0.4		10K
Res2		R2	AXIAL-0.4		100
SW-PB		S1	DPST-4		
XTAL		Y1	R38	12M	
Header 9	Miscellaneous Connectors.IntLib	P1~P2	HDR1X9	1KX9	
Header 5		P3	HDR1X5	HDR1X5	
Header 8X2		P4	HDR2X8	Header 8X2	
Header 5		P5	HDR1X5	HDR1X5	
Header 2		P6	HDR1X2	Header 2	
Header 6		P7	HDR1X6	Header 6	
Header 5		P8	HDR1X5	Header 5	

任务 4 更新原理图

绘制原理图后，若需要修改元件的属性、引脚信息等，则可通过元件库进行修改，如将原理图中 LM293 元件 15 引脚的电气属性改为"Input"，如图 7-50 所示。

方法：Step1 修改元件。打开原理图库文件"遥控小车驱动器.SchLib"，在"SCH Library"工作面板找到 LM293 元件，双击 15 引脚，打开属性对话框，把电气属性改为"Input"。

Step2 更新原理图元件。执行菜单命令【Tools】→【Update Schematics】，弹出更新元件确认对话框，如图 7-51 所示，单击 OK 按钮，原理图中的元件已修改完毕。

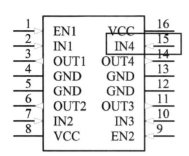

图 7-50 修改好的 LM293

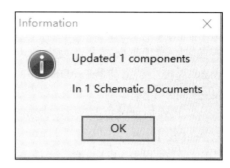

图 7-51 元件更新

任务 5　原理图验证

方法：Step1 设置自动检查规则。执行菜单命令【Project】→【Project Options...】。

Step2 原理图编译。执行菜单命令【Project】→【Compile PCB Project 遥控小车驱动器.PrjPCB】。

Step3 原理图修正。若原理图编译后，弹出"Messages"面板，则修正其中的错误，直至编译无误。

任务 6　原理图信息输出

方法：Step1 生成网络表。执行菜单命令【Design】→【Netlist For Project】→【PCAD】。

Step2 生成元器件报表。执行菜单命令【Reports】→【Bill of Material】。

Step3 输出 PDF 格式原理图。执行菜单命令【File】→【Smart PDF...】。

7.3.3　遥控小车双面 PCB 板制作

任务 1　新建 PCB 文件

采用任何一种方法新建一个 PCB 文件"遥控小车驱动器.PcbDoc"，电路板的大小为 2 905 mil×2 685 mil。

方法一：手动创建。执行菜单命令【File】→【New】→【PCB】或在"Files"面板上单击"PCB File"选项。

方法二：利用向导创建。在"Files"面板上单击"PCB Board Wizard..."选项。

任务 2　设置工作层

设置双面板工作层。

方法一：执行菜单命令【Design】→【Board Layers & Colors...】，弹出"View Configurations"对话框。

方法二：在 PCB 编辑窗口单击鼠标右键，在弹出的快捷菜单中执行【Options】→【Board Layers & Colors...】命令。

任务 3　加载网络表

方法：Step1 加载元件封装库。

若采用集成库，则在原理图中已加载，无须再加载；若元件封装属性采用单独的封装库，则需要再加载，如"Capacitor Polar Radical Cylinder.PcbLib""Dual-In-line Package.PcbLib"。

Step2 导入网络表信息到 PCB 图。

方法一：在 PCB 设计界面，执行菜单命令【Design】→【Import Changes From 遥控小车驱动器.PrjPCB】。

方法二：在原理图界面，使用同步设计器，执行菜单命令【Design】→【Update PCB Document 遥控小车驱动器.PcbDoc】。

Step3 同步更新。

方法一：在原理图界面，执行菜单命令【Design】→【Update PCB Document 遥控小车驱动器.PcbDoc】。

方法二：在 PCB 设计界面，执行菜单命令【Design】→【Import Changes From 遥控小车驱动器.PrjPCB】。

任务 4　PCB 布局

参考图 7-52 整体布局 PCB。

方法：Step1 布局规则设置。执行菜单命令【Design】→【Rules...】，一般采用默认即可。

Step2 元件布局。根据 PCB 布局原则和布局方法，进行元件布局，如图 7-52 所示。

Step3 元件布局检查。执行菜单命令【Tools】→【Density Map】，进行密度检查，要求显示绿色，元件均匀分布。

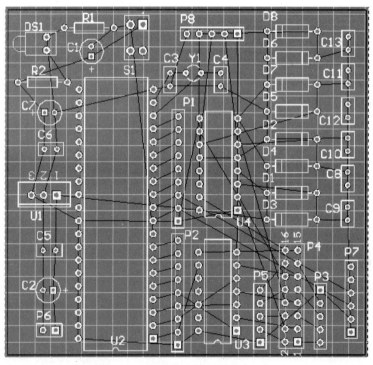

图 7-52　布局

任务 5　PCB 布线

设置布线规则如下：

（1）独立电源部分线宽为 60 mil，独立区域布线。

（2）设定 VCC 网络的线宽为 40 mil，GND 网络的线宽为 60 mil。

（3）其余信号线线宽为 15 mil。

（4）并设定 GND 的优先级最高，+9 V、VCC、C6-2 依次降低，其余信号线优先级最低，如图 7-53 所示。

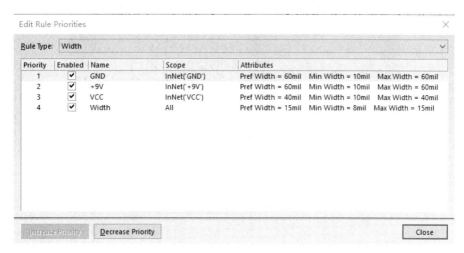

图 7-53　布线优先级设置

方法：Step1 设置布线规则。执行菜单命令【Design】→【Rules...】，弹出 PCB 规则和约束编辑器对话框，单击"Routing"选项卡。

Step2 采用局部布线法布独立电源区域，采用局部布线法布地线、电源线。

① 执行菜单命令【Auto Route】→【Area】，布线结果如图 7-54 所示。

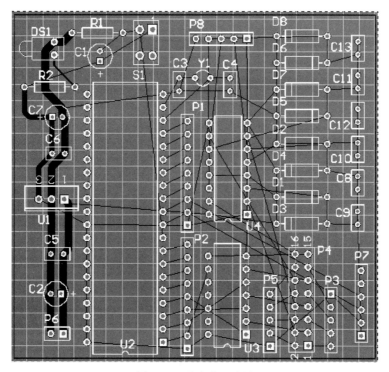

图 7-54　独立电源布线

② 执行菜单命令【Auto Route】→【Net】，单击 GND 网络和 VCC 网络，布线结果如图 7-55 所示。

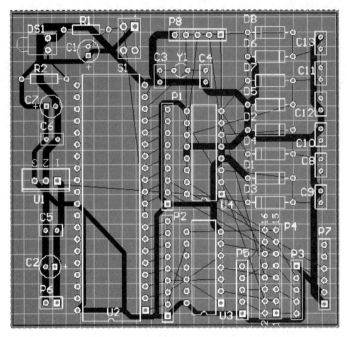

图 7-55 电源线、地线布线

③ 执行菜单命令【Auto Route】→【All】，全局布线，布线结果如图 7-56 所示。

Step3 PCB 布线检查。执行菜单命令【Tools】→【Design Rule Check...】。

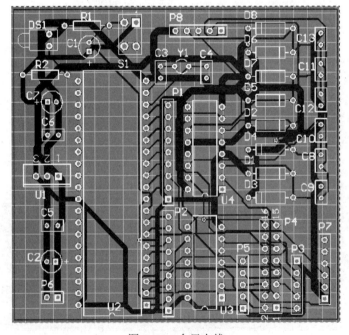

图 7-56 全局布线

任务 6 PCB 后续处理

Step1 补泪滴。执行菜单命令【Tools】→【Teardrops...】。

Step2 覆铜。执行菜单命令【Place】→【Polygon Pour...】或单击配线工具栏的  按钮。

任务 7 输出 PCB 报表

生成 PCB 报表，包括生成 PCB 板信息、生成元器件报表、生成网络状态报表。

方法： Step1 生成 PCB 板信息。执行菜单命令【Report】→【Board Information】。

Step2 生成元器件报表。执行菜单命令【Report】→【Bill of Materials】。

Step3 生成网络状态报表。执行菜单命令【Report】→【Netlist Status】。

任务 8 输出 Gerber 文件和钻孔文件

本项目的双面板 Gerber 文件包含：顶层线路(.GTL)、底层线路(.GBL)、顶层阻焊(.GTS)、底层阻焊（.GBS)、顶层字符（.GTO）和边框（.GKO）。

方法：Step1 光绘文件。执行菜单命令【File】→【Fabrication Outputs】→【Gerber Files】。

Step2 钻孔文件。执行菜单命令【File】→【Fabrication Outputs】→【NC Drill Files】。

Step3 装配文件。执行菜单命令【File】→【Assembly Outputs】→【Assembly Drawings】。

7.4 测　　试

7.4.1 巩固测试——声光控灯

子项目一：制作声光控灯原理图元件库

任务 1 新建项目文件

新建一个项目文件"声光控灯.PrjPCB"。

任务 2 新建原理图库文件

新建原理图库文件"声光控灯.SchLib"。

任务 3 绘制原理图库元件

（1）制作集成元件 CD4011，命名为"CD4011"，默认元件编号为"U?"，元件注释为"CD4011"，如图 7–57 所示，注意添加地（GND）引脚 7 和电源（VCC）引脚 14，然后再隐藏。

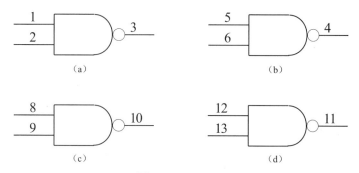

图 7–57 CD4011

(a) Part A；(b) Part B；(c) Part C；(d) Part D

（2）定时器 NE555 元件，命名为"NE555"，默认元件编号为"U？"，元件注释为"NE555"。如图 7-58 所示。

（3）制作光敏电阻，命名为"光敏电阻"，默认元件编号为"RG？"，如图 7-59 所示。

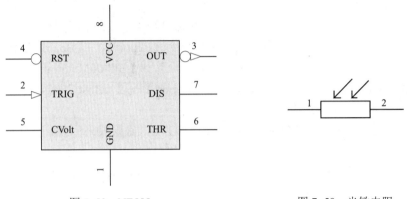

图 7-58　NE555　　　　　　　　图 7-59　光敏电阻

子项目二：绘制声光控灯原理图元件库

任务 1　新建声光控灯原理图

新建原理图文件"声光控灯.SchDoc"。

任务 2　加载集成库

加载集成库"Miscellaneous Connectors.IntLib""Miscellaneous Devices.IntLib"和"声光控灯.SchLib"。

任务 3　绘制原理图

绘制的原理图如图 7-60 所示，元件属性见表 7-5。

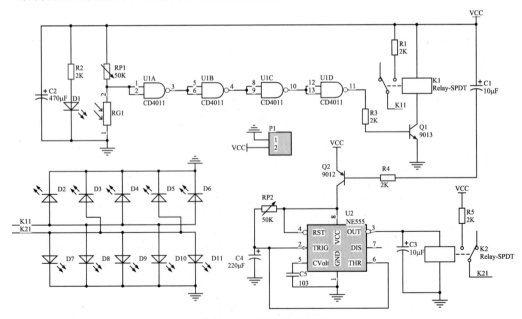

图 7-60　声光控灯原理图

表 7–5 元件属性

Library Ref（元件库名称）	Library（库）	Designator（元件标识）	Footprint（封装）	Comment（注释）	Value（值）
Cap Pol1	Miscellaneous Devices.IntLib	C1	CAPPR2–5x6.8		10 μF
Cap Pol1		C2	CAPPR5–5x5		470 μF
Cap Pol1		C3	CAPPR2–5x6.8		10 μF
Cap Pol1		C4	CAPPR5–5x5		220 μF
Cap		C5	RAD–0.1		103
LED1		D1～D11	LED–1		
Relay-SPDT		K1～K2	MODULE5B	Relay–SPDT	
Header 2		P1	HDR1X2		
2N3904		Q1	TO–226–AA	9013	
2N3906		Q2	TO–226–AA	9012	
Res2		R1～R5	AXIAL–0.3		2K
Res Adj2		RP1～RP2	VR5		50K
光敏电阻	声光控灯.SchLib	RG1	AXIAL–0.5		
CD4011		U1	DIP–14	CD4011	
NE555		U2	DIP–8	NE555	

子项目三：制作声光控灯 PCB

任务 1　新建 PCB 文件

利用向导或手工新建一个 PCB 文件"声光控灯.PcbDoc"。要求：

（1）单位选择"Imperial"。

（2）电路板为双面板。

（3）电路板形状为方形，电路板尺寸为 3 100 mil×2 530 mil，禁止电气边界尺寸为 3 050 mil×2 480 mil，并且标注尺寸。

任务 2　加载网络表并手工布局

手工布局后的 PCB 如图 7–61 所示。

任务 3　设置布线规则

（1）线宽规则。设定 VCC 网络的线宽为 20 mil，GND 网络的线宽为 40 mil，其余信号线线宽 15 mil。设定 GND 的优先级最高，VCC 依次降低，其余信号线优先级最低。

（2）布线层规则。选中"Bottom Layer"和"Top Layer"，双面布线。

（3）布线拐角模式：Rounded 圆角。

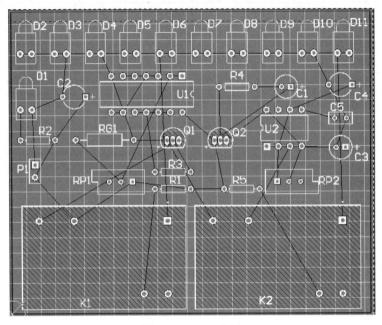

图 7-61 PCB 布局

任务 4 自动布线

采用局部布线法布地线和电源线后的 PCB 如图 7-62 所示,全局布线后的 PCB 如图 7-63 所示。

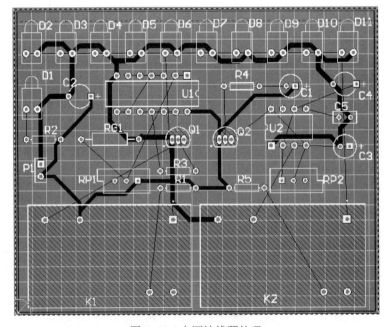

图 7-62 电源地线预处理

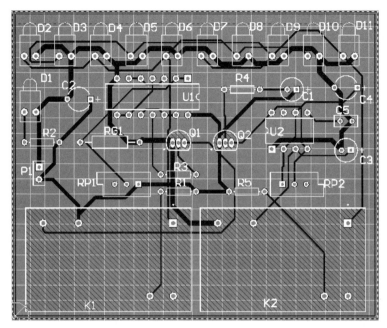

图 7-63　全局布线

任务 5　后续处理

给电路图中所有焊盘补泪滴并进行双面覆铜。

7.4.2　提高测试——水位控制器

子项目一：制作水位控制器原理图元件库

（1）新建一个项目文件"水位控制器.PrjPCB"，新建原理图库文件"水位控制器.SchLib"。

（2）制作原理图元件。

① 制作三端集成稳压器，命名为"LM317BT"，默认元件编号为"U？"，元件注释为"LM317BT"，如图 7-64 所示。

② 制作双 D 触发器，命名为"SN7474N"，默认元件编号为"U？"，元件注释为"SN7474N"，如图 7-65 所示。

③ 制作定时器 NE555 元件，命名为"NE555"，默认元件编号为"U？"，元件注释为"NE555"，如图 7-66 所示。

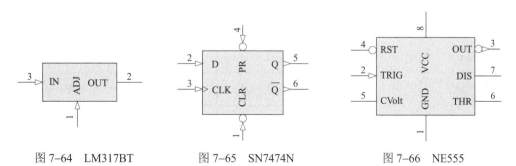

图 7-64　LM317BT　　　　图 7-65　SN7474N　　　　图 7-66　NE555

④ 制作集成运放元件，命名为"TLC2274"，默认元件编号为"U？"，元件注释为"TLC2274"，如图 7-67 所示。

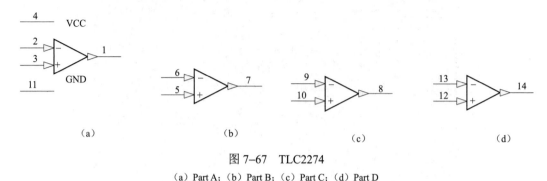

图 7-67 TLC2274
（a）Part A；（b）Part B；（c）Part C；（d）Part D

子项目二：绘制水位控制器原理图

（1）新建原理图文件"水位控制器.SchDoc"。

（2）加载集成库。加载集成库"Miscellaneous Devices.IntLib""Miscellaneous Connectors.IntLib"和"水位控制器.SchLib"。

（3）绘制原理图如图 7-68 所示，元件属性见表 7-6。

表 7-6 元件属性

Library Ref （元件库名称）	Library （库）	Designator （元件标识）	Footprint （封装）	Comment （注释）	Value （值）
Cap Pol1		C1	CAPPR5-5x5		100 μF
Cap		C2	RAD-0.1		330 nF
Cap Pol1		C3	CAPPR5-5x5		330 μF
Cap		C4～C6	RAD-0.1		330 nF
Diode 1N4001		D1	DIODE-0.4	1N4001	
LED1	Miscellaneous Devices.IntLib	LED1～LED2	LED-1		
Relay-SPDT		K1	MODULE5B		
Speaker		LS1	PIN2		
2N3906		Q1～Q2	TO-226-AA	8050	
Res2		R1	AXIAL-0.3		220
RPot		R2	VR5		10K

续表

Library Ref（元件库名称）	Library（库）	Designator（元件标识）	Footprint（封装）	Comment（注释）	Value（值）
Res2		R3	AXIAL-0.3		220
Res2		R4	AXIAL-0.3		100
Res2		R5	AXIAL-0.3		100K
RPot		R6~R7	VR5		10K
Res2		R8~R9	AXIAL-0.3		47K
Res2		R10~R11	AXIAL-0.3		10K
Res2		R12	AXIAL-0.3		100
Res2	Miscellaneous Devices.IntLib	R13	AXIAL-0.3		10K
RPot		R14	VR5		10K
Res2		R15	AXIAL-0.3		100
Res2		R16	AXIAL-0.3		10K
RPot		R17~R19	VR5		10K
Res2		R20	AXIAL-0.3		10K
Res2		R21	AXIAL-0.3		47K
Res2		R22	AXIAL-0.3		100
Res2		R23~R24	AXIAL-0.3		47K
SW-SPST		S1	SPST-2	SW-SPST	
Header 2	Miscellaneous Connectors.IntLib	P1~P3	HDR1X2	Header 2	
Header 3		P4	HDR1X4	Header 3	
LM317BT		U1	TO-220-AB	LM317BT	
NE555	水位控制器.SchLib	U2	DIP-8	NE555	
TLC2274		U3	DIP-14	TLC2274	
SN7474		U4	DIP-14	SN7474N	

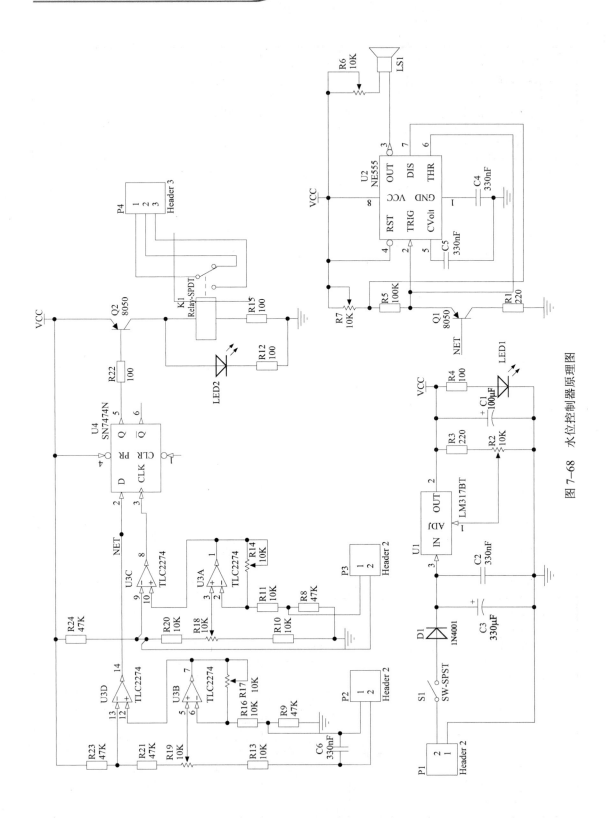

图 7-68 水位控制器原理图

子项目三：制作水位控制器 PCB 图

（1）新建一个 PCB 文件"水位控制器.PcbDoc"。要求：

① 单位选择"Imperial"。

② 设置电路板形状为方形，电路板尺寸为 3 900 mil×3 000 mil，放置尺寸的层为机械层 4，边界线宽 20 mil，禁止布线边界与板边缘保持距离为 50 mil，并且只显示尺寸标注；选择电路板层。

③ 信号层为 2 层，内部电源层为 0 层。

④ 选择过孔风格：只显示通孔。

⑤ 选择元件和布线逻辑：选择通孔元件。

（2）设置布线规则：双面布线，要求电源线宽 25 mil，地线线宽 40 mil，一般导线宽 15 mil。

（3）布线：电源线、地线预布线，然后再全局布线。

（4）给焊盘补泪滴，并进行双面覆铜。

（5）输出 Gerber 文件。

项目 8

医用测温针电路板设计

8.1 项目导入

医用测温针在靠近针尖一端设置有热敏电阻,热敏电阻通过导线与针体尾端相连,医用测温针在医疗界具有广泛的应用价值。本项目的主要内容是设计一款医用测温针,图 8-1 为医用测温针电路原理图,如图 8-2 所示为医用测温针 PCB 图。

8.2 项目分析

虽然 AD15 提供了众多的集成库和 PCB 元件库,但在设计过程中,难免会遇到库中元件不能满足要求的情况,如原理图中开关 S1。这时就需要用元件编辑器对库中元件进行修改,或创建新的 PCB 元件。

1. 封装的组成

元件封装由焊盘、轮廓和封装元件属性 3 部分构成,如图 8-3 所示。

(1)焊盘。焊盘是元件封装的重要部分,是安装时连接芯片引脚的部分,通常在制作封装时要确定四要素:焊盘编号、焊盘大小、焊盘形状和焊盘间距。

(2)轮廓。封装的轮廓主要起指示作用,方便印制电路板的焊接。

(3)属性。封装的属性,如封装编号,也起指示作用,方便印制电路板的焊接、调试等。

项目 8 医用测温针电路板设计

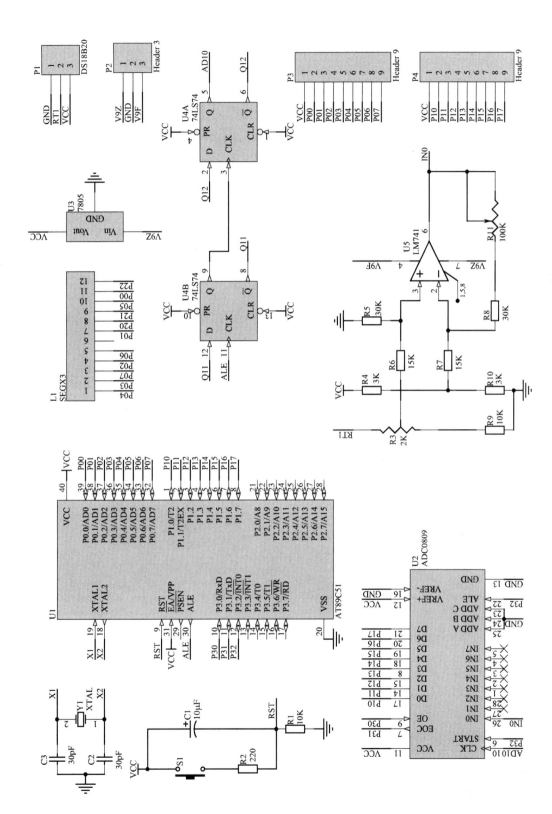

图 8-1 医用测温针原理图

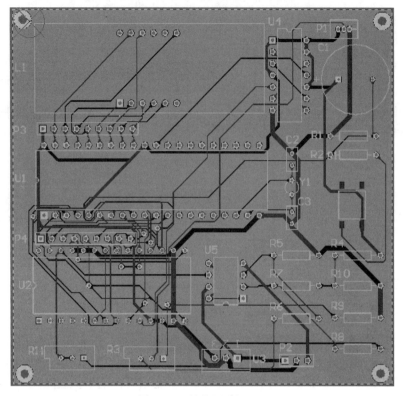

图 8-2 医用测温针 PCB

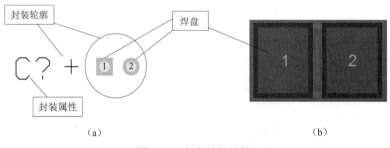

(a)   (b)

图 8-3 电容封装结构
(a) 插针式；(b) 贴片式

2. 封装尺寸的确定

封装的尺寸主要包括轮廓的尺寸和焊盘的尺寸，可以通过查看器件手册，根据俯视图、侧视图等确定轮廓和焊盘间距。但焊盘的大小除了与实际引脚有关外，还要考虑一定的余地。

（1）插针元件。一般焊盘和实物引脚的关系为：通孔直径=实物引脚直径+（0.12～0.25 mm）；焊盘直径=过孔直径+过孔直径×（20%～40%）。如图 8-4 所示为插针封装，其封装如图 8-5 所示，焊盘水平间距为 7.9 mm，垂直间距为 4.4 mm，引脚直径为 0.7 mm，所以取通孔 0.85 mm，焊盘直径为通孔的 1.4 倍，取 1.19 mm。

项目 8　医用测温针电路板设计

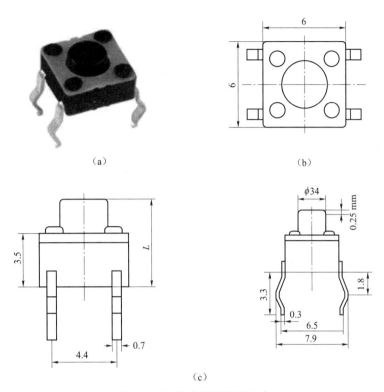

图 8-4　插针式按键外形尺寸
（a）实物；（b）外形尺寸；（c）引脚尺寸

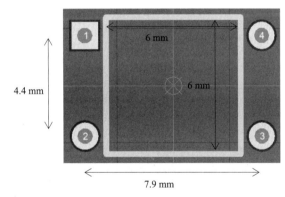

图 8-5　元件封装

（2）贴片元件。贴片元件焊盘只有长度和宽度，没有通孔。焊盘的长度 B（一般取 1.5～3 mm）等于引脚的长度 T，加上引脚内侧的延伸长度 b_1（为 0.05～0.6 mm），加上引脚外侧的延伸长度 b_2（为 0.25～1.5 mm），即 $B=T+b_1+b_2$，如图 8-6 所示；焊盘的宽度应等于或略大于引脚的跨度。图 8-7 所示为贴片按键，若 $L=10$ mm，其封装如图 8-8 所示，焊盘水平间距为 8.5 mm，垂直间距为 4.5 mm，焊盘长度 $B=0.9+0.3+0.3=1.5$ mm，宽度 $=0.7+0.1=0.8$ mm。

241

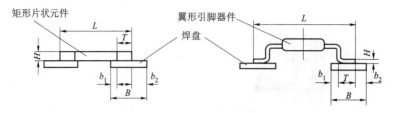

图 8-6 贴片元件焊盘设计

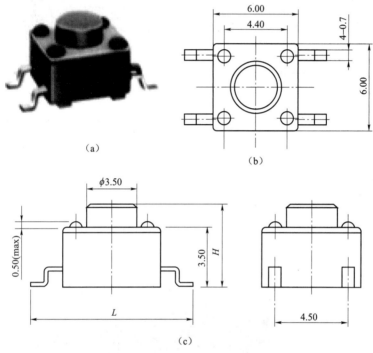

(a)

(b)

(c)

图 8-7 贴片按键外形尺寸
(a) 实物;(b) 外形尺寸;(c) 引脚尺寸

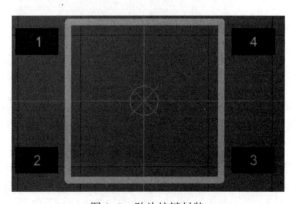

图 8-8 贴片按键封装

3. PCB 元件库的设计流程

PCB 元件封装一般以 PCB 元件库（.PcbLib）的集合形式保存起来，如图 8-9（a）所示。分析 8-9（a）所示的 PCB 元件库，PCB 元件库的制作流程如图 8-9（b）所示。

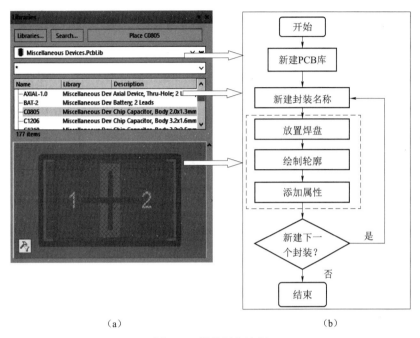

（a） （b）

图 8-9　封装制作流程

（a）PCB 库形式；（b）PCB 库制作流程

4. 封装的设计方法

PCB 元件库的制作过程中，封装的制作是关键。通常 PCB 封装的设计方法有两种：一种是通过元件向导，另一种是通过手工绘制。如果形状规则，可采用方法一；如果形状不规则，则可采用方法二。

本项目的完成主要包括创建项目文件、新建 PCB 元件库文件、制作封装、绘制原理图、设计 PCB 图，如图 8-10 所示，重点需解决以下几个问题：

图 8-10　PCB 制作流程图

（1）如何创建 PCB 库文件？
（2）如何制作封装？
（3）如何使用自己制作的封装？

8.3 项目实施

8.3.1 医用测温针 PCB 元件库制作

任务 1　新建项目文件

采用任何一种方法新建一个项目文件"医用测温针.PrjPcb"。

方法一：执行菜单命令【File】→【New】→【Project...】。

方法二：在"Files"面板上单击"Blank Project"选项。

任务 2　创建 PCB 元件库文件

新建一个 PCB 元件库文件"医用测温针.PcbLib"。

方法：Step1 执行菜单命令【File】→【New】→【Library】→【PCB

视频 12　PCB 封装制作及使用

Library】，系统建立默认名为"PcbLib1.PcbLib"的库文件，并自动进入 PCB 元件库编辑界面，同时在工作区面板中增加了一个新的工作面板"PCB Library"，如图 8–11 所示。或右击项目文件名，在弹出的快捷菜单中选择【Add New to Project】→【PCB Library】命令。

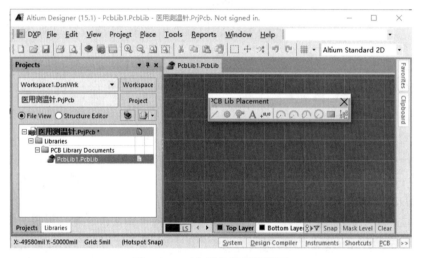

图 8–11　PCB 元件编辑器界面

Step2 保存 PCB 元件库。

执行菜单命令【File】→【Save】或【Save As】，在弹出的保存对话框中输入文件名"医用测温针"。

Step3 启动元件库编辑器。

单击"PCB Library"面板，或执行菜单命令【View】→【Workspace Panels】→【PCB】→【PCB Library】，打开 PCB 元件库管理器，系统自动生成了默认名为"PCBCOMPONENT_1"的元件，如图 8–12 所示。

任务 3　利用向导制作元件封装

采用向导方法制作标准元件 A/D 转换器封装"DIP28"，如图 8–13 所示。

项目 8 医用测温针电路板设计

图 8-12 PCB 库工作面板

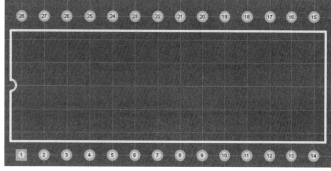

图 8-13 A/D 转换器封装

方法：Step1 打开"Component Wizard"对话框。执行菜单命令【Tools】→【Component Wizard...】，打开"PCB Component Wizard"对话框，如图 8-14 所示。

Step2 选择单位和封装模型。单击图 8-14 中的 **Next>** 按钮，进入"Component patterns"对话框，选择单位：Imperial（mil），如图 8-15 所示，用户可以在该对话框中选择元件封装的模式。

图 8-14 元件封装向导对话框

245

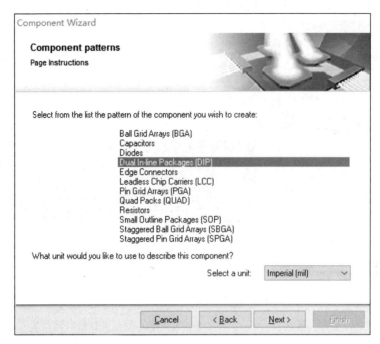

图 8-15　选择元件封装模型和尺寸单位对话框

Step3 设置焊盘尺寸。单击图 8-15 中的 **Next>** 按钮，进入"Dual In-line Packages（DIP）"对话框，设置焊盘的大小和通孔直径，如图 8-16 所示。

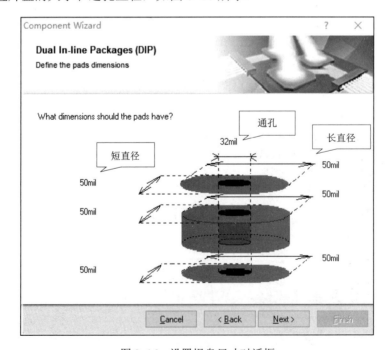

图 8-16　设置焊盘尺寸对话框

Step4 设置焊盘间距。单击图 8-16 中的 **Next>** 按钮，设置焊盘间间距，包括两列间距和相邻两焊盘间距，如图 8-17 所示。

项目 8　医用测温针电路板设计

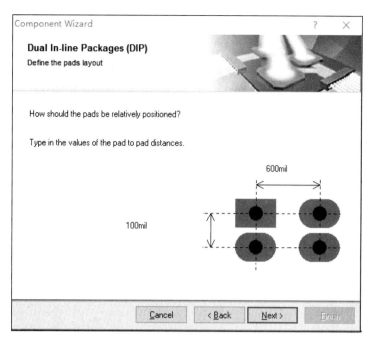

图 8-17　设置焊盘间距对话框

Step5 设置轮廓宽度。单击图 8-17 中的 **Next>** 按钮，设置元件封装轮廓宽度，如图 8-18 所示。

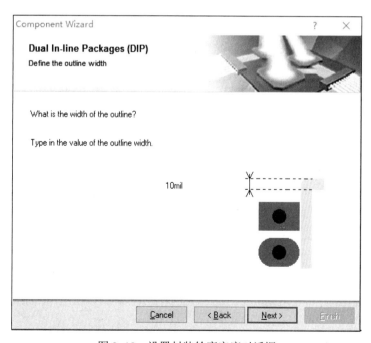

图 8-18　设置封装轮廓宽度对话框

Step6 设置元件封装焊盘数。单击图 8-18 中的 **Next>** 按钮，指定元件焊盘总数，如图 8-19 所示。

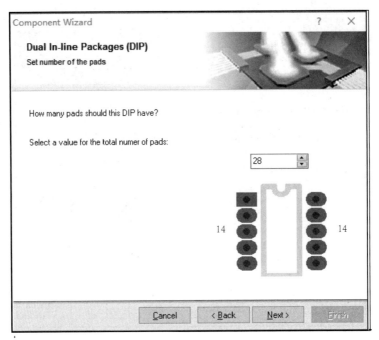

图 8-19　设置焊盘总数对话框

Step7 设置元件封装名称。单击图 8-19 中的 **Next>** 按钮，指定元件封装名称，如图 8-20 所示。

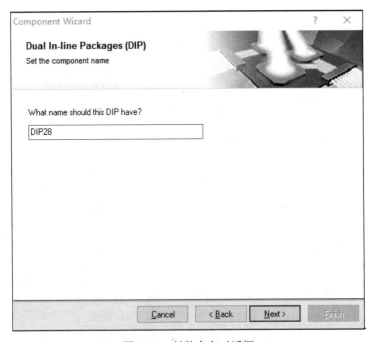

图 8-20　封装命名对话框

Step8 完成。单击图 8-20 中的 **Next>** 按钮，进入如图 8-21 所示的对话框，单击 **Finish** 按钮，封装制作完成。

图 8-21 完成对话框

任务 4 手工绘制元件封装

采用手工方法制作非标准元件温度传感器 DS18B20 的封装，如图 8-22 所示，焊盘大小为 40 mil×60 mil，通孔直径为 30 mil；焊盘水平间距为 50 mil；轮廓尺寸宽 240 mil，高 160 mil。

方法：Step1 创建新元件。执行菜单命令【Tools】→【New Blank Component】，系统自动生成一个名为"Component_1"的新的元件封装。

Step2 命名新元件。执行菜单命令【Tools】→【Component Properties】，或在"PCB Library"工作面板双击"Component_1"名称，即弹出 PCB 元件属性对话框，在"Name"栏中输入新的名字"DS18B20"，如图 8-23 所示。

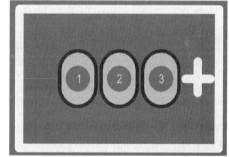

图 8-22 DS18B20 的封装

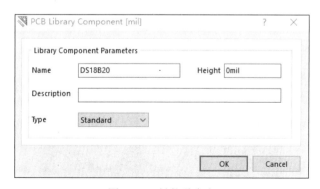

图 8-23 封装重命名

Step3 放置焊盘。执行菜单命令【Place】→【Pad】,按"Tab"键,弹出焊盘属性对话框,如图 8-24 所示。

图 8-24 焊盘属性对话框

Step4 设置参考点。执行菜单命令【Edit】→【Set Reference】→【Location】,选择焊盘 2 为参考原点。

Step5 确定焊盘位置。执行菜单命令【Place】→【Pad】,按"J""L"键盘命令,在弹出的坐标对话框中输入坐标(-50,0),按回车键确定焊盘 1 的位置。再按"J""L"键盘命令,在弹出的坐标对话框中输入坐标(50,0),按回车键确定焊盘 3 的位置,如图 8-25 所示。同时焊盘的位置也可以通过焊盘属性对话框中"Location"栏修改 X 和 Y 的值来设置。

图 8-25 放置 3 个焊盘

项目 8 医用测温针电路板设计

Step6 绘制元件封装的轮廓。切换工作层到"Top Overlay",执行菜单命令【Place】→【Line】或单击 按钮,按"J""L"键,依次输入坐标(-120,80),(120,80),(120,-80),(-120,-80),(-120,80),如图 8-26 所示。

图 8-26 绘制封装轮廓

Step7 绘制元件封装说明符号。切换工作层到"Top Overlay",执行菜单命令【Place】→【Line】或单击 按钮,如图 8-27 所示。

任务 5 利用向导生成再作修改

采用向导和手工方法制作按键封装 KEY,如图 8-28 所示,焊盘大小为 1.19 mm×1.19 mm,通孔直径为 0.85 mm;焊盘 1 和 2 垂直间距为 4.4 mm,焊盘 1 和 4 水平间距为 7.9 mm。

图 8-27 绘制说明符号

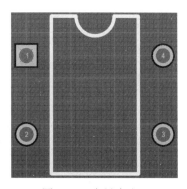

图 8-28 向导生成

方法:Step1 利用向导法生成 KEY 的封装。焊盘大小为 1.19 mm×1.19 mm,通孔直径为 0.85 mm;焊盘 1 和 2 垂直间距为 4.4 mm,焊盘 1 和 4 水平间距为 7.9 mm;焊盘个数为 4,名称命名为"KEY",如图 8-29 所示。

Step2 修改封装。

① 更换坐标原点。执行菜单命令【Edit】→【Set Reference】→【Center】。

② 修改轮廓。切换工作层到"Top Overlay",执

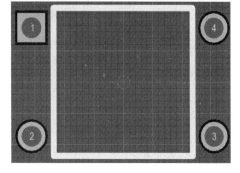

图 8-29 按键封装 KEY

行菜单命令【Place】→【Line】或单击 按钮，按"J""L"键，依次输入坐标（−3，3），（−3，−3），（3，−3），（3，3），修改后如图 8−28 所示。

任务 6　绘制贴片元件封装

绘制按键贴片元件封装，如图 8−8 所示。

方法： Step1 创建新元件，命名为"KEY−SMT"。执行菜单命令【Tools】→【New Blank Component】，双击后重新命名。

Step2 放置焊盘。把工作层切换至"Top Layer"，执行菜单命令【Place】→【Pad】，按"Tab"键，修改焊盘属性，焊盘长度为 1.5 mm，宽度为 0.8 mm。设置焊盘 1 为坐标原点，按"J""L"键，按如图 8−30 所示放置其他 3 个焊盘。

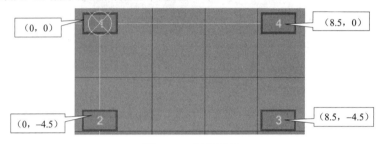

图 8−30　焊盘坐标

Step3 绘制轮廓。

① 更换坐标原点。执行菜单命令【Edit】→【Set Reference】→【Center】。

② 绘制轮廓。切换工作层到"Top Overlay"，执行菜单命令【Place】→【Line】或单击 按钮，按"J""L"键，依次输入坐标（−3，3），（−3，−3），（3，−3），（3，3），如图 8−31 所示。

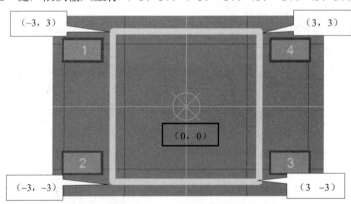

图 8−31　轮廓坐标

 实践技巧

（1）元件封装设计时必须注意元件的轮廓设计，元件的外形轮廓一般放在丝印层上，要与实际元件的轮廓大小一致。如果元件的外形轮廓画得太大，浪费空间；如果画得太小，元件可能无法安装。

（2）元件引脚粗细和相对位置也是必须考虑的问题。

（3）还要注意器件外形和焊盘位置之间的相对位置。因为常常有这种情况：器件外形容易量，焊盘分布也容易量，可是这二者的相对位置却难以准确测量。

（4）元件封装设计时还要注意引脚焊盘的设计：

① 直插式焊盘放在多层"Multi-layer"，贴片式焊盘放在"Top Layer"层。

② 设计直插式焊盘的重要尺寸有：焊盘的内径、外径、横向及纵向间距。

③ 设计贴片式焊盘的重要尺寸有：焊盘的长、宽、横向及纵向间距。

提示：注意公英制的转换，它们之间的转换关系为：1 inch＝1 000 mil＝25.4 mm。

8.3.2 医用测温针原理图绘制

任务1 新建原理图文件

采用任何一种方法新建原理图文件"遥控小车驱动器.SchDoc"。

方法一：执行菜单命令【File】→【New】→【Schematic】。

方法二：在"Files"面板上单击"Schematic Sheet"选项。

任务2 加载元件库

加载集成库"Miscellaneous Devices.IntLib""Miscellaneous Connectors.IntLib""Philips Microcontroller 8-Bit.IntLib""NSC Converter Analog to Digital.IntLib""NSC Logic Flip-Flop.IntLib"和"NSC Analog Comparator.IntLib"。

方法一：单击原理图编辑器界面的"Libraries"工作面板中的"Libraries..."进行添加。

方法二：执行菜单命令【Design】→【Add/Remove Library...】。

任务3 绘制原理图

按图 8-1 绘制医用测温针原理图，元件属性见表 8-1。

表 8-1 元件属性

Library Ref（元件库名称）	Library Name（库）	Designator（元件标识）	Footprint（封装）	Comment（注释）	Value（值）
P80C31SBPN	Philips Microcontroller 8-Bit.IntLib	U1	DIP-40	AT89C51	
Cap Pol1	Miscellaneous Devices.IntLib	C1	RB7.6-15		10 μF
Cap		C2～C3	RAD-0.1		30 pF
MHDR1X12		L1	LEDDIP-12	SEGX3	
Header 3		P1	DS18B20（自制）	DS18B20	
Header 3	Miscellaneous Connectors.IntLib	P2	HDR1X3	Header 3	
Header 9		P3	HDR1X9	Header 9	
Header 9		P4	HDR1X9	Header 9	
Res2		R1	AXIAL-0.4		10K
Res2		R2	AXIAL-0.4		220
Res Tap	Miscellaneous Devices.IntLib	R3	VR4		2K
Res2		R4	AXIAL-0.4		3K
Res2		R5	AXIAL-0.4		30K

续表

Library Ref （元件库名称）	Library Name （库）	Designator （元件标识）	Footprint （封装）	Comment （注释）	Value （值）
Res2	Miscellaneous Devices.IntLib	R6	AXIAL–0.4		15K
Res2		R7	AXIAL–0.4		15K
Res2		R8	AXIAL–0.4		30K
Res2		R9	AXIAL–0.4		10K
Res2		R10	AXIAL–0.4		3K
Res Tap		R11	VR4		100K
SW–DPST		S1	KEY–SMT（自制）	SW–DPST	
XTAL		Y1	R38	12M	
Volt Reg		U3	TO–220–AB	7805	
ADC0808CCJ	NSC Converter Analog to Digital.IntLib	U2	DIP28（自制）	ADC0809	
54AC74DMQB	NSC Logic Flip–Flop.IntLib	U4	J14A	74LS74	
LMC7221BIN	NSC Analog Comparator.IntLib	U5	DIP–8	LM741	

任务4　放置 ERC 忽略点

给 U2 元器件的 IN1~IN7 放置 ERC 检查忽略标志，编译时这些引脚就不会因为没有连线而报错。

方法：执行菜单命令【Place】→【Directives】→【Generic　No ERC】或者单击工具栏中的 × 按钮。

任务5　原理图验证

方法：Step1 设置自动检查规则。执行菜单命令【Project】→【Project Options...】。

Step2 原理图编译。执行菜单命令【Project】→【Compile PCB Project 医用测温针.PrjPCB】。

Step3 原理图修正。若原理图编译后，弹出"Messages"面板，则修正其中的错误，直至编译无误。

任务6　原理图信息输出

方法：Step1 生成网络表。执行菜单命令【Design】→【Netlist For Project】→【PCAD】。

Step2 生成元器件报表。执行菜单命令【Reports】→【Bill of Materials】。

Step3 输出 PDF 格式原理图。执行菜单命令【File】→【Smart PDF...】。

8.3.3　医用测温针 PCB 制作

任务1　新建 PCB 文件

采用任何一种方法新建一个 PCB 文件"医用测温针.PcbDoc"，电路板的大小为 88 mm× 84 mm。

方法一：手动创建，执行菜单命令【File】→【New】→【PCB】或在"Files"面板上单击"PCB File"选项。

方法二：利用向导创建，在"Files"面板上单击"PCB Board Wizard..."选项。

任务 2 设置工作层

任务：设置双面板工作层。

方法一：执行菜单命令【Design】→【Board Layer and Color...】，弹出"Board Layer and Color"对话框。

方法二：在 PCB 编辑窗口单击鼠标右键，在弹出的快捷菜单中执行【Options】→【Board Layer and Color...】命令。

任务 3 加载网络表

方法：Step1 加载元件封装库。若采用集成库，则在原理图中已加载，无须再加载；若元件封装属性采用单独的封装库，则需要再加载。

Step2 导入网络表信息到 PCB 图。

方法一：在 PCB 设计界面，执行菜单命令【Design】→【Import Changes From 医用测温针.PrjPCB】。

方法二：在原理图界面，使用同步设计器，执行菜单命令【Design】→【Update PCB Document 医用测温针.PcbDoc】。

任务 4 PCB 布局

参考图 8-32 整体布局 PCB。

方法一：手工布局。

方法二：自动布局加手工调整。

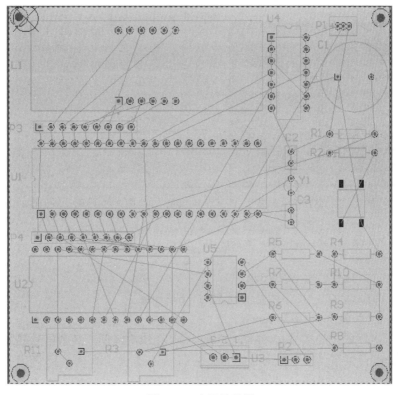

图 8-32 布局效果图

任务 5 同步更新原理图与 PCB 图

PCB 布局后，若需要修改元件的封装，可以直接在 PCB 图界面修改，也可以在原理图界面修改。例如，把 R3 和 R11 的封装从原来的"VR4"改为"VR5"。

方法一：Step1 在原理图界面修改元件属性。打开原理图文件"医用测温针.SchDoc"，双击 R3 和 R11 元件，把它们的封装属性改为"VR5"。

Step2 在原理图界面可执行菜单命令【Design】→【Update PCB Document 医用测温针.PcbDoc】，或在 PCB 设计界面执行菜单命令【Design】→【Import Changes From 医用测温针.PrjPCB】，PCB 图中的封装已修改完毕。

方法二：Step1 在 PCB 图界面修改封装。双击 R3 和 R11，在打开的属性对话框修改封装。

Step2 在 PCB 设计界面执行菜单命令【Design】→【Update Schematics .PrjPCB】，更新原理图。

任务 6 同步更新 PCB 图与 PCB 库

把温度传感器 DS18B20 的封装改成如图 8–33 所示，则可以采用同步更新的方法。

方法：Step1 修改封装。打开 PCB 库文件"医用测温针.PcbLib"，在"PCB Library"工作面板找到 DS18B20 元件，修改如图 8–33 所示。

Step2 更新 PCB 元件。执行菜单命令【Tools】→【Update PCB With Current Footprint】，弹出更新元件确认对话框，如图 8–34 所示，单击 OK 按钮，PCB 图中的封装已修改完毕。

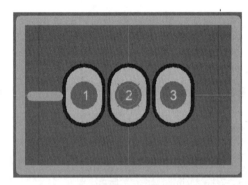

图 8–33 修改后的 DS18B20 封装

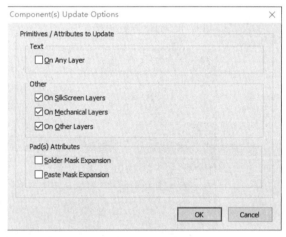

图 8–34 确认对话框

任务 7 PCB 布线

设置布线规则如下：

（1）GND 网络的线宽为 1.016 mm。

（2）设定 V9F、V9Z、VCC 网络的线宽为 0.635 mm。

（3）其余信号线线宽为 0.254 mm。

（4）设定 GND 的优先级最高，V9F、V9Z、VCC 依次降低，其余信号线优先级最低。

方法：Step1 设置布线规则。执行菜单命令【Design】→【Rules...】，弹出 PCB 规则和约束编辑器对话框，单击"Routing"选项卡。

Step2 自动布线。执行菜单命令【Auto Route】→【Net】，布电源线和接地线，再执行菜单命令【Auto Route】→【All】，布线结果如图 8-35 所示。

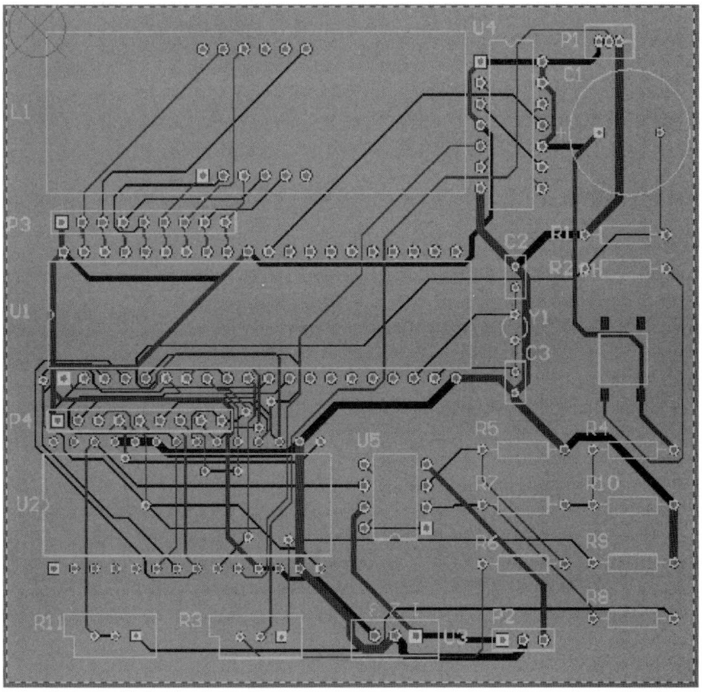

图 8-35　自动布线

任务 8　放置安装孔

在电路板四角安防螺丝安装孔，如图 8-36 所示。

方法：执行菜单命令【Place】→【Via】或单击配线工具栏 按钮，按"Tab"键，弹出属性对话框，如图 8-37 所示。设置过孔的"Diameter"（直径）和"Hole Size"（孔径）值，单击 **OK** 按钮，鼠标变成十字光标，在电路板的四个角落放置安装孔。

任务 9　PCB 后续处理

Step1 补泪滴。执行菜单命令【Tools】→【Teardrops...】。

Step2 覆铜。执行菜单命令【Place】→【Polygon Pour...】，或单击配线工具栏 按钮。

任务 10　输出 PCB 报表

生成 PCB 报表，包括生成 PCB 板信息、生成元器件报表、生成网络状态报表。

方法：Step1 生成 PCB 板信息。执行菜单命令【Report】→【Board Information】。

Step2 生成元器件报表。执行菜单命令【Report】→【Bill of Materials】

Step3 生成网络状态报表。执行菜单命令【Report】→【Netlist Status】。

任务 11　输出 Gerber 文件和钻孔文件

本项目的双面板 Gerber 文件包含：顶层线路(.GTL)、底层线路(.GBL)、顶层阻焊(.GTS)、底层阻焊（.GBS)、顶层字符（.GTO）和边框（.GKO）。

方法：Step1 光绘文件。执行菜单命令【File】→【Fabrication Outputs】→【Gerber Files】。

Step2 钻孔文件。执行菜单命令【File】→【Fabrication Outputs】→【NC Drill Files】。

Step3 装配文件。执行菜单命令【File】→【Assembly Outputs】→【Assembly Drawings】。

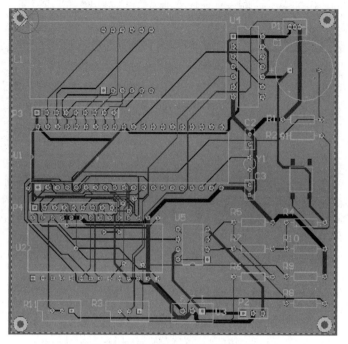

图 8-36 放置螺丝安装孔效果图

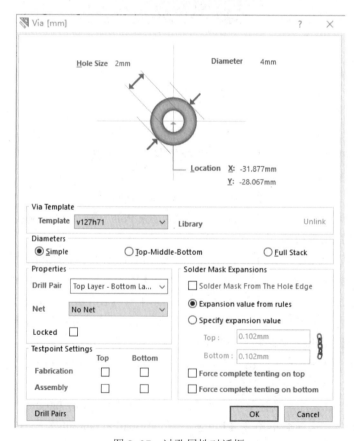

图 8-37 过孔属性对话框

8.4 测 试

8.4.1 巩固测试——八路抢答器

子项目一：制作八路抢答器 PCB 元件库

任务 1　新建项目文件

新建一个项目文件"八路抢答器.PrjPCB"。

任务 2　新建 PCB 库文件

新建 PCB 库文件"八路抢答器.PcbLib"。

任务 3　制作 PCB 库元件封装

（1）制作数码管封装。命名为"SEG"，焊盘大小为 100 mil×60 mil，通孔为 30 mil；焊盘 1 和 2 垂直间距为 100 mil，1 和 10 的水平间距为 800 mil，如图 8–38 所示。

（2）制作按键封装。命名为"Button"，焊盘大小为 80 mil×80 mil，通孔为 50 mil；焊盘 1 和 2 水平间距为 200 mil，1 和 3 的垂直间距为 300 mil；轮廓宽为 300 mil，高为 400 mil，如图 8–39 所示。

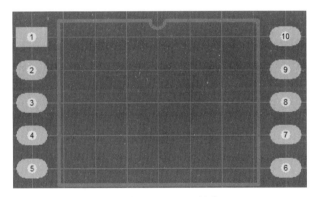
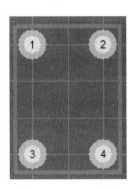

图 8–38　SEG 封装　　　　　　　图 8–39　Button 封装

子项目二：绘制八路抢答器原理图

任务 1　新建声光控灯原理图

新建原理图文件"八路抢答器.SchDoc"。

任务 2　加载集成库

加载集成库"Miscellaneous Connectors .IntLib""Miscellaneous Devices .IntLib""NSC Analog Timer Circuit.IntLib""TI Interface Display Driver.IntLib"和"八路抢答器.PcbLib"。

任务 3　绘制原理图

绘制原理图如图 8–40 所示，元件属性见表 8–2。

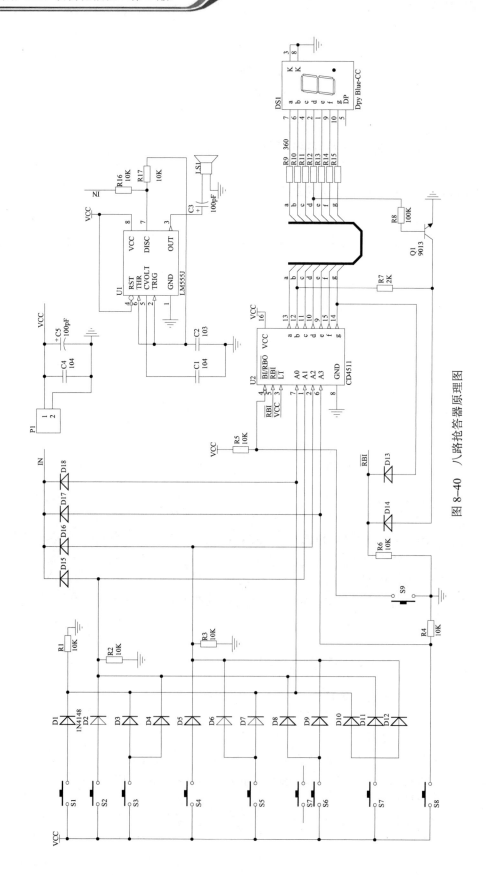

图 8-40 八路抢答器原理图

表8-2 八路抢答器元件属性

Library Ref（元件库名称）	Library Name（库）	Designator（元件标识）	Footprint（封装）	Comment（注释）	Value（值）
Header 2	Miscellaneous Connectors.IntLib	P1	HDR1X2	Header 2	
Res2	Miscellaneous Devices.IntLib	R1～R6	AXIAL-0.3		10K
Res2		R7	AXIAL-0.3		2K
Res2		R8	AXIAL-0.3		100K
Res2		R9～R15	AXIAL-0.3		360
Cap Pol1		C3，C5	CAPPR2-5x6.8		100 pF
Cap		C1，C4	RAD-0.1		104
Cap		C2	RAD-0.1		103
Diode 1N4148		D1～D18	DIODE-0.4	1N4148	
SW-PB		S1～S9	Button（自制）		
2N3904		Q1	TO-92A	9013	
Speaker		LS1	PIN2		
Dpy Blue-CC		DS1	SEG（自制）		
LM555J	NSC Analog Timer Circuit.IntLib	U1	J08A		LM555J
SN54LS48J	TI Interface Display Driver.IntLib	U2	J016	CD4511	

子项目三：制作八路抢答器 PCB

任务1 新建 PCB 文件

利用向导或手工新建一个 PCB 文件"八路抢答器.PcbDoc"。要求：

（1）单位选择"Imperial"。

（2）电路板为双面板。

（3）电路板形状为方形，电路板尺寸为 3 100 mil×4 100 mil，禁止电气边界尺寸为 3 000 mil×4 000 mil，并且标注尺寸。

任务2 加载网络表并手工布局

手工布局效果图如图 8-41 所示。

任务3 设置布线规则

（1）线宽规则。

① 设定 VCC 网络的线宽为 30 mil，GND 网络的线宽为 40 mil，其余信号线线宽 15 mil。

② 设定 GND 的优先级最高，VCC 依次降低，其余信号线优先级最低。

（2）布线层规则。选中"Bottom Layer"和"Top Layer"，双面布线。

（3）布线拐角模式：Rounded。

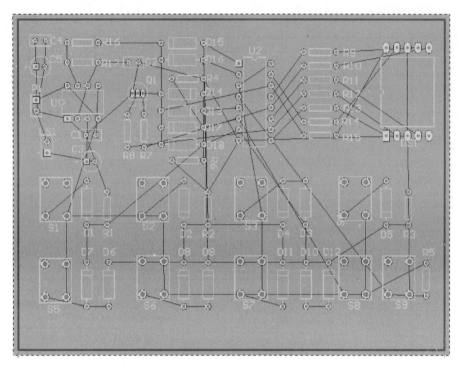

图 8-41 手工布局

任务 4　自动布线

先进行电源线和地线的预处理布线,如图 8-42 所示,然后进行全局布线,如图 8-43 所示。

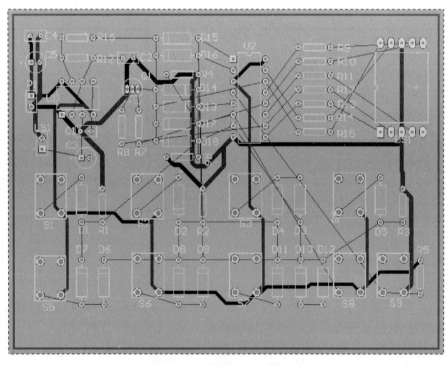

图 8-42　电源线、地线预处理

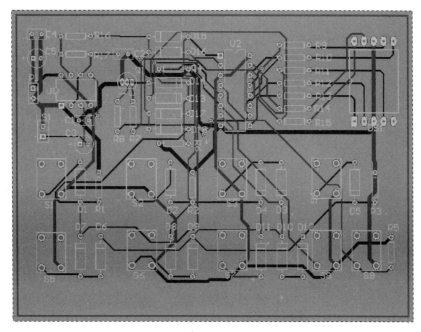

图 8-43　全局布线

8.4.2　提高测试——有害气体报警器

子项目一：制作有害气体报警器 PCB 元件库

（1）新建一个项目文件"有害气体报警器.PrjPCB"，新建 PCB 库文件"有害气体报警器 PcbLib"。

（2）制作发光二极管封装。命名为"LED"，焊盘大小为 1.4 mm×1.4 mm，通孔为 0.85 mm；焊盘 1 和 2 水平间距为 2.5 mm；轮廓外圆半径为 2.4 mm，如图 8-44 所示。

（3）制作电解电容封装。命名为"电解电容"，焊盘大小为 1.4 mm×1.4 mm，通孔为 0.75 mm；焊盘 1 和 2 水平间距为 3.5 mm；轮廓外圆半径为 3.6 mm，如图 8-45 所示。

（4）制作二极管封装。命名为"二极管"，焊盘大小为 1.5 mm×1.5 mm，通孔为 0.85 mm；焊盘 1 和 2 距离为 7.5 mm，如图 8-46 所示。

（5）制作三极管封装。命名为"三极管"，焊盘大小为 1.5 mm×1.5 mm，通孔为 0.85 mm；焊盘 1 和 2 垂直间距为 1.8 mm，水平间距为 1.8 mm；焊盘 3 和 2 垂直间距为 1.8 mm，水平间距为 1.8 mm；半圆半径为 3.5 mm，如图 8-47 所示。

（6）制作气敏传感器封装。命名为"气敏传感器"，焊盘大小为 1.5 mm×1.5 mm，通孔为 0.8 mm；焊盘 4 和 1 垂直间距为 1.5 mm，焊盘 5 和 4 水平对称，焊盘 2 和 3 与 4 和 5 垂直对称；外圆半径为 5.6 mm，内圆半径为 3.7 mm，如图 8-48 所示。

（7）制作继电器封装。命名为"继电器"，焊盘大小为 2 mm×2 mm，通孔为 1.5 mm；焊盘 1 和 4 的垂直间距为 2 mm，4 和 5 的垂直间距为 7.5 mm，4 和 2 的水平间距为 7.8 mm；边框高 11.5 mm，宽 13.8 mm，如图 8-49 所示。

（8）制作语言芯片贴片封装。命名为"语言芯片"，1 号焊盘大小为 1.5 mm×0.8 mm，2、

5、7号焊盘大小为1.2 mm×0.8 mm，3、4、6、9、10号焊盘大小为0.6 mm×0.8 mm，8号焊盘为1.8 mm×0.8 mm，1、2水平间距为2.54 mm，1、3水平间距为4.54 mm，1、4水平间距为5.54 mm，1、5水平间距为6.54 mm，1、6水平间距为7.54 mm，1、7水平间距为8.54 mm，1、8水平间距为11 mm，1、9垂直间距为7.62 mm，9、10水平间距为2 mm，边框为20.32 mm×10.16 mm，如图8-50所示。

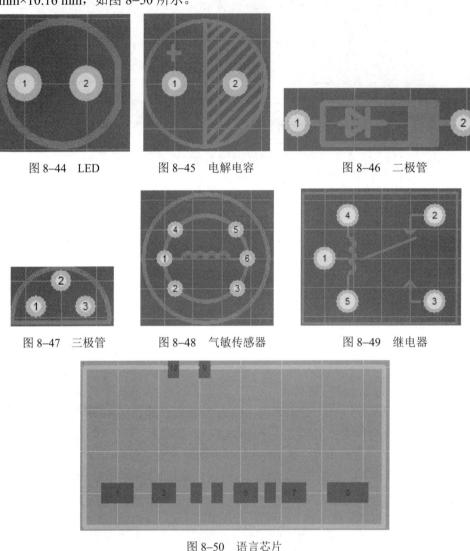

图8-44　LED　　　　图8-45　电解电容　　　　图8-46　二极管

图8-47　三极管　　　图8-48　气敏传感器　　　图8-49　继电器

图8-50　语言芯片

子项目二：绘制有害气体报警器原理图

（1）新建原理图文件"有害气体报警器.SchDoc"。

（2）加载集成库。加载集成库"Miscellaneous Devices.IntLib""Miscellaneous Connectors.IntLib""NSC Power Mgt Voltage Regulator.IntLib""TI Operational Amplifier.IntLib"和"有害气体报警器.PcbLib"。

（3）绘制原理图。原理图如图8-51所示，元件属性见表8-3。

项目 8　医用测温针电路板设计

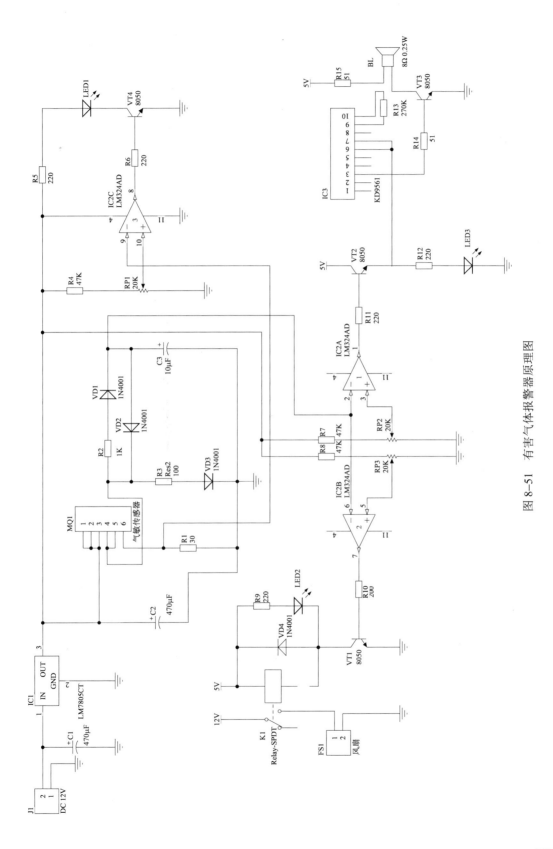

图 8-51　有害气体报警器原理图

表 8–3 元件属性

Library Ref（元件库名称）	Library Name（库）	Designator（元件标识）	Footprint（封装）	Comment（注释）	Value（值）
Speaker		BL	HDR1X2	8 Ω 0.25 W	
Cap Pol1		C1	电解电容		470 μF
Cap Pol1		C2	电解电容		470 μF
Cap Pol1	Miscellaneous Devices.IntLib	C3	CAPPR1.5–4x5		10 μF
Relay–SPDT		K1	继电器	Relay–SPDT	
LED0		LED1	LED（自制）		
LED0		LED2	LED（自制）		
LED0		LED3	LED（自制）		
Header 2		J1	HDR1X2	DC 12V	
Header 10	Miscellaneous Connectors.IntLib	IC3	语言芯片（自制）	KD9561	
MHDR1X2		FS1	HDR1X2	风扇	
Header 6		MQ1	气敏传感器	气敏传感器	
Res2		R1	AXIAL–0.3		30
Res2		R2	AXIAL–0.3		1K
Res2		R3	AXIAL–0.3		100
Res2		R4	AXIAL–0.3		47K
Res2		R5	AXIAL–0.3		220
Res2		R6	AXIAL–0.3		220
Res2		R7	AXIAL–0.3		47K
Res2		R8	AXIAL–0.3		47K
Res2	Miscellaneous Devices.IntLib	R9	AXIAL–0.3		220
Res2		R10	AXIAL–0.3		200
Res2		R11	AXIAL–0.3		220
Res2		R12	AXIAL–0.3		220
Res2		R13	AXIAL–0.3		270K
Res2		R14	AXIAL–0.3		51
Res2		R15	AXIAL–0.3		51
RPot		RP1～RP3	VR5		20K
Diode 1N4001		VD1～VD4	二极管（自制）		
2N3904		VT1～VT4	三极管（自制）	8050	
LM7805CT	NSC Power Mgt Voltage Regulator.IntLib	IC1	TO–220–AB	LM7805CT	
LM324AD	TI Operational Amplifier.IntLib	IC2	DIP–14	LM324AD	

子项目三：制作有害气体报警器 PCB

（1）新建一个 PCB 文件"有害气体报警器.PcbDoc"。要求：

① 单位选择"Metric"。

② 设置电路板形状为方形，电路板尺寸为 105 mm×48 mm，放置尺寸的层为机械层 4，与板边缘距离为 1.5 mm，并且只显示尺寸标注。

③ 选择电路板层，信号层为 2 层，内部电源层为 0 层。

④ 选择过孔风格，只显示通孔。

⑤ 选择元件和布线逻辑，选择通孔元件。

（2）设置布线规则，双面布线，要求电源线线宽 0.3 mm，地线线宽 0.6 mm，一般导线线宽 0.15 mm。

（3）布线。电源线地线预布线，然后再全局布线。

（4）补泪滴，并且双面覆铜。

（5）输出 Gerber 文件。

提 高 篇

通过前面基础篇、初级篇、进阶篇和深入篇的学习，读者已基本掌握了原理图绘制、PCB 设计技能。本篇将在此基础上，通过"LED 驱动电源电路板设计"和"多路可控电流电路板设计"两个项目，介绍一些高级应用和实际操作技巧，能力培养目标为：

（1）掌握原理图模板的制作和调用。
（2）了解原理图元件库的高级应用：
① 用模型管理器为元件添加封装；
② 检查元件并生成报表；
③ 快捷键的设置和应用。
（3）了解 PCB 集成库的创建。
（4）了解原理图绘制的高级应用：
① 在"SCH Inspector"或"List"面板中编辑对象；
② 元器件封装检查。
（5）了解 PCB 设计的高级应用：
① 多通道原理图的绘制；
② 四层板工作层的设置；
③ PCB 的元件重叠布局；
④ 原理图信息与 PCB 信息的一致性。
（6）综合应用：
① 熟练原理图元件库设计技能；
② 熟练 PCB 元件库设计技能；
③ 熟练原理图设计技能；
④ 熟练 PCB 设计技能。

项目 9
LED 驱动电源电路板设计

9.1 项目导入

随着中国经济的快速发展，对能源的需求日益扩大，能源短缺问题已经成为影响中国经济快速发展的一个重要问题，充分开发利用太阳能是世界各国政府可持续发展的能源战略决策。LED 节能灯是照明领域节能技术的应用，具有环保节能的双重优势。LED 照明是当前世界上最先进的照明技术，是继白炽灯、荧光灯、高强度气体放电灯之后的第四代光源，具有结构简单、效率高、重量轻、安全性能好、无污染、免维护和寿命长、可控性能强等特征，被认为是照明领域节电降能耗的最佳实现途径。本项目设计一款 LED 驱动电源，图 9-1 所示为 LED 驱动电源原理图，图 9-2 所示为 LED 驱动电源 PCB 图。

9.2 项目分析

本项目为开关电源的一个典型高频信号电路设计，其 PCB 导向周围会产生电磁场，而这个电磁场成为了其他电路的干扰信号。因此在 PCB 设计过程中，除了遵循一般的 PCB 设计原则外，还有电源设计的特殊原则。

（1）PCB 尺寸原则。PCB 尺寸不宜过大也不宜过小，过大就会导致导线过长，降低了抗干扰能力；过小，元器件就比较密集，不宜散热。

（2）PCB 布局原则。分析原理图，电源的布局顺序一般要符合功率流，具体体现在：放置输入电流源回路和输入滤波器→放置电源开关电流回路→放置连接到交流电源电路的控制电路→放置输出整流器电流回路。

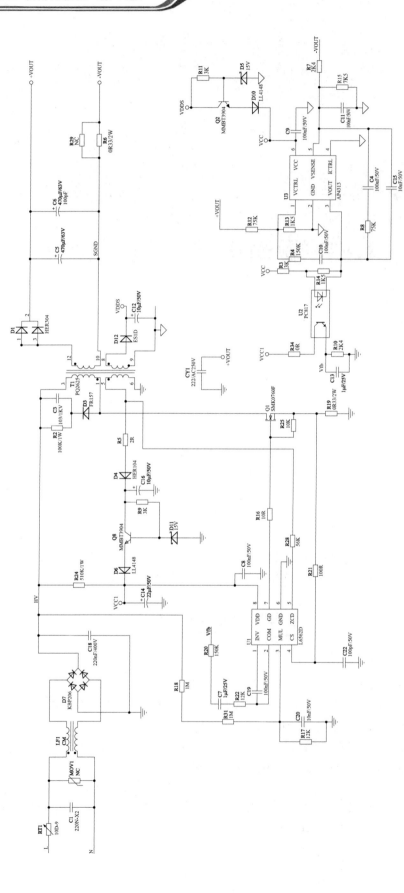

图 9-1 LED 驱动电源原理图

项目 9　LED 驱动电源电路板设计

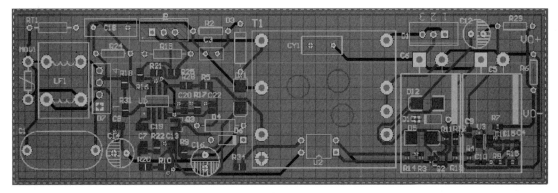

图 9-2　LED 驱动电源 PCB 图

（3）PCB 布线原则。信号地和功率地尽可能分离；导线尽可能粗。

同时在实际的电路设计中，一般会根据电路本身来设计原理图元件和 PCB 元件。而集成库既包含了原理图元件库的功能，又包含了 PCB 元件库的功能。因此，在实际中可以设计成集成库，它具有以下优点：

① 便于其他项目共享。

② 便于管理，特别是元件引脚和焊盘编号的对应关系。

设计集成库的流程主要包含新建原理图元件库、绘制原理图元件、新建 PCB 元件库、制作封装、新建集成库文件包、添加库文件和生成集成库文件等步骤，如图 9-3 所示。

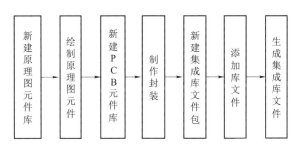

图 9-3　制作集成库文件操作流程

本项目的完成主要包括创建项目文件、新建 PCB 元件库、制作封装、绘制原理图、设计 PCB，如图 9-4 所示，重点需解决以下几个问题：

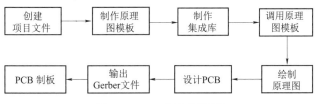

图 9-4　PCB 制作流程图

（1）如何制作原理图模板？

（2）如何设计集成库并应用？

（3）如何设计开关电源的 PCB 图？

9.3 项目实施

9.3.1 原理图模板制作

任务 1　创建原理图模板文件

创建原理图模板，命名为"Mydot .SchDot"。

方法：Step1 新建项目文件"LED 球泡灯.PrjPCB"。

Step2 新建原理图文件。执行菜单命令【File】→【New】→【Schematic】或在"Files"面板上单击"Schematic Sheet"选项。

Step3 保存。执行菜单命令【File】→【Save】，输入名称，并选择后缀名为".SchDot"，如图 9-5 所示。

视频 13　原理图模板制作及应用

任务 2　设置原理图模板属性

图纸大小为 A4，水平放置，工作区域颜色为 18 号，边框颜色为 3 号色。

方法：执行菜单命令【Design】→【Document Options】，或在原理图编辑窗口单击鼠标右键，在弹出的快捷菜单中执行【Options】→【Document Options...】或【Document Parameters...】或【Sheet...】命令。

任务 3　绘制自定义标题栏

绘制如图 9-6 所示的自定义标题栏，其中外边框为中号直线，颜色为 3 号，文字大小为"14"，字体为宋体。

图 9-5　新建原理图模板文件

公司	*		
地址	*		
文档名	*		
文档编号	*	文档总数	*
设计者	*	设计时间	*

图 9-6 标题栏

方法：Step1 设置文档选项属性。执行菜单命令【Design】→【Documents Options】，在"Options"一栏中取消图纸明细表复选框，如图 9-7 所示。

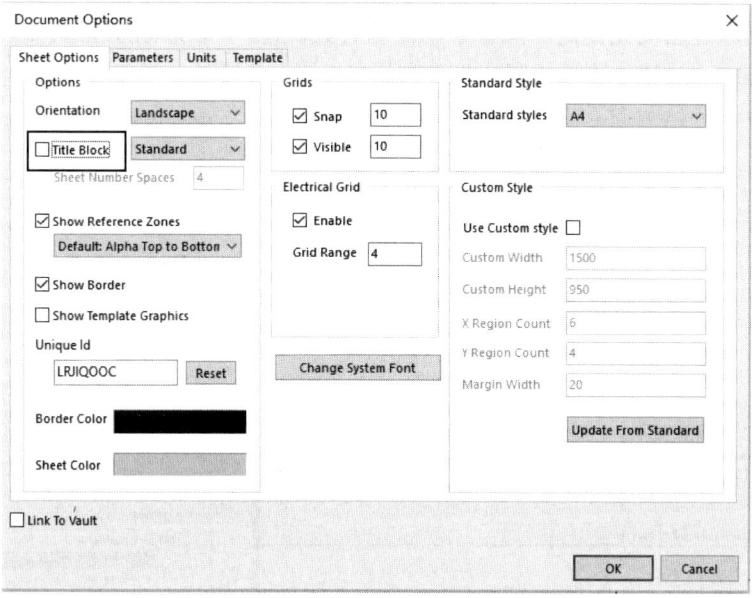

图 9-7 取消图纸明细表复选框

Step2 绘制标题栏表格，如图 9-8 所示，其中外边框直线为中号直线，颜色为 3 号。执行菜单命令【Place】→【Drawing Tools】→【Line】。

Step3 设置标题栏标题，如图 9-9 所示，其中字体为宋体，大小为"14"。执行菜单命令【Place】→【Text String】。

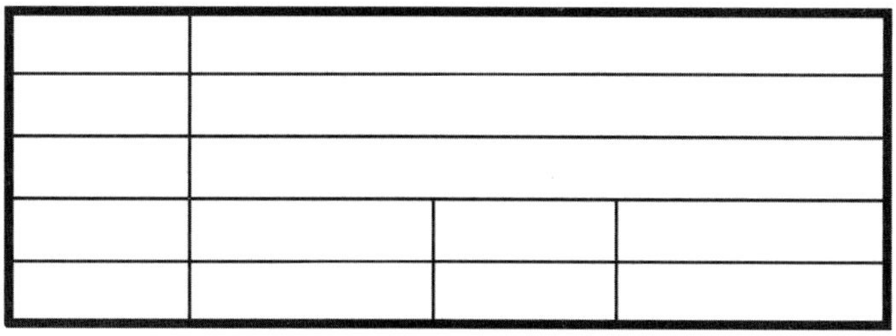

图 9-8 绘制标题栏表格

公司	
地址	
文档名	
文档编号	文档总数
设计者	设计时间

图 9-9 标题栏标题

Step4 输入参数变量，如图 9-10 所示，其中字体为宋体，大小为 "12"。执行菜单命令【Place】→【Text String】，按 "Tab" 键修改属性，如图 9-11 所示。

Step5 设置原理图优先设定。执行菜单命令【Tools】→【Schematic Preference…】，选择 "Convert Special Strings"，结果如图 9-12 所示。

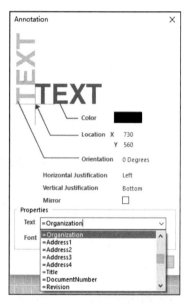

公司	=Organization		
地址	=Address1		
文档名	=Title		
文档编号	=SheetNumber	文档总数	=SheetTotal
设计者	=DrawnBy	设计时间	=date

图 9-10 输入参数变量

图 9-11 输入参数变量属性对话框

9.3.2 开关电源集成库设计

任务 1 制作原理图元件库

制作原理图元件 L6562D、AP4313 和 PQ2625，具体要求如下：

（1）命名为 "L6562D"，默认元件编号为 "U？"，元件注释为 "L6562D"，如图 9-13 所示。

（2）命名为 "AP4313"，默认元件编号为 "U？"，元件注释为 "AP4313"，如图 9-14 所示。

（3）命名为 "PQ2625"，默认元件编号为 "T？"，元件注释为 "PQ2625"，如图 9-15 所示。

视频 14 集成库创建及使用

（4）命名为"共阴双二极管"，默认元件编号为"D？"，元件注释为"HER304"，如图9-16所示。

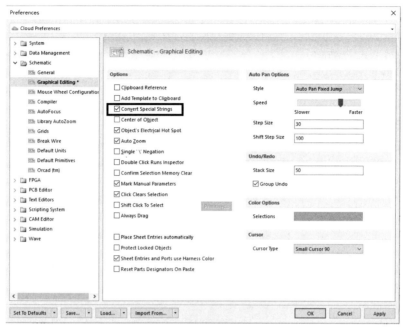

图 9-12　设置原理图优先设定

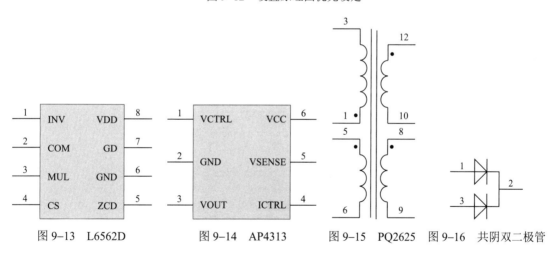

图 9-13　L6562D　　　图 9-14　AP4313　　　图 9-15　PQ2625　　图 9-16　共阴双二极管

Step1 新建一个原理图元件库文件"LED 球泡灯.SchLib"。

方法一：执行菜单命令【File】→【New】→【Library】→【Schematic Library】

方法二：在"Files"面板上单击"Other Document"→"Schematic Library Document"选项。

Step2 绘制原理图元件。

执行菜单命令【Place】→【Rectangle】或单击适用工具条中的■绘制元件轮廓；执行菜单命令【Place】→【Pin】或单击绘图工具栏中▲工具放置元件引脚；或者利用类似复制元件的方法。

Step3 用模型管理器为元件添加封装模型。

执行菜单命令【Tools】→【Model Manager】,弹出如图 9–17 所示的"Model Manager"对话框,单击 **Add Footprint** 按钮,弹出如图 9–18 所示的"PCB Model"对话框。

图 9–17　模型管理器对话框

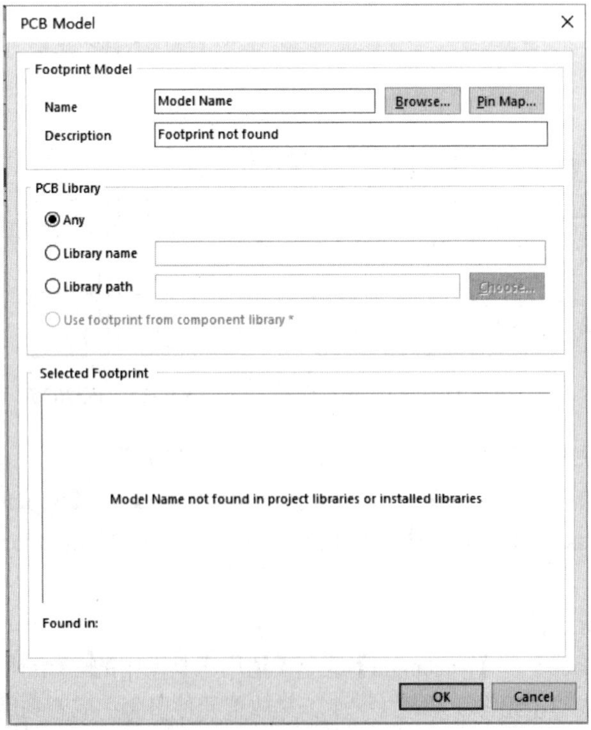

图 9–18　PCB 模型对话框

项目 9　LED 驱动电源电路板设计

Step4 检查元件并生成报表。

检查建立的新元件是否成功，并生成相应的报表文件。执行菜单命令【Reports】→【Component Rule Check...】，弹出如图 9-19 所示的"Library Component Rule Check"对话框，设置想要检查的各项属性，单击 **OK** 按钮，将在工程面板的"Text Document"下生成"LED 球泡灯.err"文件，里面列出了违反规则的元件。

执行菜单命令【Reports】→【Component】，将在工程面板的"Text Document"下生成"LED 球泡灯.cmp"文件，里面包含了某个元件的各个部分和引脚信息。

执行菜单命令【Reports】→【Library Report】，弹出如图 9-20 所示的"Library Report Settings"对话框，单击 **OK** 按钮，生成的报表包含库中所有元件的信息。

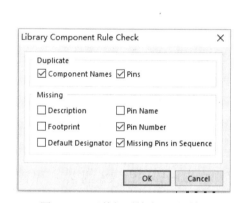

图 9-19　元件规则检查器对话框

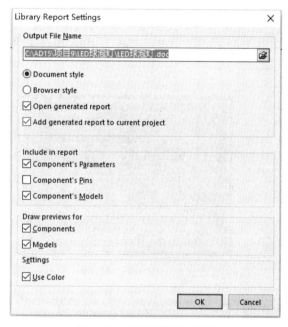

图 9-20　库报表设置对话框

任务 2　制作 PCB 元件库

新建 PCB 元件库"LED 球泡灯.PrjPCB"，元件库下包含电阻、电容、变压器、电解电容等元件封装。

Step1 新建项目文件"LED 球泡灯.PrjPCB"。

方法一：执行菜单命令【File】→【New】→【Library】→【PCB Library】。

方法二：在"Files"面板上单击"Other Document"→"PCB Library Document"选项。

Step2 制作元件封装。

制作如图 9-21～图 9-26 所示元件封装，具体要求如下。

① 电阻 MOV1 封装。命名为"14D471YAMIN"，焊盘 1 和 2 的大小为 2.5 mm×2.5 mm，通孔为 1.5 mm，焊盘水平间距为 7.62 mm，如图 9-21 所示。

② 电容 C1 封装。命名为"CBB-15"，焊盘 1 和 2 的大小为 2.2 mm×2.4 mm，通孔为 1.2 mm；边框半圆半径为 4 mm，焊盘水平间距为 15.24 mm，如图 9-22 所示。

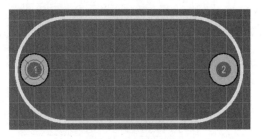

图 9-21　14D471YAMIN　　　　图 9-22　CBB-15

③ 变压器 LF1 封装。命名为"EE9.8",焊盘 1 和 4 的大小为 3 mm×3 mm,通孔为 1.5 mm;焊盘 2 和 3 的大小为 2.5 mm×3 mm,通孔为 1.5 mm;焊盘 1 和 2 的水平距离为 8 mm,焊盘 1 和 4 的垂直距离为 7.5 mm;边框高 11 mm,宽 16 mm,如图 9-23 所示。

④ 电解电容 C12 封装。命名为"CD6X7",焊盘 1 和 2 的大小为 1.575 mm×1.575 mm,通孔为 0.672 mm,外圆半径为 3 mm,焊盘水平间距为 2.54 mm,如图 9-24 所示。

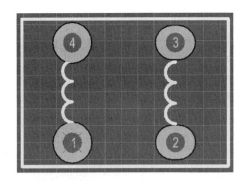
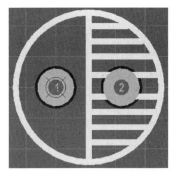

图 9-23　EE9.8　　　　图 9-24　CD6X7

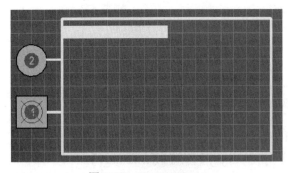

图 9-25　CD13X21MM

⑤ 电解电容 C5、C6 封装。命名为"CD13X21MM",焊盘 1 和 2 的大小为 3 mm×3 mm,通孔为 1.5 mm;焊盘 1 和 2 的水平距离为 5 mm;边框高 21 mm,宽 13 mm,如图 9-25 所示。

⑥ 变压器 T1 封装。命名为"EFD30",焊盘大小为 3 mm×3 mm,通孔为 1.5 mm;焊盘 1 和 3 的垂直间距为 10 mm,焊盘 3 和 5 的垂直间距为 10 mm,焊盘 5 和 6 的垂直间距为 5 mm,焊盘 1 和 12 的水平间距为 17.5 mm,焊盘 12 和 10 的垂直间距为 10 mm,焊盘 10 和 9 的垂直间距为 5 mm,焊盘 9 和 8 的垂直间距为 5 mm;边框高 29 mm,宽 31.5 mm,如图 9-26 所示。

任务 3　新建集成库

建立集成库"LED 球泡灯.IntLib"。

方法：Step1 新建集成库文件包"LED 球泡灯.LibPkg"。

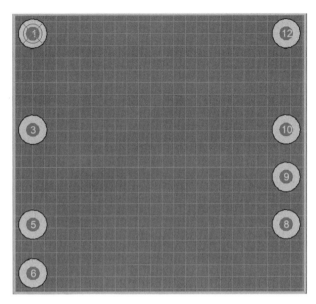

图 9-26 EFD30

执行菜单命令【File】→【New】→【Project】→【Integrated Library】，系统自动新建一个"Integrated_Library.LibPkg"库文件包，如图 9-27 所示。执行菜单命令【File】→【Save Project As...】，命名为"LED 球泡灯.LibPkg"。

Step2 添加原理图库文件和 PCB 库文件。

右击"LED 球泡灯.LibPkg"，在弹出的快捷菜单中选择【Add Existing to Project...】命令，添加"LED 球泡灯.SchLib"和"LED 球泡灯.PcbLib"，如图 9-28 所示。

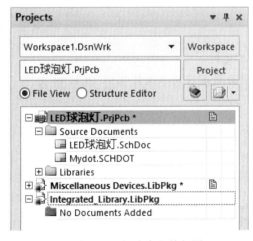

图 9-27 新建库文件包图

图 9-28 库文件包包含的文件

Step3 编译集成库文件包。

选中"LED 球泡灯.LibPkg"文件，单击鼠标右键，选择【Compile Integrated Library LED 球泡灯.LibPkg】命令，系统将在"Messages"面板显示编译过程中所出现的错误，双击相应错误，跳到相应的元件进行修改，再进行编译直至没有错误。同时，系统自动生成"LED 球泡灯.IntLib"集成库,并自动添加到当前安装库列表,以便使用,如图 9–29 所示。

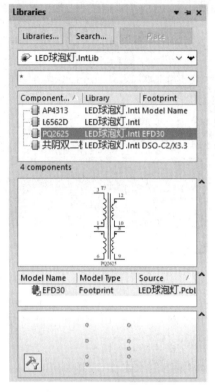

图 9–29　集成库文件

 实践技巧

创建集成库要注意两个事项:
(1)库文件包中要包含原理图库文件和 PCB 库文件。
(2)原理图库文件中新建元件添加的封装模型必须是当前库文件包中 PCB 库文件中新建的封装模型。

9.3.3　开关电源原理图绘制

任务 1　引用原理图模板

调用新建模板"LED 球泡灯.SchDot",标题栏信息显示如图 9–30 所示。

公司	南京雪常泉光电有限公司		
地址	南京市江宁区		
文档名	LED球泡灯开关电源		
文档编号	8	文档总数	8
设计者	Marry	设计时间	2016年1月1日

图 9–30　标题栏显示信息

方法：Step1 新建原理图文件。创建一个"LED 球泡灯.SchDoc"原理图文档。

Step2 删除旧的原理图模板。执行菜单命令【Design】→【Remove Current Template Graphics】，弹出如图 9–31 所示移除模块对话框，选择"Just this document"项。

图 9–31　移除模块对话框

Step3 确认移除。单击如图 9–31 所示的 **OK** 按钮，系统自动弹出"Information"对话框，如图 9–32 所示，单击 **OK** 按钮，关闭对话框。

图 9–32　"Information"对话框

Step4 调用模板。执行菜单命令【Design】→【Project Templates】→【Choose a File…】，弹出"打开"对话框，选择"Mydot.Scddot"项，弹出更新模板对话框，如图 9–33 所示。

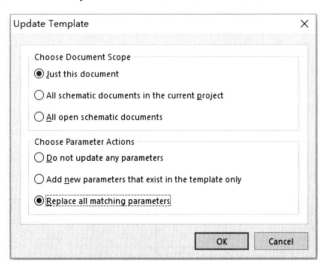

图 9–33　更新模板对话框

图 9-34 "Information" 对话框

Step5 更新模板对话框。选择如图 9-33 所示的"Just this document"和"Replace all matching parameters"项，然后单击 **OK** 按钮，弹出如图 9-34 所示的"Information"对话框，单击 **OK** 按钮，则该原理图文档标题栏已是原理图模板的标题栏。

Step6 修改信息。执行菜单命令【Design】→【Document Options】，选择"Parameters"选项卡，设置相关参数，见表 9-1。

表 9-1 标题栏参数

参数变量名	修改值
Organization	南京雪常泉光电有限公司
Address1	南京市江宁区
Title	LED 球泡灯开关电源
SheetNumber	8
SheetTotal	8
DrawBy	Marry
Date	2016 年 1 月 1 日

任务 2 在"SCH Inspector"或"SCH List"面板中编辑对象

按照图 9-1 绘制原理图，同时修改元件属性，元件封装属性见表 9-2。

表 9-2 LED 球泡灯元件封装属性

序号	Designator（元件标识）	Footprint（封装）	序号	Designator（元件标识）	Footprint（封装）
1	C1	CBB-15（自制）	13	C14	CD6X7（自制）
2	C3	RAD-0.1	14	C15	C0805
3	C4	1608[0603]	15	C16	CD6X7（自制）
4	C5	CD13X21MM（自制）	16	C18	RAD-0.3
5	C6	CD13X21MM（自制）	17	C19	1608[0603]
6	C7	C0805	18	C20	C0805
7	C8	C0805	19	C22	C0805
8	C9	1608[0603]	20	CY1	RAD-0.2
9	C10	1608[0603]	21	D1（自制）	TO-220-AB
10	C11	1608[0603]	22	D3	DO-41
11	C12	CD6X7（自制）	23	D4	DO-41
12	C13	C0805	24	D5	SMB

续表

序号	Designator（元件标识）	Footprint（封装）	序号	Designator（元件标识）	Footprint（封装）
25	D6	DO-35	46	R13	J1-0603
26	D7	P04A	47	R14	J1-0603
27	D10	DO-35	48	R15	J1-0603
28	D11	SMB	49	R16	6-0805_L
29	D12	SMB	50	R17	6-0805_L
30	LF1	EE9.8（自制）	51	R18	6-0805_L
31	MOV1	14D471YAMIN（自制）	52	R19	AXIAL-0.4
32	Q1	TO-220AB	53	R20	6-0805_L
33	Q2	SOT23_M	54	R21	6-0805_L
34	Q3	SOT23_M	55	R22	6-0805_L
35	R2	AXIAL-0.3	56	R24	AXIAL-0.3
36	R3	J1-0603	57	R25	6-0805_L
37	R4	J1-0603	58	R28	6-0805_L
38	R5	J1-0603	59	R29	AXIAL-0.3
39	R6	AXIAL-0.3	60	R31	6-0805_L
40	R7	J1-0603	61	R34	6-0805_L
41	R8	J1-0603	62	RT1	AXIAL-0.4
42	R9	6-0805_L	63	T1（自制）	EFD30（自制）
43	R10	6-0805_L	64	U1（自制）	SO8
44	R11	J1-0603	65	U2	DIP-4
45	R12	J1-0603	66	U3（自制）	SOT23-6_M

方法一：在元件属性对话框中修改属性。

方法二：在"SCH Inspector"面板中修改属性。如选中一电阻元件，按"F11"键或执行菜单命令【SCH】→【Inspector】，即可弹出"SCH Inspector"面板，如图9-35所示，在相应位置修改属性后按回车键即可。

方法三：在"SCH List"面板中修改属性。如选中某一元件，按"Shift"+"F12"键，或执行菜单命令【SCH】→【List】，即可显示如图9-36所示的"SCH List"面板，双击某一元件，即可打开属性对话框。

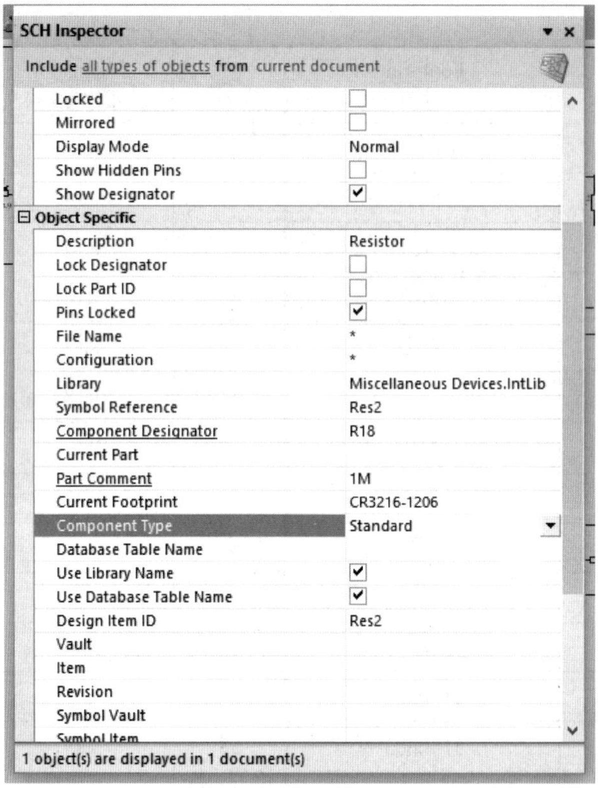

图 9-35 "SCH Inspector"面板

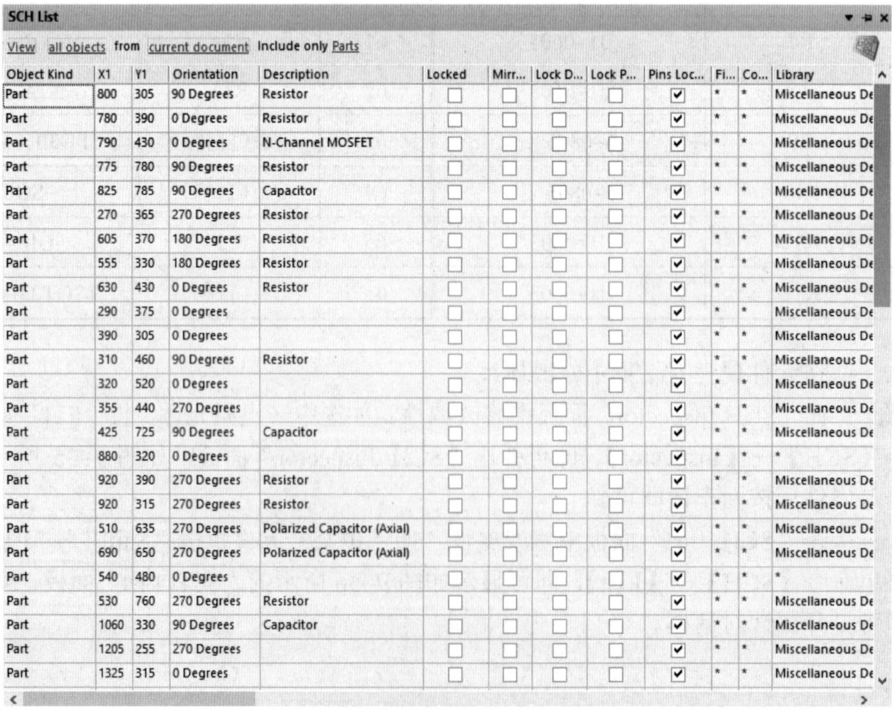

图 9-36 "SCH List"面板

任务 3　全局浏览原理图

单击菜单命令【SCH】→【Sheet】，即可打开如图 9-37 所示的"Sheet"面板。在这里可以浏览整个原理图，在原理图中就会显示红色方块所框的原理图。

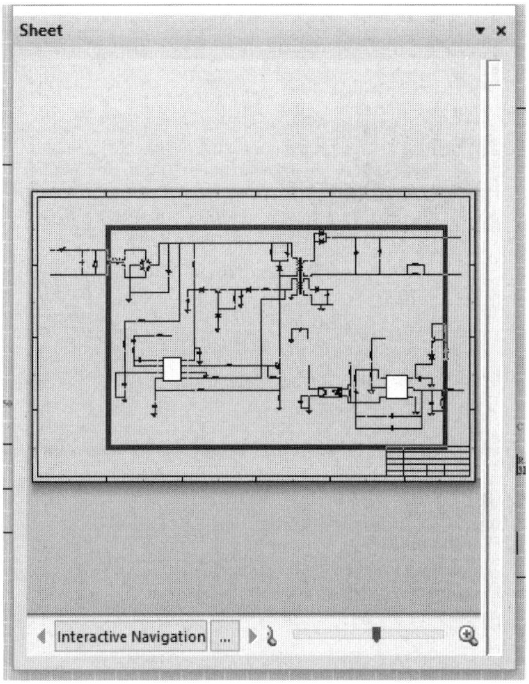

任务 4　检查元器件封装

检查元器件各个封装，为原理图信息导入 PCB 图中做好准备工作。

方法一：逐个检查元件。双击元件，在属性对话框检查。

方法二：浏览网络表文件。在网络表文件中，可以浏览元件及相应信息。

任务 5　原理图验证

电气规则检查，检查绘制的电路图是否正确。

方法：运行项目编译命令【Project】→【Compile PCB Project】，并打开"Messages"面板查看错误信息。

图 9-37　"Sheet"面板

任务 6　原理图信息输出

原理图信息的输出，方便元器件的采购、设计人员的查阅。原理图信息包括：表示原理图元件和连接关系的网络表、罗列元件的元器件报表和 PDF 格式的原理图等。

方法：Step1 生成网络表。执行菜单命令【Design】→【Netlist For Project】→【PCAD】。
Step2 生成元器件报表。执行菜单命令【Reports】→【Bill of Materials】。
Step3 输出 PDF 格式原理图。执行菜单命令【File】→【Smart PDF...】。

9.3.4　开关电路 PCB 制作

任务 1　新建 PCB 文件

新建一个 PCB 文件"LED 球泡灯.PcbDoc"，电路板大小为 117 mm×36.8 mm，电气边界为 115 mm×34.8 mm。

方法一：手动创建，执行菜单命令【File】→【New】→【PCB】或在"Files"面板上单击"PCB File"选项。

方法二：利用向导创建，在"Files"面板上单击"PCB Board Wizard..."选项。

任务 2　设置四层板工作层

设计四层电路板（两个信号层+两个电源层），PCB 板层结构的设置与调整是通过"Layer Stack Manager"对话框来完成的。

Step1 添加内电层。执行菜单命令【Design】→【Layer Stack Manager...】，弹出"Layer Stack Manager"对话框，如图 9-38 所示，选择右边"Bottom Layer"为参考层，单击 **Add Internal Plane** 按钮，即可添加电源层，如图 9-39 所示。或者单击如图 9-38 所示窗口，右击或单击左上角 **Presets** 按钮，在弹出的快捷菜单中选择"Four Layer （2×Signal，2×Plane）"选项，如图 9-40 所示。

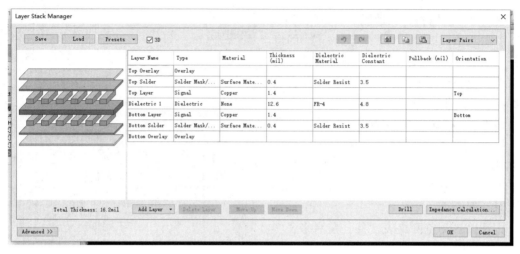

图 9-38 层堆栈管理器对话框

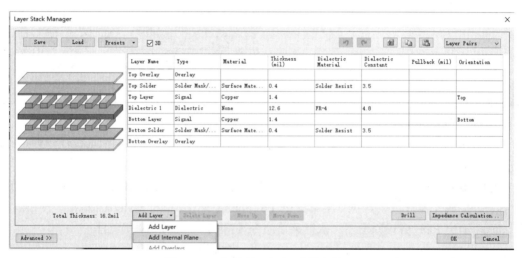

图 9-39 手动添加平面（内地电层）

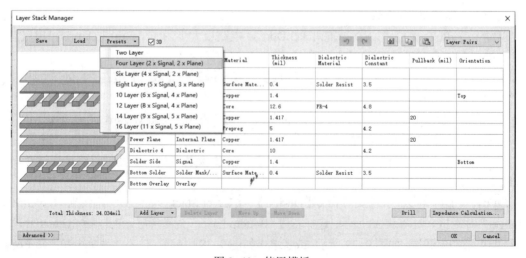

图 9-40 使用模板

如图 9-41 所示，运用模板建立的四层板自动含有 2 个信号层，2 个内电层，模板中自动将一个内电层设置为电源层，另一个内电层设置为接地层，故不用再对内电层进行设置。

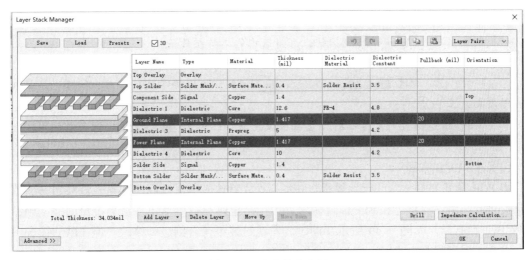

图 9-41　建立的内电层

Step2 使内电层可用。执行菜单命令【Design】→【Board Layers and Colors...】，在弹出的"Board Layers and Colors"对话框中选中各内电层，如图 9-42 所示。

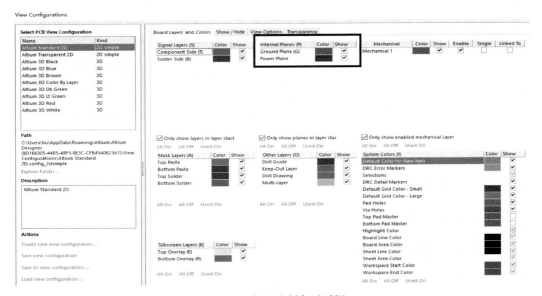

图 9-42　板层和颜色对话框

 实践技巧

层堆栈管理器"Layer Stack Manager..."对话框中的常用操作：

（1）增加层：单击 Add Layer 按钮，选择"Add Layer"项，可以在选中的某层下方添加一层信号层；若选中的是底层，则在其上方添加层。

（2）添加平面：单击 Add Layer 按钮，选择"Add Internal Plane"项，可以在 PCB 中添加一层内电层。

（3）上移：单击 Move Up 按钮，可将选中的工作层上移一层。

（4）下移：单击 Move Down 按钮，可将选中的工作层下移一层。

（5）删除：单击 Delete Layer 按钮，可将选中的工作层删除。

（6）配置钻孔对：单击 Drill 按钮，则打开"Drill-pair Manager"对话框。

（7）阻抗计算：单击 Impedance Calculation… 按钮，可根据导线的宽度、高度、距离电源层的距离来计算 PCB 的阻抗。

单击 Advanced>> 按钮，可以打开层堆栈设置窗口，单击 Add Stack 按钮可增加堆栈数。

任务 3　PCB 布局

将 PCB 紧凑布局，允许元件重叠，并根据"放置输入电流源回路和输入滤波器→放置电源开关电流回路→放置连接到交流电源电路的控制电路→放置输出整流器电流回路"顺序，对 PCB 进行布局，如图 9-43 所示，同时若发现封装不符合则进行修改。但在默认情况下，元件重叠或焊盘间距太小时，元件会高度显亮。

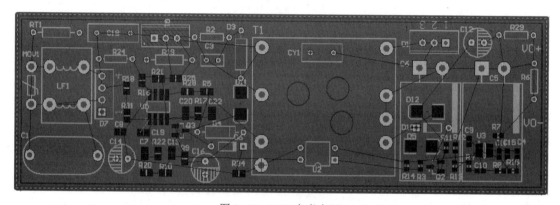

图 9-43　PCB 参考布局

方法：Step1 导入元件。执行菜单命令【Design】→【Import Changes From LED 球泡灯.PrjPCB】。

Step2 元件布局。系统虽提供了自动布局功能，但一般效果都不尽人意，因此最好还是人工布局，即用鼠标把元件一一拖到合适位置。

在布局时选中某些元器件的方法为：在 PCB 面板上面可以选择对象类型，如"Nets"、"Components"，单击下面的元件或网络，即可快速寻找网络或元件，如图 9-44 所示。被选中的元器件如"C1"即被放大，如图 9-45 所示。

在放置元件的过程中，可以按"G"键，在快捷菜单中可设置元件的"Snap Grid"及"Component Grid"，以方便将元件摆放整齐。

Step3 取消已允许的绿色高亮显示。执行菜单命令【Tools】→【Reset Error Markers】；执行菜单命令【Design】→【Board Layers and Colors…】，在弹出的对话框中"System Colors"区域取消选中"DRC Error Markers"复选框。

项目 9　LED 驱动电源电路板设计

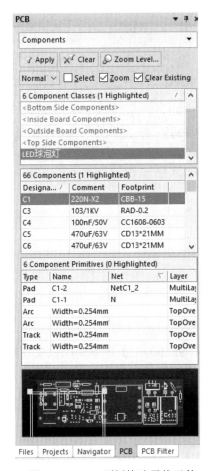 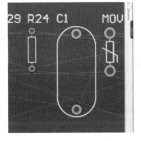

图 9-44　PCB 面板快速寻找元件　　图 9-45　快速查找并放大元器件

任务 4　设置布线规则

Clearance Constraint：设置元件安全间距，这里设置为 0.1 mm。

Routing Corners：设置布线的拐角模式，这里采用"Rounded"。

Routing Layers：设置布线工作层。

Routing Topology：设置布线的拓扑结构，这里采用"Shortest"。

Routing Via Style：设置过孔的外径和内径，采用默认。

Width Constraint：设置布线的导线宽度，最小值为 0.3 mm，最大值为 3.5 mm，最优值为 0.6 mm。

方法：执行菜单命令【Design】→【Rules...】，单击"Routing"选项卡，可对元件布局设计规则进行设计。

任务 5　PCB 布线

采用全局自动布线。

方法：执行菜单命令【Auto Route】→【All】，布线结果如图 9-46 所示。

291

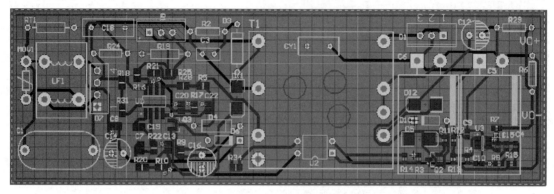

图 9–46 PCB 图

任务 6 原理图信息与 PCB 图信息的一致性

在 PCB 设计阶段，对某个封装进行了修改，导致原理图信息与 PCB 图信息不一致，而在设计阶段尽量保持信息的一致性。

方法：在 PCB 编辑状态执行菜单命令【Design】→【Update Schematics in LED 球泡灯.PrjPCB】。

任务 7 PCB 后续处理

（1）补泪滴。执行菜单命令【Tools】→【Teardrops...】。

（2）覆铜。执行菜单命令【Place】→【Polygon Pour...】或单击配线工具栏的■按钮。

任务 8 输出 Gerber 文件和钻孔文件

本项目为四层电路板，并且只有单面放置元器件，因此输出的 Gerber 文件包含：顶层线路（.GTL）、底层线路（.GBL）、顶层阻焊（.GTS）、底层阻焊（.GBS）、顶层字符（.GTO）和边框（.GKO）。

方法：Step1 光绘文件。执行菜单命令【File】→【Fabrication Outputs】→【Gerber Files】。
Step2 钻孔文件。执行菜单命令【File】→【Fabrication Outputs】→【NC Drill Files】。

9.4 测　　试

9.4.1 巩固测试——多功能密码锁

子项目一：制作多功能密码锁原理图元件库

任务 1 新建项目文件

新建一个项目文件"多功能密码锁.PrjPCB"。

任务 2 新建原理图库文件

新建原理图库文件"多功能密码锁.SchLib"。

任务 3 制作原理图元件

制作原理图元件 CD4017、NE555、JDQ、LM567、BZQ，如图 9–47～图 9–51 所示。

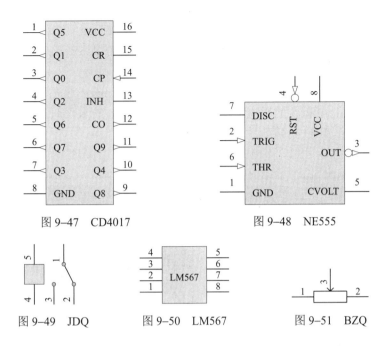

图 9-47 CD4017　　　　图 9-48 NE555

图 9-49 JDQ　　　图 9-50 LM567　　　图 9-51 BZQ

子项目二：制作多功能密码锁 PCB 元件库

任务 1　新建 PCB 库文件

新建 PCB 库文件"多功能密码锁.PcbLib"。

任务 2　制作 PCB 元件

制作发光二极管、输入接口、变阻器、按键和继电器的封装，具体要求如下：

（1）发光二极管封装。命名为"LED"，焊盘大小为 1.4 mm×1.4 mm，通孔为 0.85 mm；焊盘 1 和 2 的水平间距为 3 mm；轮廓外圆半径为 2.4 mm。LED 封装如图 9-52 所示。

（2）输入接口封装。命名为"JP"，焊盘大小为 2 mm×2 mm，通孔为 1.2 mm；焊盘 1 和 2 的水平间距为 5 mm；边框高 6 mm，宽 10 mm。JP 封装如图 9-53 所示。

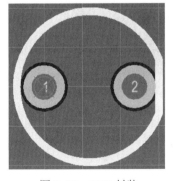

图 9-52 LED 封装

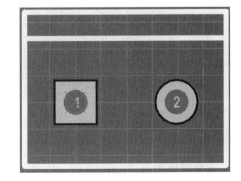

图 9-53 JP 封装

（3）变阻器封装。命名为"BZQ"，焊盘大小为 1.5 mm×1.5 mm，通孔为 1 mm；焊盘 1 和 2 的水平间距为 5 mm；焊盘 1 和 3 的垂直间距为 4 mm；边框高 6 mm，宽 7 mm。BZQ 封装如图 9-54 所示。

（4）按键封装。命名为"KEY"，焊盘大小为 1.5 mm×1.5 mm，通孔为 1 mm；焊盘 1 和 2 的水平间距为 6 mm，焊盘 1 和 3 的垂直间距为 4 mm；边框高 6 mm，宽 8 mm。KEY 封装如图 9-55 所示。

（5）继电器封装。命名为"JDQ"，焊盘大小为 2 mm×2 mm，通孔为 1.5 mm；焊盘 1 和 4 的水平间距为 2 mm，4 和 5 的垂直间距为 7.5 mm，4 和 2 的水平间距为 7.8 mm；边框高 11.5 mm，宽 13.8 mm。JDQ 封装如图 9-56 所示。

图 9-54　BZQ 封装

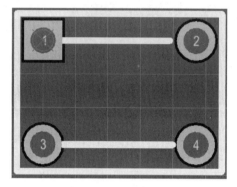

图 9-55　KEY 封装

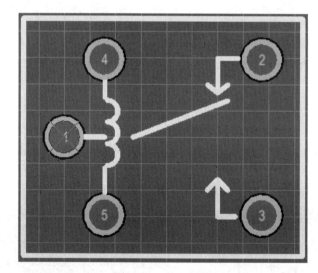

图 9-56　JDQ 封装

子项目三：制作多功能密码锁原理图

任务 1　新建原理图文件

新建原理图文件"多功能密码锁.SchDoc"。

任务 2　绘制原理图

多功能密码锁原理图如图 9-57 所示，元件属性见表 9-3，绘制多功能密码锁原理图。

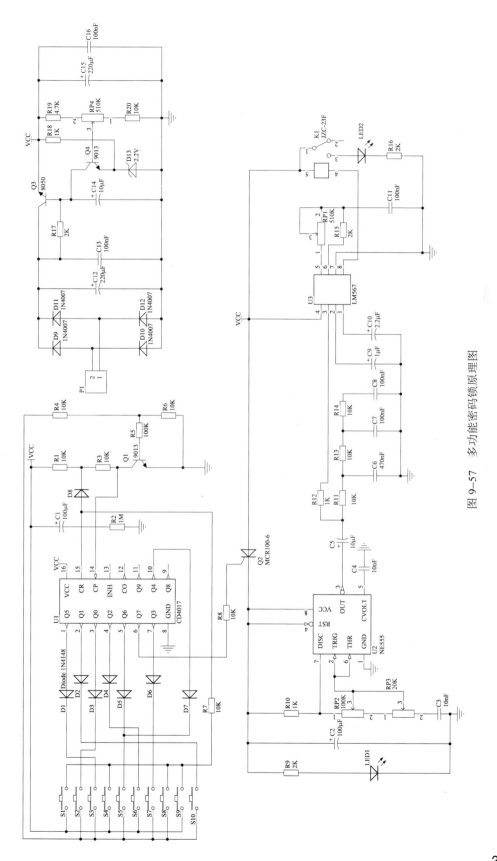

图 9-57 多功能密码锁原理图

表 9–3　元件属性

Library Ref （元件库名称）	Library （库）	Designator （元件标识）	Footprint （封装）	Comment （注释）	Value （值）
SW–PB		S1～S10	KEY（自制）		
Diode 1N4148		D1～D8	DIODE–0.4	1N4148	
Diode 1N4007		D9～D12	DIODE–0.4	1N4007	
D Zener		D13	DIODE–0.4	2.2 V	
Res2		R1	1608[0603]		10K
Res2		R2	AXIAL–0.3		1M
Res2		R3	1608[0603]		10K
Res2		R4，R6	AXIAL–0.3		10K
Res2		R5	AXIAL–0.3		100K
Res2		R7	1608[0603]		10K
Res2		R8	AXIAL–0.3		10K
Res2		R9	AXIAL–0.3		2K
Res2		R10	AXIAL–0.3		1K
Res2		R11，R13，R14	1608[0603]		10K
Res2	Miscellaneous Devices.IntLib	R12	1608[0603]		1K
Res2		R15	AXIAL–0.3		2K
Res2		R16	1608[0603]		2K
Res2		R17	AXIAL–0.3		2K
Res2		R18	AXIAL–0.3		1K
Res2		R19	AXIAL–0.3		4.7K
Res2		R20	1608[0603]		20K
Cap Pol1		C1	CAPR5–4X5		100 μF
Cap Pol1		C2	CAPR5–4X5		100 μF
Cap		C3，C4	RAD–0.1		10 nF
Cap Pol1		C5	CAPR5–4X5		10 μF
Cap		C6	RAD–0.1		470 nF
Cap		C7，C8，C11	RAD–0.1		100 nF
Cap Pol1		C9	CAPR5–4X5		1 μF
Cap Pol1		C10	CAPR5–4X5		2.2 μF
Cap Pol1		C12，C15	CAPR5–4X5		220 μF

续表

Library Ref（元件库名称）	Library（库）	Designator（元件标识）	Footprint（封装）	Comment（注释）	Value（值）
Cap	Miscellaneous Devices.IntLib	C13，C16	RAD-0.1		100 nF
2N3904		Q1，Q4	TO-92A	9013	
MCR		Q2	TO-92		
NPN		Q3	TO-92	8050	
Cap Pol1		C14	CAPR5-4X5		10 μF
LED0		LED1，LED2	LED（自制）		
Header 2	Miscellaneous Connectors.IntLib	P1	JP（自制）		
CD4017	多功能密码锁.SchLib	U1	DIP-16	CD4017	
NE555		U2	DIP-8	NE555	
LM567		U3	DIP-8	LM567	
JDQ		K1	JDQ（自制）	JZC-23F	
BZQ		RP1	BZQ（自制）		510K
BZQ		RP2	BZQ（自制）		100K
BZQ		RP3	BZQ（自制）		20K
BZQ		RP4	BZQ（自制）		510K

子项目四：制作多功能密码锁 PCB 图

任务 1 新建 PCB 文件

利用向导或手工新建一个 PCB 文件"多功能密码锁.PcbDoc"。要求如下：

（1）单位选择"Metric"。

（2）电路板为双面板。

（3）电路板形状为方形，电路板尺寸为 100 mm×70 mm，禁止电气边界尺寸为 95 mm×65 mm，并且标注尺寸。

任务 2 加载网络表并手工布局

手工布局的 PCB 图如图 9-58 所示，贴片元件放在底层。

任务 3 设置布线规则

（1）线宽选择。电源部分线宽为 0.8 mm，GND 线宽为 0.5 mm；其余信号线线宽为 0.2 mm。

（2）PCB 规则和约束编辑器。将"Clearance"设为 0.2 mm，设定 GND 的优先级最高，VCC 的优先级次之，其余信号线优先级最低。

任务 4 自动布线

先将电源线和地线预布线，然后全局布线。布线结果如图 9-59 和图 9-60 所示。

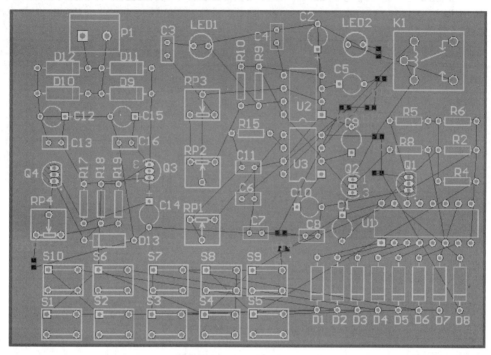

图 9–58 手工调整好的 PCB

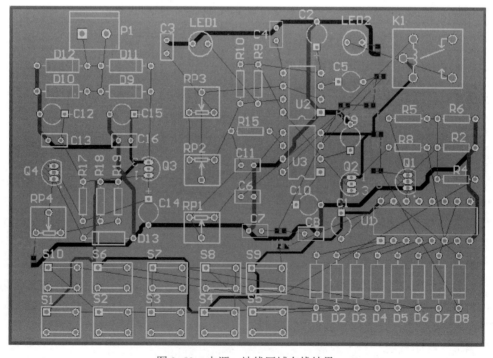

图 9–59 电源、地线区域布线结果

项目 9　LED 驱动电源电路板设计

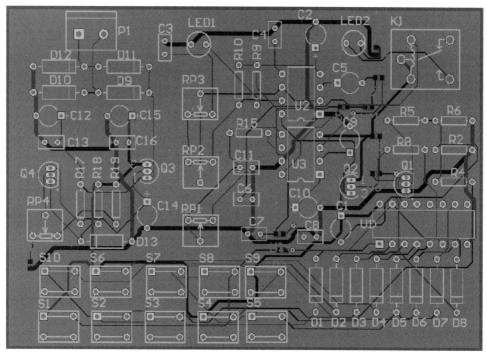

图 9-60　全局布线结果

9.4.2　提高测试——防盗报警器

子项目一：制作防盗报警器原理图元件库

（1）新建一个项目文件"防盗报警器.PrjPCB"，新建一个原理图元件库文件"防盗报警器.SchLib"。

（2）制作原理图元件光敏电阻、变阻器、红外接收元件、干簧管、集成比较器、定时器，具体要求如下：

① 光敏电阻元件。命名为"光敏电阻"，默认元件编号为"RL？"，如图 9-61 所示。
② 变阻器元件。命名为"变阻器"，默认元件编号为"RP？"，如图 9-62 所示。
③ 红外接收器元件。命名为"HS0038B"，默认元件编号为"HS？"，元件注释为"HS0038B"，如图 9-63 所示。
④ 干簧管元件。命名为"干簧管"，默认元件编号为"RS？"，如图 9-64 所示。
⑤ 定时器元件。命名为"NE555"，默认元件编号为"U？"，元件注释为"NE555"，如图 9-65 所示。
⑥ 集成比较器元件。命名为"LM358"，默认元件编号为"U？"，元件注释为"LM358"，如图 9-66 所示。

图 9-61　光敏电阻　　　　　　　　　　图 9-62　变阻器

299

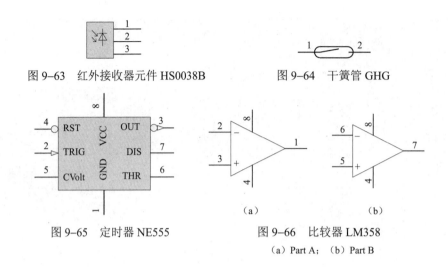

图 9-63 红外接收器元件 HS0038B　　图 9-64 干簧管 GHG

图 9-65 定时器 NE555　　图 9-66 比较器 LM358
　　　　　　　　　　　　　　　(a) Part A； (b) Part B

子项目二：制作防盗报警器 PCB 元件库

（1）新建一个 PCB 元件库文件 "防盗报警器.PcbLib"。

（2）制作发光二极管、输入接口、变阻器、按键、光敏电阻、贴片电阻、振荡器、蜂鸣器、干簧管、红外接收器的封装，具体要求如下：

① 制作发光二极管封装。命名为 "LED"，焊盘大小为 1.4 mm×1.4 mm，通孔为 0.85 mm；焊盘 1 和 2 的水平间距为 2.5 mm；轮廓外圆半径为 2.4 mm。LED 封装如图 9-67 所示。

② 制作输入接口封装。命名为 "JP"，焊盘大小为 2 mm×2 mm，通孔为 1.2 mm；焊盘 1 和 2 的距离为 5 mm；边框高 6 mm，宽 10 mm。JP 封装如图 9-68 所示。

③ 制作按键封装。命名为 "KEY"，焊盘大小为 1.5 mm×1.5 mm，通孔为 1 mm；焊盘 1 和 2 的水平间距为 6 mm，1 和 3 的垂直间距为 4 mm；边框高 6 mm，宽 8 mm。KEY 封装如图 9-69 所示。

④ 制作贴片电阻封装。命名为 "SMT-RES"，焊盘大小为 1.2 mm×1.0 mm，焊盘 1 和 2 的水平间距为 2 mm。SMT-RES 封装如图 9-70 所示。

⑤ 制作干簧管封装。命名为 "GHG"，焊盘大小为 2 mm×2 mm，通孔为 1.5 mm；焊盘 1 和 2 的水平间距为 20.5 mm，半圆半径为 1.2 mm。GHG 封装如图 9-71 所示。

⑥ 制作振荡器封装。命名为 "ZDQ"，焊盘大小为 1.5 mm×1.5 mm，通孔为 1 mm；焊盘的水平间距为 3.5 mm，内圆半径为 2.54 mm，外圆半径为 4.6 mm。ZDQ 封装如图 9-72 所示。

⑦ 制作光敏电阻封装。命名为 "GMDZ"，焊盘大小为 1.5 mm×1.5 mm，通孔为 1 mm；焊盘 1 和 2 的水平距离为 4 mm。GMDZ 封装如图 9-73 所示。

⑧ 制作变阻器封装。命名为 "BZQ"，焊盘大小为 1.5 mm×1.5 mm，通孔为 1 mm；焊盘的水平间距为 2.5 mm；边框高 2.7 mm，宽 6 mm。BZQ 封装如图 9-74 所示。

⑨ 制作红外接收器件封装。命名为 "HWJS"，焊盘大小为 1.5 mm×1.5 mm，通孔为 0.8 mm，焊盘的水平间距为 2.54 mm，外框高 2 mm，长 7.1 mm。HWJS 封装如图 9-75 所示。

⑩ 制作蜂鸣器封装。命名为 "FMQ"，焊盘大小为 2.0 mm×2.0 mm，通孔为 1.5 mm；焊盘 1 和 2 的水平间距为 6.5 mm；外圆半径为 5 mm。FMQ 封装如图 9-76 所示。

项目 9　LED 驱动电源电路板设计

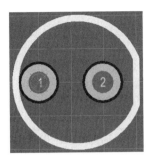

图 9-67　LED 封装

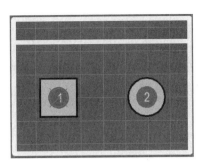

图 9-68　JP 封装

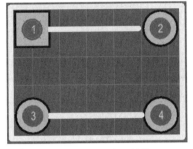

图 9-69　KEY 封装

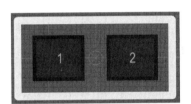

图 9-70　SMT-RES 封装

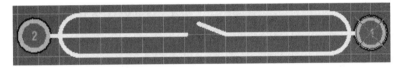

图 9-71　GHG 封装

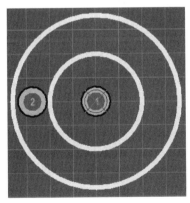

图 9-72　ZDQ 封装

图 9-73　GMDZ 封装

图 9-74　BZQ 封装图

图 9-75　HWJS 封装

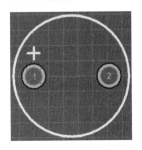

图 9-76　FMQ 封装

301

子项目三：绘制防盗报警器原理图

（1）新建原理图文件"防盗报警器.SchDoc"。

（2）绘制如图 9–77 所示原理图，元件属性见表 9–4。

表 9–4　元件属性

Library Ref（元件库名称）	Library（库）	Designator（元件标识）	Footprint（封装）	Comment（注释）	Value（值）
Res2		R1	AXIAL–0.3		470K
Res2		R2	AXIAL–0.3		1M
Res2		R3	AXIAL–0.3		10K
Res2		R4	AXIAL–0.3		2K
Res2		R5	AXIAL–0.3		100K
Res2		R6	AXIAL–0.3		47K
Res2		R7	AXIAL–0.3		2K
Res2		R8	AXIAL–0.3		10K
Res2		R9	AXIAL–0.3		1K
Res2		R10，R11	AXIAL–0.3		4.7K
Res2		R12	AXIAL–0.3		5.1K
Res2		R13	AXIAL–0.3		1K
Res2	Miscellaneous Devices.IntLib	R14	AXIAL–0.3		10K
Res2		R15	AXIAL–0.3		510
Res2		R16	AXIAL–0.3		20K
Res2		R17	AXIAL–0.3		2K
Res2		R18	AXIAL–0.3		1K
Res2		R19	AXIAL–0.3		620
Res2		R20	AXIAL–0.3		5.1K
Res2		R21	SMT–RES（自制）		100
Res2		R22，R23，R25	SMT–RES（自制）		10K
Res2		R24，R26	SMT–RES（自制）		1K
Res2		R27	SMT–RES（自制）		4.7K
Res2		R28	SMT–RES（自制）		10K
Res2		R29	SMT–RES（自制）		100K
Res2		R30	SMT–RES（自制）		100
Res2		R31	SMT–RES（自制）		4.7K

续表

Library Ref（元件库名称）	Library（库）	Designator（元件标识）	Footprint（封装）	Comment（注释）	Value（值）
Res2		R32	SMT-RES（自制）		2K
Res2		R33，R34	SMT-RES（自制）		47K
Res2		R35	SMT-RES（自制）		2K
Res2		R36，R39	AXIAL-0.3		1K
Res2		R37，R38	AXIAL-0.3		10K
Res2		R40	AXIAL-0.3		20K
Res2		R41	SMT-RES（自制）		100K
Res2		R42	AXIAL-0.3		2K
Res2		R43	AXIAL-0.3		10K
Cap		C1，C2，C4	RAD-0.1		100 nF
Cap Pol1		C3	CAPR5-4X5		22 μF
Cap Pol1		C5，C7，C10	CAPR5-5X5		220 μF
Cap Pol1		C6	CAPR5-4X5		100 pF
Cap		C8	RAD-0.1		100 nF
Cap	Miscellaneous Devices.IntLib	C9，C13	C0805		100 nF
Cap Pol1		C11	CAPR5-4X5		4.7 μF
Cap Pol1		C12	CAPR5-4X5		1 μF
Cap Pol1		C14，C15	CAPR5-4X5		10 μF
Cap		C16，C18	RAD-0.1		100 nF
Cap Pol1		C17，C19	CAPR5-5X5		470 μF
Cap Pol1		C20	CAPR5-4X5		10 μF
2N3906		Q1，Q8	TO-92	A1015	
2N3904		Q2，Q3，Q4，Q5，Q6，Q7，Q9，Q10，Q11，Q12，Q13	TO-92A	9014	
SCR		Q14	TO-92	MCR100-8	
LED1		VD1	LED-1	SE303	
Diode 1N4148		D1，D2	Diode-0.4	1N4148	
LED1		D3，D4，D5，D6，D7	LED（自制）		
SCR		D8	TO-92A	TL431	
Diode 1N4007		D9，D10，D11，D12	DIODE-0.4		

续表

Library Ref （元件库名称）	Library （库）	Designator （元件标识）	Footprint （封装）	Comment （注释）	Value （值）
XTAL	Miscellaneous Devices.IntLib	B1	ZDQ（自制）		
SW–PB		S1，S2	KEY（自制）		
Bell		U4	FMQ（自制）		
Volt Reg		U5	TO–220–AB	LM7805	
Header 2	Miscellaneous Connectors.IntLib	P1	JP（自制）		
74F08PC	NSC Logic Gate.IntLib	U1	N14A	74LS08	
光敏电阻	防盗报警器.SchLib	RL1	GMDZ（自制）		
干簧管		RS1	GHG（自制）		
NE555		U2	DIP–8	NE555	
变阻器		RP1	BZQ（自制）		5K
HS0038B		HS1	HWJS（自制）	HS0038B	
LM358		U3	DIP–8	LM358	
变阻器		RP2	BZQ（自制）		5K

子项目四：制作防盗报警器 PCB 图

（1）新建一个 PCB 文件"防盗报警器.PcbDoc"。要求：
① 单位选择"Metric"；
② 设置电路板形状为方形，电路板尺寸为 113 mm×66 mm，放置尺寸的层为机械层 4，电气边界与物理边界的距离为 1.5 mm，并且只显示尺寸标注；
③ 选择电路板层：信号层为 2 层，内部电源层为 0 层；
④ 选择过孔风格：只显示通孔；
⑤ 选择元件和布线逻辑：选择通孔元件。
（2）设置布线规则。线宽选择：GND 网络的线宽为 0.8 mm，VCC 网络的线宽为 0.5 mm；PCB 规则和约束编辑器：将"Clearance"设为 0.2 mm，设定 GND 的优先级最高，VCC 的优先级次之，其余信号线优先级最低。
（3）布线。先对电源线、地线预布线，然后再全局布线。
（4）补泪滴，并且双面覆铜。
（5）输出 Gerber 文件。

项目 9 LED 驱动电源电路板设计

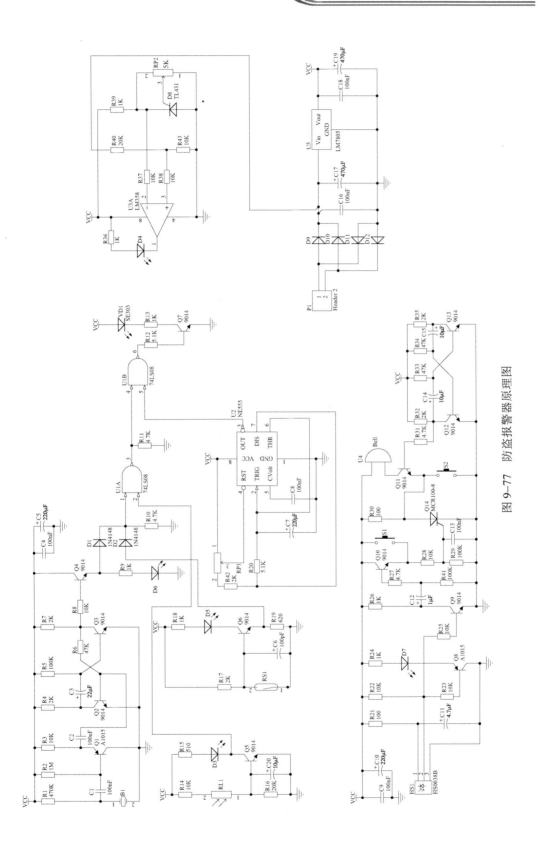

图 9-77 防盗报警器原理图

305

项目 10

多路可控电流电路板设计

10.1 项目导入

在工业生产中,经常会用到多路的电流、电压去控制相应的设备,本项目的主要内容是设计一个多路可控电流电路板。AD15 软件提供了一个真正的多通道设计的功能,用户能够在设计项目中重复引用原理图的某一部分,如果需要改变某些参数则只需要进行一次修改,为设计者提供了极大的方便。AD15 不但支持多通道设计,而且支持多通道嵌套。本项目的电路图图纸一共有 5 张,如图 10-1~图 10-5 所示。

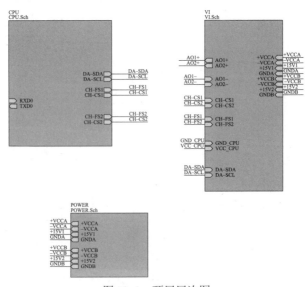

图 10-1 顶层层次图

项目 10　多路可控电流电路板设计

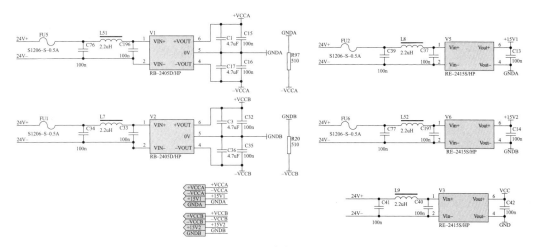

图 10-2　系统电源图

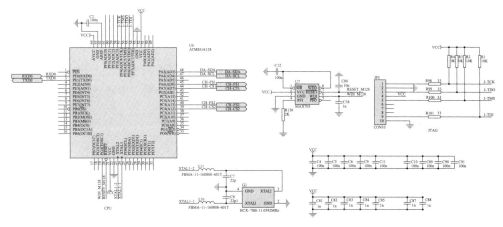

图 10-3　CPU 模块图

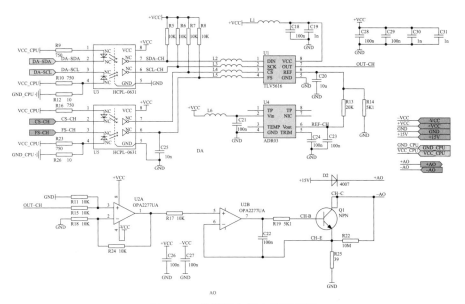

图 10-4　单通道电流电路原理图

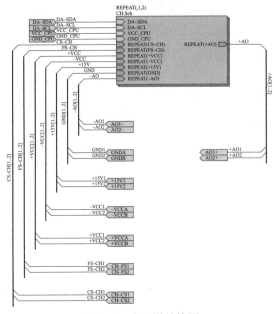

图 10–5 多通道结构图

本项目电路图包括了顶层层次图、系统电源图、CPU 模块图、单通道电流电路原理图、多通道结构图。

10.2 项 目 分 析

10.2.1 多通道设计

多通道是指项目中含有多个相同的通道模块，多通道设计是指在设计中相同的通道模块在进行原理图绘制时只需要画一次，然后将该图作为子图包含在整个工程项目中，只需要设置该模块的使用次数，系统在进行编译时能够自动创建正确的网络表，PCB 原理图中就能够正确地反映出相同模块的数量，大大减轻了设计者的工作量。

10.2.2 原理图设计

在电子产品设计过程中，电路原理图呈现整个电路功能，作为一个成熟的电子产品，不光要考虑到其功能的完整，同时要兼顾到产品的升级换代，反映了产品设计开发的延续性。在设计过程中，有些电路子图可以在几代产品中共用，设计者在画电路原理图时应该分模块进行，采用层次电路设计方法，完成整个电路原理图的设计。

10.2.3 PCB 图设计

电子产品设计的精髓就是 PCB 设计，一个功能再强大的电路，如果 PCB 设计不成功，其功能可能大打折扣，在信号频率高的电路板上，甚至根本无法实现其功能。PCB 板设计主要包括了 PCB 布局、PCB 布线以及 PCB 后续操作。后续操作包括了增加 Mark 点、工艺边、补泪滴、包地、覆铜等。

本项目的完成主要包括创建项目文件、多通道原理图绘制、原理图验证、PCB 设计、PCB 后续处理、DRC 检查、Gerber 文件输出等，如图 10-6 所示，重点需解决以下几个问题：

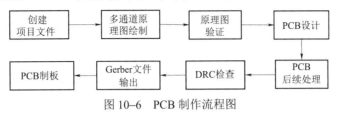

图 10-6　PCB 制作流程图

（1）多通道的设计方法。
（2）快捷键的应用。
（3）PCB 布局和布线的注意事项。

10.3　项　目　实　施

项目设计采用层次电路图制作，有关画图的基本做法前面的项目中有详细的介绍，这里不再赘述，项目的具体实施过程大致分为电路原理图、网络表、PCB 原理图三大部分。电路原理图部分重点介绍多通道电路的设计方法及相关步骤；网络表生成方法前面已经有详细介绍；PCB 原理图部分重点介绍设计详细过程及相关技巧。

10.3.1　原理图设计中参数及快捷键设置

原理图制作过程中，为了保证画图过程顺利、快速地完成，需要对系统环境进行设置，优化制图环境，包含系统参数设置和画原理图快捷键设置。

任务 1　原理图参数设置

系统参数设置，主要包括软件中英文设置、实时保存设置、窗口设置三个方面的内容。

方法：执行菜单命令【DXP】→【Preferences】。

任务 2　设置快捷键

绘制电路原理图时，使用快捷键将给绘制电路原理图带来方便和快捷，有些快捷键是系统自带的，而有些快捷键是为了使用者方便需要自己设置的，可以设置一个或多个，见表 10-1。设置的基本原则是，在绘制电路原理图时用到的操作频率高的需要设置快捷键，这样可大幅度提高作图的效率。

表 10-1　电路原理图绘制部分快捷键列表

序号	键值	功能说明	快捷键性质	备注
1	4	电路原理图画电气连接线布线	自定义	使用频率最高
2	7	总线布线	自定义	使用频率较高
3	PageUp、PageDn	电路图纸的放大或缩小	系统自带	使用频率较高
4	"Ctrl" + "PageDn"	查看原理图中所有对象	系统自带	使用频率较高

方法：Step1 执行菜单命令【DXP】→【Customize...】，在打开的对话框中选择"Commands"

选项卡，在页面中找到"Place"项，并在右侧的选择框里选择你要定义的快捷键的项目，如图 10–7 所示。

Step2 单击"Commands"选项卡，出现"Edit Command"对话框，在"Shortcuts"栏中的"Primary"下拉菜单中找或者直接键入值，单击 **OK** 按钮即可，如图 10–8 所示。

图 10–7　快捷键设置

图 10–8　输入快捷键值

Step2 重复步骤 Step1～Step2，设置其他快捷键。

实践技巧

输入快捷键的数字或字母，如果与系统定义的快捷键有冲突，则会在下面"Currently in use by:"框中给出提示，这时需要重新设置键值。

10.3.2　多通道原理图设计

多通道设计包括了单通道电路图设计、新建母电路图、生成方框图，并对其根据生成通道的个数进行参数设置，最后对做好的母图进行编译，至此完成了多通道电路设计，在后面的 PCB 板设计中可以自动生成符合要求的通道数，该设计思想如图 10–9 所示。

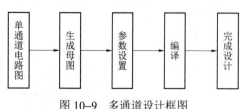

图 10–9　多通道设计框图

任务 1　绘制单通道电路图和其他电路图

Step1 在"多路可控电流电路板设计.PrjPCB"的工程中新建"Power.SchDoc""CPU.SchDoc""单路电流电路设计.SchDoc"原理图文件。

Step2 绘制如图 10-2、图 10-3、图 10-4 所示电路，并设置好电路端口及其属性。

Step3 保存该电路图。

任务 2 新建母图，并生成方框图

Step1 在工程文件中再次新建一个空白原理图文档，命名为"VI. SchDoc"。

Step2 在新建原理图文档的主菜单中执行【Design】→【Create Sheet Symbol From Sheet or HDL】命令，打开"Choose Document to Place"对话框，如图 10–10 所示。

Step3 在"Choose Document to Place"对话框中选择"单路电流电路设计.Sch"电路图，单击 OK 按钮，在该原理图文档中生成了方框图，如图 10–11 所示。

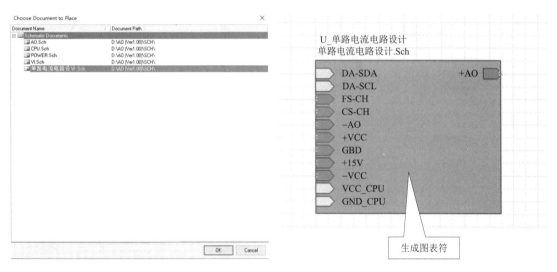

图 10–10 "Choose Document to Place"对话框　　　图 10–11 生成图表符

任务 3 方框图参数修改

Step1 双击方框符号名称。打开"Sheet Symbol Designator"对话框，输入"U_单路电流电路设计"，如图 10–12 所示。

Step2 将"Designator"文本框的内容修改为"Repeat（，1，2）"。

Step3 单击 OK 按钮，如图 10–13 所示。

 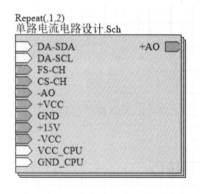

图 10–12 "Sheet Symbol Designator"对话框　　　图 10–13 修改 Repeat 后的图表符

任务 4　端口参数修改

Step1 双击方框图符号中的端口，打开"Sheet Entry"对话框，如图 10-14 所示。
Step2 在"Name"中将端口名改为"Repeat（）"，如图 10-15 所示。
Step3 按照同样的方法修改所有端口，最终完成后的图如图 10-16 所示。

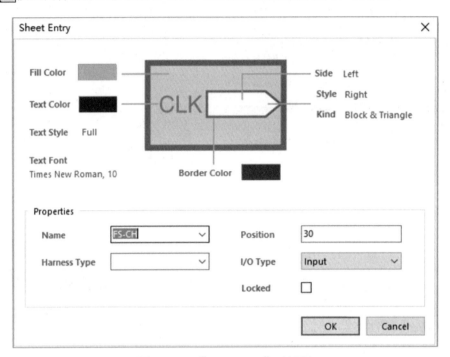

图 10-14　"Sheet Entry"对话框

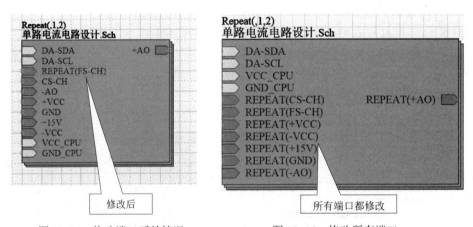

图 10-15　修改端口后的情况　　　图 10-16　修改所有端口

 实践技巧

修改端口属性时，如果该端口是每个通道电路共有的，连接相同信号，则不需要修改为 Repeat（端口名）。

项目 10　多路可控电流电路板设计

任务 5　添加端口、总线、网络标号和其他元件等

Step1 在图 10-16 中的每个端口引出总线，在总线的另外一端连接上端口，端口名与方块图中的端口一致，但需要根据通道的总数用 1、2、3…加以区分，并在总线上用总线分支与端口连接，然后在总线上用网络标号表明，如图 10-17 所示。

Step2 完成对整个图的修改，并单击保存按钮，如图 10-18 所示。

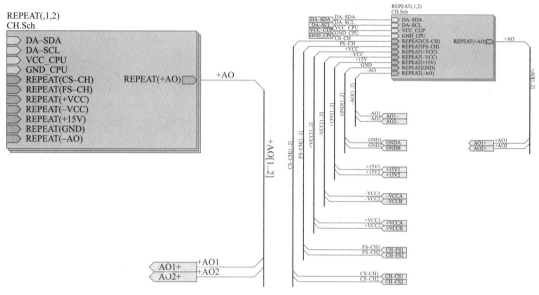

图 10-17　一个端口加总线　　　　　　图 10-18　修改所有端口

 实践技巧

总线上的网络标号中的第 1 个数字表示的含义是从第一个通道开始，第 2 个数字表示的是一共有多少个通道。

任务 6　编译项目

完成上述设计后，还需要进行的一个重要步骤是编译，如果不编译，并不能生成多个通道。

方法：Step1 在工程文件夹中，右击工程名，弹出对话框，如图 10-19 所示。选择"Compile PCB Project 多路可控制电流电路板设计.PrjPcb"。

Step2 单击鼠标左键，即可完成编译。

任务 7　编译项目后的情况

完成编译后，在单通道原理图中可以看到编译后每个通道原理图的标签，如图 10-20 所示。如要查看第 2 个标签的情况，该通道的电路图如图 10-21 所示。

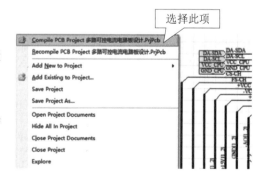

图 10-19　选择工程编译项

313

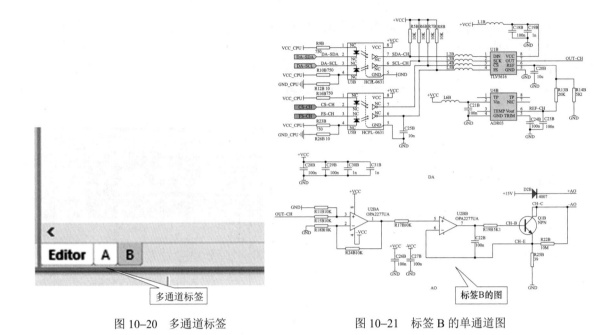

图 10-20　多通道标签　　　　　　　图 10-21　标签 B 的单通道图

10.3.3　多路可控电流电路 PCB 制作

电路板制作过程包括电路原理图制作、网络表生成、PCB 板图制作三大部分。PCB 板图制作是整个任务环节的重点，PCB 板设计对实现电路板的功能以及电路板性能的稳定起到关键作用，就工作量来看，PCB 板制作的工作量大约占到整个工作量的 80%左右，为了尽可能地提高工作效率，在 PCB 板设计制作前，设置系统参数和相关快捷键，对工作效率的提高是显而易见的。主要包括了鼠标快捷键设置和 PCB 制板快捷键设置两部分。

任务 1　设置鼠标快捷键

根据表 10–2，设置鼠标快捷键。

表 10–2　鼠标快捷键功能说明

序号	项目内容	快捷键	功能说明	鼠标动作
1	Zoom Main Window	无	变焦主窗口（一般不设置）	Wheel
2	Vertical Scroll	Ctrl	垂直滚动	Wheel
3	Horizontal Scroll	Shift	水平滚动	Wheel
4	Launch Board Insight	Ctrl	发射板洞察	"Wheel"+"Click"
5	Change Layer	"Ctrl"+"Shift"	改变层	Wheel
6	Zoom Insight Lens	Alt	变焦镜头	Wheel
7	Insight Lens Auto Zoom	Alt	洞察镜头自动变焦	"Wheel"+"Click"

方法：Step1 执行【DXP】→【Preferences】→【PCB Editor】命令，如图 10-22 所示。鼠标设置采用的组合设置方式，一共有七项内容。

Step2 根据自己的使用习惯，在相应的方框中勾选需要的选项，勾选完成后，单击 **OK** 按钮，即可完成设置。

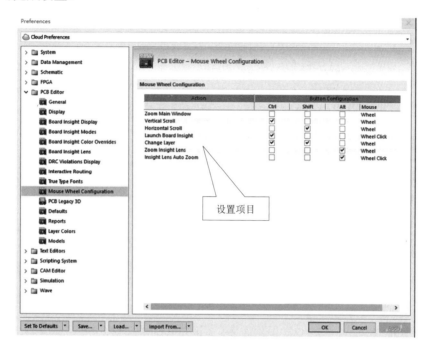

图 10-22　鼠标快捷键设置

任务 2　设置快捷键

在 PCB 制板中绘制 PCB 板图时，使用快捷键将给设计工作带来方便和快捷，有些快捷键是系统自带的，而有些快捷键是为了使用者方便需要自己设置的，可以设置一个或多个。设置的基本原则是，在绘制 PCB 图时用到的操作频率高的需要设置快捷键，可以大幅度提高作图的效率。

Step1 执行【DXP】→【Customize...】命令，打开"Customizing PCB Editor"对话框，在页面中找到"Place"项目，并在右侧的选择框里面选择需要定义的快捷键的项目，如图 10-23 所示。

Step2 双击表 10-3 中要设置的快捷键的图标，进入设置环境，在图中所标的位置键入设定值，如果没有冲突，单击 **OK** 按钮即可，如有冲突必须重新改值，方法与原理图设置类似，如图 10-24 所示。

表 10-3　PCB 板制作快捷键列表

序号	键值	功能说明	快捷键性质	备注
1	7	交互式布线	自定义	使用频率很高
2	4	正常边框走线	自定义	使用频率较高

续表

序号	键值	功能说明	快捷键性质	备注
3	L	查看板层的颜色	系统自带	使用频率较高
4	*	顶层和底层之间的切换	系统自带	使用频率较高

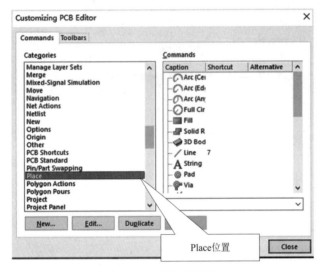

图 10-23　快捷键设置

图 10-24　键值输入

Step3 重复步骤 Step1~Step2，根据表 10-3 设置其他快捷键。

 实践技巧

设置原理图与 PCB 快捷键时，如果功能相同，一般设置为同键值，这样在两个工作环境中就可以通用，比如说"画线"功能的快捷键。

图 10-25　电路板外形图

任务 3　设置板外形尺寸及层叠关系

PCB 板子的外形尺寸反映了板子的实际大小，如果设计者设计的板子是某种通用的板卡，一般情况下，板子的外形尺寸是固定的，设计者必须按照特定的外形尺寸设计。如无特殊要求，一般电路板都尽可能地设计得精巧，设计者往往是先将所有元器件按照规则布置好，最后再设计板子的外形尺寸，一般情况下板子为矩形。本项目的电路板的尺寸为 872 mm×870 mm。电路板的外形如图 10-25 所示。

PCB 板的层叠关系是指电路板各层之间的关系，一般的单板层叠关系的原则是：

（1）与元件面相邻的层为地平面，提供器件屏蔽层以及为顶层布线提供最短回流路线。

（2）所有信号层尽可能与地平面相邻（确保关键信号层与地平面相邻）。

（3）主电源尽可能与其对应地相邻。

（4）尽量避免两信号层直接相邻。

（5）兼顾层压结构对称。

具体 PCB 的层的设置时，要对以上原则进行灵活掌握，根据实际单板的需求，确定层的排布，切忌生搬硬套。以下给出常见单板的层排布推荐方案。

本项目采取的是单板四层板结构，兼顾到以上原则，采用的层叠关系如下：四层由上而下为：信号层 1（Top Layer）→地层（GND Layer）→电源层（Power Layer）→信号层 2（Bottom Layer）。

任务 4　设置 Mark 点及工艺边

Mark 点是电路板设计中 PCB 应用于自动贴片机和锡膏印刷时的位置的光学定位识别点，Mark 点的选用直接影响到自动贴片机的贴片效率。根据 Mark 点在 PCB 上的作用，可分为拼板 Mark 点、单板 Mark 点、局部 Mark 点（也称器件级 Mark 点）。本例中设置了三个 Mark 点，呈 L 形分布，且对角 Mark 点关于中心不对称。

设计说明和尺寸要求：Mark 点的形状是直径为 1 mm 的实心圆，材料为铜，表面喷锡，需注意平整度、边缘光滑、齐整，颜色与周围的背景色有明显区别；阻焊开窗与 Mark 点同心，对于拼板和单板，其 Mark 点直径为 3 mm，对于局部的 Mark 点直径为 1 mm。单板上的 Mark 点，中心距板边不小于 5 mm；工艺边上的 Mark 点，中心距板边不小于 3 mm。为了保证印刷和贴片的识别效果，Mark 点范围内应无焊盘、过孔、测试点、走线及丝印标识等，容易造成机器无法辨识。本项目中的 Mark 点如图 10-26 所示。

工艺边是为了辅助生产插件走板、焊接过波峰在 PCB 板两边或者四边增加的部分，主要为了辅助生产的需要，不属于 PCB 板的一部分，但是批量化生产不可少，生产完成后需要除去。正常情况下工艺边的宽度为 3~5 mm，本项目要求工艺边宽度为 5 mm。

方法：Step1 选择作图层在 Keep-out Layer 层，先画好电路板的边框。

Step2 设置参考原点，沿着板边画一条平行线，离板边距离 5 mm，如图 10-27 所示。

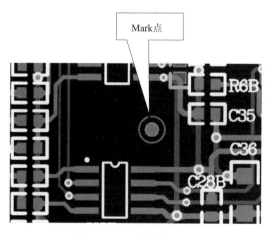

图 10-26　电路板 Mark

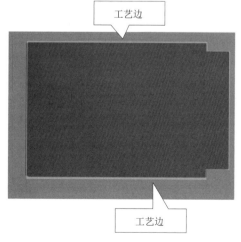

图 10-27　电路板工艺边

任务 5　确定 PCB 电路板装配工艺

早期和较简单的电子产品，"手工插件+手工焊接"是电路板基本的工艺流程，随着表面安装技术的引入，制造工艺逐步融入设计技术中，对 PCB 的设计要求也越来越苛刻，越来越需要统一化和标准化、规范化。作为按照企业规模生成要求的 PCB 电路板，产品开发人员除了要考虑电路原理设计的可行性，同时还要求 PCB 板工艺工序流程的次序的合理性。

印制电路板设计，必须要考虑到其组装形式，不同的组装形式对应不同的工艺流程。SMT 元件一般可以采用再流焊和波峰焊两种焊接形式，根据 PCB 板上元件的特点，可以将电路板组装形式分为以下几种方式：

（1）单面贴装贴片器件；
（2）双面贴装贴片器件；
（3）单面混装贴片器件；
（4）双面混装贴片器件。

本项目中，除了有贴片器件外，还有插装器件，因此我们采用单面混装的设计方法，即顶层（Top Layer）既有贴片器件还有少量的插装器件，而底层（Bottom Layer）只有少量的贴片器件。

任务 6　设置布线规则

布线规则设置是 PCB 设计中至关重要的环节，保证符合电气要求，机械加工要求，为布局、布线提供依据，为规则检查提供依据，PCB 规则分为电器规则、布线规则等 10 大类，基本的规则设置在前面的内容有相应的描述，从产品加工的角度看，设计者除了基本规则外，主要关注 Manufacturing（加工）项的内容，该项目主要反映的是孔、焊盘、丝印和阻焊的尺寸及相关的关系。

方法：执行菜单命令【Design】→【Rules】→【Manufacturing】→【Silk To Silk Clearance】→【Silk To Silk Clearance】，如图 10-28 所示。若 PCB 板布局比较紧凑，可以考虑将该值设置成非常小，这样就不会影响到布局。

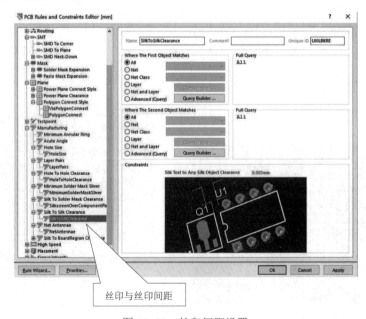

图 10-28　丝印间距设置

任务 7　PCB 布局

PCB 设计中，布局是一个重要环节，布局的好坏将直接影响到布线的结果，因此合理布局是 PCB 设计成功的第一步。

方法：Step1 根据电路特点，将电路功能模块分类，综合考虑布局，先在电路板上划分出区域，进行预设计，如图 10-29 所示。

Step2 根据各模块的功能不同，将电路分为电源部分、CPU 部分、通道 1 部分、通道 2 部分，分别放入预设好的区域，为避免相互干扰，预设了隔离带，隔离带的宽度为 3 mm，如图 10-30 所示。

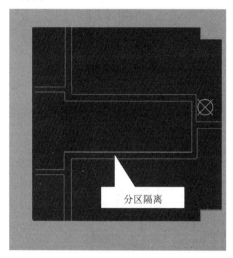

图 10-29　分区隔离

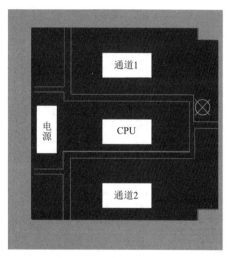

图 10-30　预布局

电源电路布局，从以下几个方面考虑：

(1) 远离热敏器件；

(2) 电源模块一般比较高，小的模块不要离它太近，不方便焊接、维修；

(3) 电源模块隔离一定要注意隔离带设计；

(4) 各个部分的电源要分开，同时要注意它们的位置，要保证连接各路电源时电源线不能交叉，以免引入干扰；

(5) 耦合电容一定要紧靠近电源引脚的位置，否则耦合效果差；

(6) 考虑到布局的特点，电源走线采取围绕着板边布线。

CPU 部分电路布局，从以下几个方面考虑：

(1) CPU 电源引脚的电容放置的位置要尽可能靠近引脚；

(2) 晶振放置要尽可能靠近时钟输入脚，同时要尽可能远离板边；

(3) 走线要尽可能短；

(4) 晶振引脚之间不能走线；

(5) 晶振的背部投影面也禁止走线；

(6) 其他走向与晶振走线之间要保持一定距离。

通道电路布局，从以下几个方面考虑：

(1) 各个通道之间电源不能共用，一般情况下，各自用各自电源；

(2) D/A 芯片和基准电路要远离热源,防止引起精度下降;

(3) 各个通道布通各自回路,不能串到一起。

一些阻容元件可以考虑布在板子的背面,可以进一步优化板子的布局结构。

以上是一些基本因素,在具体实现时还要做一定的微调,视具体情况而定,最终的布局图如图 10-31 所示。

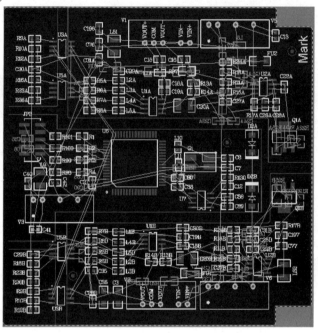

图 10-31 布局图

任务 8 手动布线

布线的好坏对其功能、性能的影响以及抗干扰能力的影响都很大,本项目的设计过程遵循以下原则:

(1) 导线布设尽可能短,同一元件的地址线和数据线尽可能一样长;

(2) PCB 板走线尽量使用大于 90°的拐角,不使用 90°拐角布线;

(3) 导线与焊盘的连接处要圆滑,避免出现尖角,可采取焊盘加泪滴处理;

(4) 晶振下面不允许走信号线;

(5) 电源线投影面上不能走信号线;

(6) 重要信号线不能从插座中间穿过;

(7) 多层 PCB 布线时,可以采取其中的若干层作为屏蔽层,电源层、地层均可以视为屏蔽层;

(8) 手工布线一般先考虑好电源线的走线,做到电源线不相互交叉;

(9) 印制电路板的公共地线尽量布置在 PCB 板的边缘部分;

(10) 数字区与模拟区要隔离,数字地和模拟地要分离。

方法:在做电子产品时,基本上不会用自动布线,自动布线一方面由于算法的原因,无法像手工布线那样按照设计者的意愿做;另外一方面,即使自动布线了,最后还得手工更改线路,因此还不如直接手工布线更好。本项目最终的布线如图 10-32 所示。

项目 10　多路可控电流电路板设计

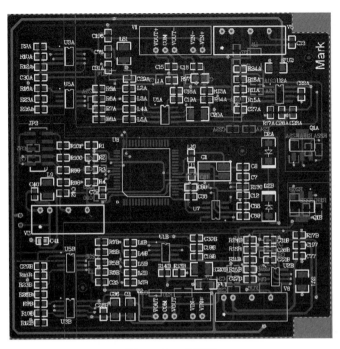

图 10-32　布线图

任务 9　覆铜

在 PCB 上闲置的空间填充固体铜。

方法：执行菜单命令【Place】→【Polygon Pour...】或单击配线工具栏的 ▦ 按钮。本项目覆铜后的效果如图 10-33 所示。

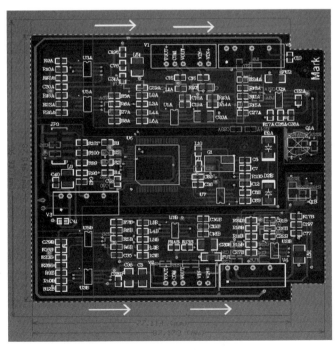

图 10-33　覆铜效果图

321

任务 10　调整丝印层

覆铜完成后，需要对丝印层的字符进行调整，本例中元器件在顶层（Top Layer 层）和底层（Bottom Layer）都有，所以必须对顶层丝印层文字和底层丝印层文字进行调整，调整的原则主要有以下几个：第一，丝印层的文字不能放置在焊盘上；第二，丝印层必须清晰明了，不能有丝印层重叠的情况；第三，丝印层文字必须靠近所对应的器件。

方法：用鼠标拖动调整即可，丝印调整前后对比图如图 10-34 所示。

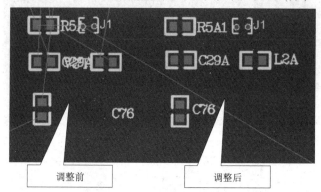

图 10-34　丝印调整情况对比

任务 11　DRC 检查

在覆铜完成之后，要进行 DRC 检查，查看布线后的结果是否符合要求，或者是查看电路中是否还有未完成的网络布线，操作步骤前面已有讲解，这里不再描述。如有错误，必须将所有错误修改，直到完全通过为止。

 实践技巧

有些错误显示，反映的是某些没有连接的引脚，这需要对照原理图，如果确认没错，可以忽略。对于手工布线，主要查看是否存在没有连接的飞线。

任务 12　生成光绘文件

电路板设计完成后，要将文件送到电路板加工企业加工，此时如果直接将 PCB 文档送过去，就容易造成设计泄露，给企业带来损失，不利于公司技术的保密。技术员在设计完成后，送到电路板加工企业的往往是生成的光绘文件。

1. Gerber Files 文件导出

方法：Step1 设置参考原点。执行菜单命令【Edit】→【Origin】→【Set】，原点设置在板子的左下角。

Step2 打开 Gerber Files 文件选项。执行菜单命令【File】→【Fabrication】→【Gerber Files】。

Step3 参数设定。在弹出的对话框中，进行参数设置，AD15 软件比较智能，选项卡中的设置取默认值即可。

Step4 单击"完成"按钮即可生成 Gerber 文件，如图 10-35 所示。

2. Nc Drill Files 文件导出

方法：Step1 单击【File】→【Fabrication Outputs】→【Nc Drill Files】命令，打开向导，

AD15 软件比较智能，选项卡中的设置取默认值即可。

Step2 单击"完成"按钮即可生成 Gerber 文件，如图 10-36 所示。

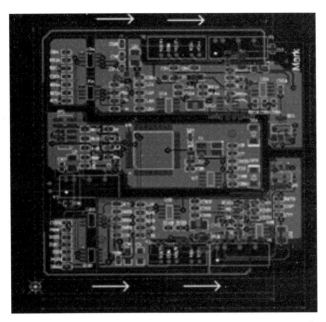

图 10-35　光绘文件

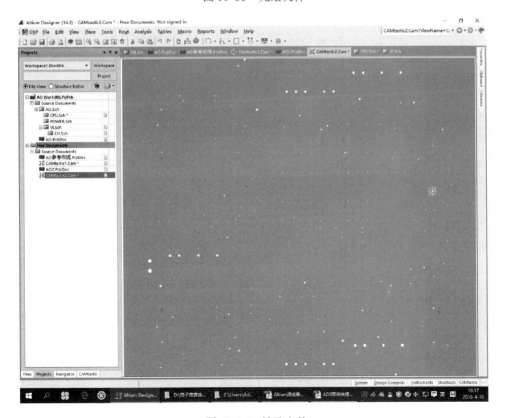

图 10-36　钻孔文件

10.4 测 试

10.4.1 巩固测试——双声道功放电路板设计

子项目一：电路原理图绘制

任务 1　新建工程

首先新建工程项目，命名为"双声道功放电路板设计.PrjPCB"，新建原理图文件名为"双声道功放电路板设计.SchDoc"，注意事项和基本要求前面都已经详细描述。

有关快捷键设置，根据需要进行，快捷键设置前面已经有详细说明，这里不再赘述。

任务 2　按照下图要求绘制电路

本项目是双声道功放电路板设计，绘制如图 10-37~图 10-41 所示的多张电路图。

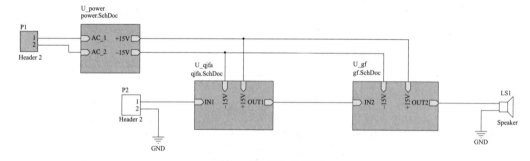

图 10-37　层次电路图

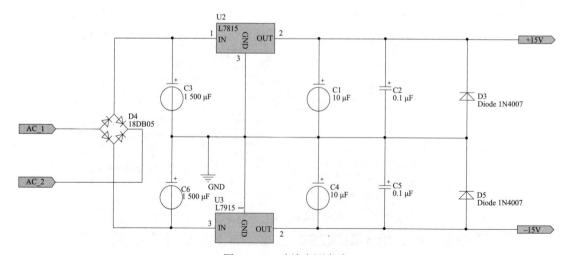

图 10-38　功放电源电路

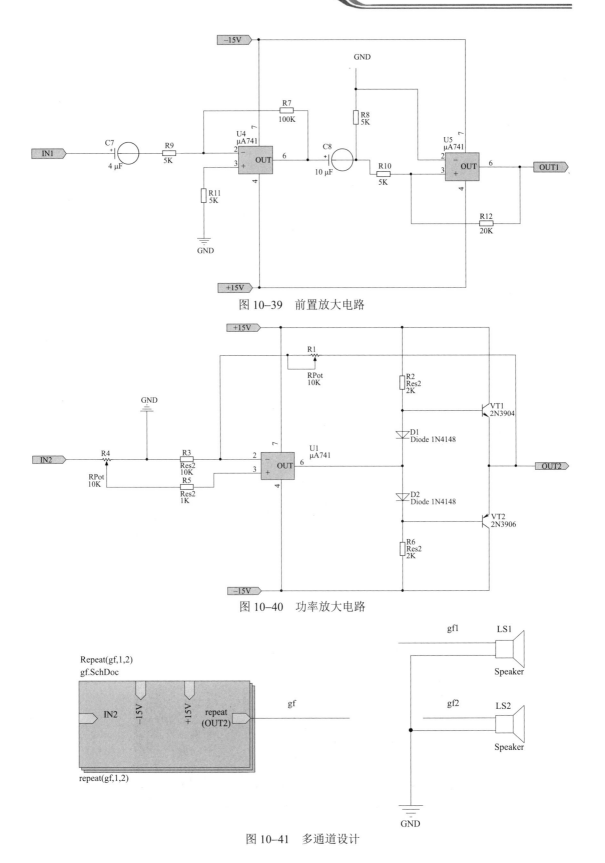

图 10-39 前置放大电路

图 10-40 功率放大电路

图 10-41 多通道设计

子项目二：双声道功放电路板设计 PCB 制作

任务 1　新建 PCB 文件

新建 PCB 文件"双声道功放电路板设计.PcbDoc"，注意事项和基本要求前面都已经详细描述。

任务 2　设置快捷键

根据绘制电路板实际需要设置常用快捷键，设置方法前面已经详细介绍，这里不再赘述。针对 PCB 制板，使用频率最高的是手动布线用到的布线快捷键。

任务 3　网络表导入

原理图检查无误、封装检查无误后，生成网络表，并导入 PCB 文件中。

任务 4　定义 PCB 层叠关系

本项目采用 2 层板完成，参考前面所讲内容。

任务 5　给定板的尺寸大小

根据布局情况，自定义电路板的尺寸。

任务 6　PCB 布局图

本项目的布局参考图如图 10–42 所示。

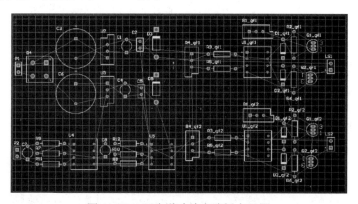

图 10–42　双声道功放电路板布局图

任务 7　参考布线图

本项目的参考布线图如图 10–43 所示。

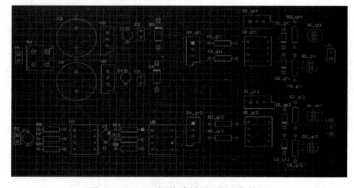

图 10–43　双声道功放电路板布线图

任务 8 覆铜 PCB 图

本项目的参考覆铜 PCB 图,如图 10-44 所示。

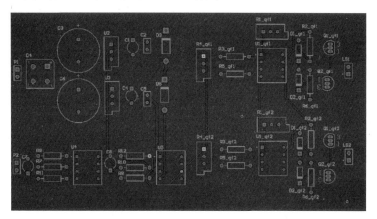

图 10-44 双声道功放电路板覆铜

任务 9 生成光绘文件并导出

参考前面所讲内容,生成 Gerber 文件和 Nc Drill File 文件,如图 10-45、图 10-46 所示。

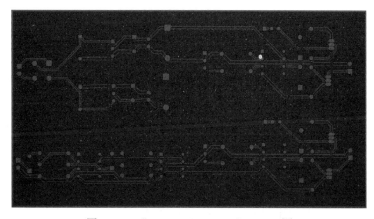

图 10-45 "CAMtastic1.CAM" Gerber 图

图 10-46 钻孔文件

10.4.2 提高测试——多路可控电压电路板设计

子项目一：电路原理图绘制

任务 1 新建工程并设置快捷键

首先新建工程项目，命名为"多路可控电压电路板设计.PrjPCB"，新建原理图文件名为"多路可控电压电路板设计.SchDoc"，注意事项和基本要求前面都已经详细描述。

下面将画原理图过程中常用的快捷键列成表，见表 10-4，其具体设置方法同前面介绍。这些快捷键都是使用频率比较高的，有些基本的快捷键前面都有介绍，这里就不再罗列。

表 10-4 电路原理图常用快捷键一览表

序号	键值	功能说明	性质
1	"Ctrl"+"F"	查找元件或网络标号	系统自带
2	"Ctrl"+"H"	查找替换	系统自带
3	"Shift"+鼠标左键	复制选中的元件	系统自带
4	4	原理图布线工具	自定义
5	6	总线布线工具	自定义
6	7	总线分支布线工具	自定义

任务 2 按照下图要求绘制电路

本项目是多路可控电压电路板设计，绘制如图 10-47～图 10-51 所示的多张电路图。

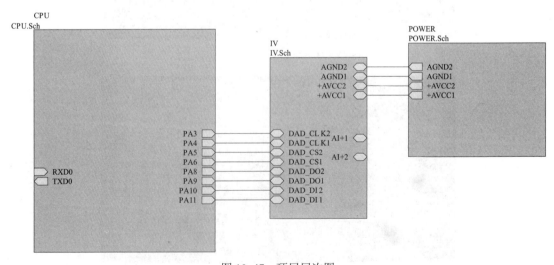

图 10-47 顶层层次图

项目 10　多路可控电流电路板设计

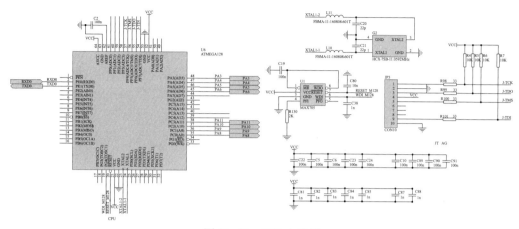

图 10–48　CPU 电路图

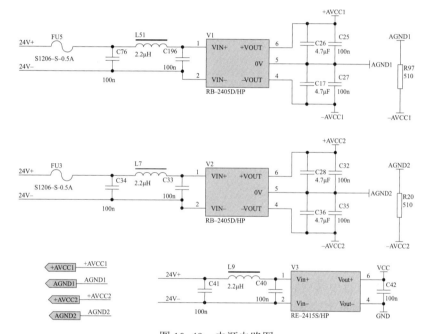

图 10–49　电源电路图

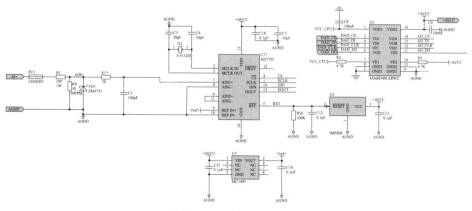

图 10–50　单通道电路图

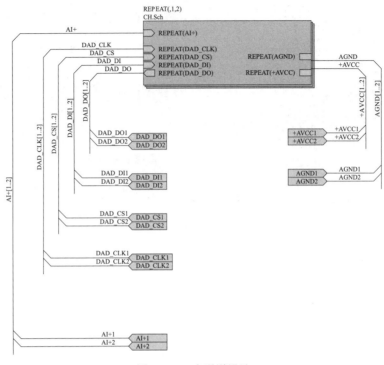

图 10–51 多通道设计

子项目二：多路可控电压电路板设计 PCB 制作

任务 1 新建 PCB 文件

新建 PCB 文件"多路可控电压电路板设计.PcbDoc",其注意事项和基本要求前面都已经详细描述。

任务 2 设置快捷键

下面将画 PCB 过程中常用的快捷键列成表,见表 10–5,其具体设置方法同前面介绍。这些快捷键都是使用频率比较高的,熟练使用将大大提高工作效率,有些基本的快捷键前面都有介绍,这里就不再罗列。

表 10–5 PCB 设计中实用快捷键一览表

序号	键值	功能说明	性质
1	数字小键盘上 "*"	顶层和底层之间切换	系统自带
2	L	设置板层颜色对话框	系统自带
3	"Ctrl" + "M"	测距	系统自带
4	VB	底层丝印层文字翻转	系统自带
5	"Shift" + "S"	显示当前层	系统自带
6	G	实时调整栅格	系统自带
7	7	交互式布线	自定义

续表

序号	键值	功能说明	性质
8	4	布线（边框画线）	自定义
9	6	定原点	自定义
10	数字小键盘上"8"	上对齐	自定义
11	数字小键盘上"5"	下对齐	自定义
12	数字小键盘上"4"	左对齐	自定义
13	数字小键盘上"6"	右对齐	自定义
14	数字小键盘上"7"	水平方向等距离分布	自定义
15	数字小键盘上"9"	垂直方向等距离分布	自定义

任务 3　网络表导入

原理图检查无误、封装元件无误后，生成网络表，并导入 PCB 文件中。

任务 4　定义 PCB 层叠关系

本项目采用 4 层板完成，层叠关系参考前面所讲内容。

任务 5　给定板的尺寸大小

根据布局情况，自定义板子的尺寸。

任务 6　PCB 布局图

本项目的布局参考图如图 10–52 所示。

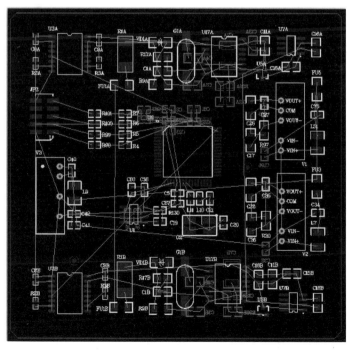

图 10–52　布局参考图

任务 7　参考布线图

本项目的参考布线图如图 10–53 所示。

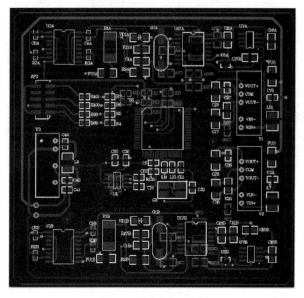

图 10–53　参考布线图

任务 8　覆铜 PCB 图

本项目的参考覆铜 PCB 图，如图 10–54 所示。

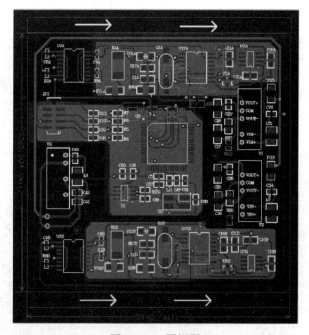

图 10–54　覆铜图

任务 9　生成光绘文件并导出

参考前面所讲内容，生成 Gerber 文件和 Nc Drill File 文件。

实战篇

项目 11

温控电路设计

11.1 项目导入

随着智能家居和公共安全的不断发展，温控电路成了环境调控中必不可少的一环。温控电路的用途非常广泛，本项目的内容是设计一款高精度的温度控制器电路。其电路可以分为 3 个部分，第一部分是电源电路，是驱动部分，功率大；第二部分是采集温度部分，包括传感器元件，是模拟信号处理部分；第三部分是单片机控制部分，是数字信号处理部分。本项目的电路图图纸一共有 2 张，如图 11-1、图 11-2 所示。

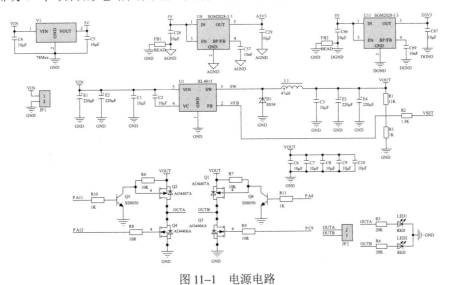

图 11-1 电源电路

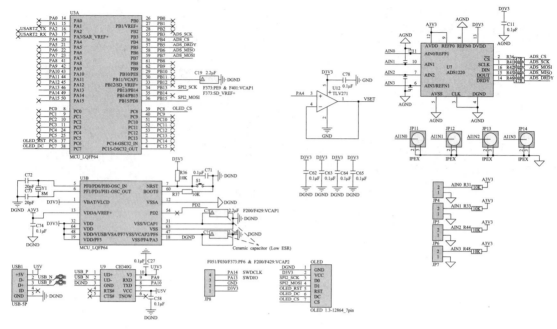

图 11-2　信号处理电路

本项目电路图包括了电源电路和信号处理电路，其中信号处理电路包含了模拟信号部分和数字信号部分。

11.2　项目分析

11.2.1　原理图设计

原理图设计的过程在前面的项目中已经详细介绍了，包含创建原理图文件、原理图环境设置、标题栏设置、原理图元器件制作、原理图绘制等环节。本项目中标题栏设置环节增加了插入单位 LOGO 的操作；原理图元件绘制环节增加了原理图绘制过程中"共地"的处理、增加了原理图元件制作的特殊用法等实用性的技巧，能够更加高效地完成原理图的绘制。

11.2.2　PCB 图设计

电子产品设计实现其应用功能，需要两个方面的保证，首先是电路功能的完善，其次是 PCB 板布局的合理性。功能再强大的电路，如果 PCB 设计不好，电子产品的性能将大打折扣。这需要设计人员不断地学习，优化电路设计。PCB 板设计主要环节有元件封装制作、板框设计、PCB 布局、PCB 布线以及 PCB 设计过程中的一些常用技巧，比如单点接地的布线技巧、大电流情况下采用覆铜方式进行布线、大电流情况下阻焊开窗，以及电路板设计完成后，进行拼板设计等。

本项目的完成主要包括创建项目文件、原理图环境设置、原理图元件绘制、原理图验证、PCB 设计、手工布线、DRC 检查、PCB 拼板、输出制板文件等，如图 11-3 所示，重点需解决以下几个问题：

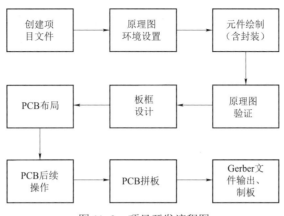

图 11-3 项目开发流程图

（1）原理图设计，模块化设计，数字地、模拟地、功率地的处理；
（2）3D 封装元件制作；
（3）PCB 设计中布局的要领、差分线布线、利用覆铜方式走超宽线、阻焊开窗等操作；
（4）PCB 的拼板设计，常用的 V 割拼板和邮票孔拼板。

11.3 项目实施

项目的具体实施过程大致分为电路原理图和 PCB 原理图两大部分。

11.3.1 高精度温度控制器原理图绘制

任务 1 新建原理图文件

采用任何一种方法新建原理图文件"温度控制器.SchDoc"。
方法一：执行菜单命令【File】→【New】→【Schematic】。
方法二：在"Files"面板上单击"Schematic Sheet"选项。

任务 2 标题栏设置

标题栏绘制的基本操作步骤前面已经详细描述，有时候在绘制电路图时，要求放置公司的 LOGO 或者二维码等图片信息。

绘制标题栏时，预留一个矩形的区域 LOGO 的位置，一般放置在标题栏的最右边。然后把图标插入。

方法：执行菜单命令【Place】→【Drawing Tools】→【Graphic...】，此时，鼠标上出现一个矩形的反馈，然后把该矩形框的起点（左下角）对准预留位置的左下角，单击鼠标左键，再确定右上角的位置，然后单击鼠标左键。

在弹出的对话框中找到要放置的 LOGO 图标，单击"打开"按钮，图标就会放置到相应位置，如图 11-4 所示。

图 11-4 标题栏样式

然后通过鼠标调整图片的大小，使得图片与所预留区大小吻合即可。如果图片不能完全吻合，则需要改变图片的宽高比，双击图标，弹出如图 11-5 所示的对话框。把图中"X:Y Ratio 1:1"后的"√"去掉，即取消选中，这样就可以很方便地进行调整。

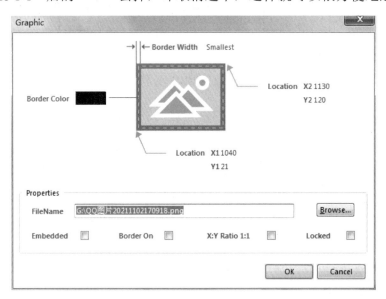

图 11-5 图片调整对话框

 实践技巧

调整标题栏中文字的位置，可以把栅格的数值调小，比如 1 mil，这样就可以把文字放到想要的位置了。

任务 3 绘制原理图元件

在原理图绘制中，经常会遇到一些引脚较多的芯片，引脚数目达到 100 个以上，有的甚至超过 200 个，这样的元器件会非常占空间，导致一张电路图上没办法放置其他电路；另外引脚过多，也会给电路连接带来很大麻烦，图上的连线纵横交错，影响电路图的阅读，因此就人为地把芯片分成几个部分来画，并且把引脚根据自己的需要进行重新整合，绘制的方法类似多部件元件绘制，前面已经有详细介绍，这里不再赘述。本项目中用到的单片机芯片型号是 STM32F103RCT6，从数据手册可以了解到该芯片的引脚排列顺序、芯片 QFP 封装、64 引脚。本项目中，为了更加方便地进行电路连接，把芯片分成了 U3A 和 U3B 两个部分，如图 11-2 所示。并且把芯片的引脚分成了 I/O 引脚和电源控制信号引脚两个部分，如表 11-1、表 11-2 所示。

表 11-1 芯片 I/O 引脚

序号	名称	序号	名称	序号	名称
2	PC13	25	PC5	43	PA10
3	PC14-OSC32_IN	26	PB0	44	PA11
4	PC15-OSC32_OUT	27	PB1/VREF+	45	PA12
8	PC0	28	PB2	46	PA13
9	PC1	29	PB10/PE8	49	PA14
10	PC2	30	PB11/VCAP1	50	PA15
11	PC3	33	PB12/SD_VREF+	51	PC10
14	PA0	34	PB13/PB14	52	PC11
15	PA1	35	PB14/PB15	53	PC12
16	PA2	36	PB15/PD8	55	PB3
17	PA3/SAP_VREF+	37	PC6	56	PB4
20	PA4	38	PC7	57	PB5
21	PA5	39	PC8	58	PB6
22	PA6	40	PC9	59	PB7
23	PA7	41	PA8	61	PB8
24	PC4	42	PA9	62	PB9

表 11-2 电源控制信号引脚

序号	名称	序号	名称
1	VBAT/VLCD	31	VSS/VCAP1
5	PE0/PD0/PH0-OSC_IN	32	VDD
6	PF1/PD1/PH1-OSC_OUT	47	VSS/VCAP2/PF6
7	NRST	48	VDD/VUSB/VSA/PF7
12	VSSA	54	PD2
13	VDDA/VREF+	60	BOOT0
18	VSS/PF4/PA3	63	VSS
19	VDD/PF5	64	VDD

任务 4　PCB 封装绘制

封装绘制是学习 PCB 的基础，前面的项目中已经详细讲解了如何制作封装，这里主要介绍如何给封装添加 3D 模型。AD15 提供了 2D 和 3D 的显示功能，如果要让电路板上的元器件都能以 3D 的模型显示，那就需要制作封装时添加 3D 模型。

添加 3D 模型，就可以实现在 3D 视角下查看电路板的信息，同时还具备以下优势：

（1）在 3D 模式下，可以很方便地查看各个元器件之间的情况，检查干涉，了解元器件之间的相互影响。

（2）配合装配工程部或者结构工程师工作，方便结构工程师开模。

（3）元器件布局时，采用 3D 模式更加直观方便。

（4）在 3D 模式下可以很方便地查看元器件的位置，看看是否存在妨碍维修的情况，比如在两个高器件之间放置了贴片的器件，不便于维修。

下面以项目中用到的显示屏封装为例，介绍如何进行 3D 封装。

方法：Step1 首先绘制好需要的封装，如图 11-6 所示。

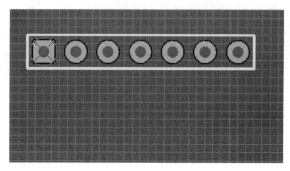

图 11-6 绘制显示屏封装

Step2 执行菜单命令【Place】→【3D Body】，弹出如图 11-7 所示的对话框。

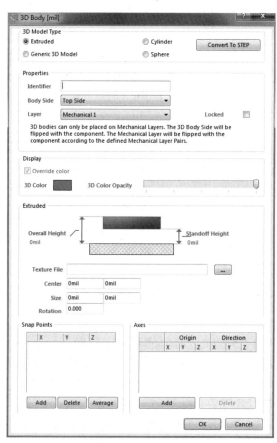

图 11-7 3D 体对话框

Step3 在"3D Model Type"栏中选择"Generic 3D Model",单击"Load from file…"按钮选择 3D 模型文件,如图 11-8 所示。

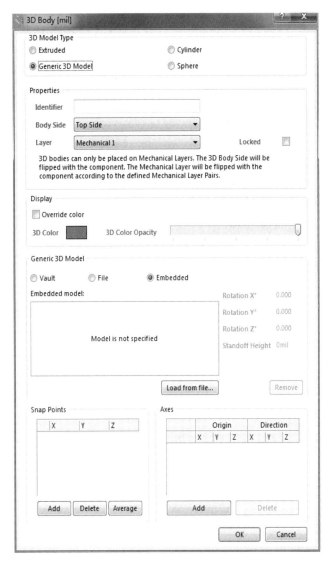

图 11-8 参数设置

Step4 在弹出的"Choose Model"对话框中,查找到需要的 3D 模型,该文件后缀名为".STEP",打开该文件。

Step5 单击"OK"按钮,鼠标上就粘贴了 3D 模型,把它放置在合适的位置,然后单击鼠标退出。

Step6 执行菜单命令【View】→【3D Layout Model】,切换到 3D 模式下,调整好位置,存盘保存,如图 11-9、图 11-10 所示。

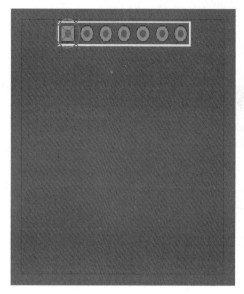
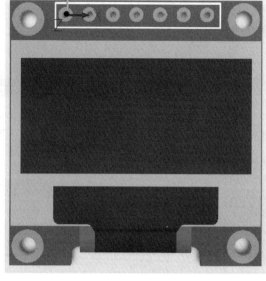

图 11-9 2D 视角下的 3D 视图　　　　图 11-10 3D 视角下的视图

 实践技巧

（1）元器件的封装如果是标准化的，3D 模型可以在相关的模型网站上下载，其后缀名为".STEP"。

（2）如果是自己公司的产品，模型是需要自己绘制的。另外，一个封装的 3D 模型可以添加几个，比如本例中，可以在此基础上添加插座的 3D 模型。

任务 5　电路原理图绘制

按图 11-1、图 11-2 绘制医用测温针原理图，元件属性见表 11-3。

表 11-3　元件属性

Library Ref（元件库名称）	Designator（元件标识）	Footprint（封装）	Value（值）
电容	C1，C3，C6，C7，C8，C9，C10	C1206_L	10 μF
	C2，C4，C28，C29，C66，C67	LC-0805_C2	10 μF
	C11	C 0603_L	0.1 μF
	C22，C23，C25，C26，C27，C58，C62，C63，C64，C65，C71，C74，C78	ST_0603C	0.1 μF
	C57，C69	ST_0603C	10 nF
	C72，C73	ST_0603C	20 pF
SS54	D1	LC-SM（DO-214AB）-S2	

续表

Library Ref （元件库名称）	Designator （元件标识）	Footprint （封装）	Value （值）
C–CS	E1，E2，E3，E4	CT6×6–C	220 μF
R	FB1，FB2	FB 0805_L	
Header 2	JP1，JP2	KF301–5.0–2P	
Header 2	JP4，JP5，JP6，JP7	XH2.54–LI–2P	
Header 4	JP8	HDR2.54–LI–4P	
SMA_Power	JP11，JP12，JP13，JP14	SMA_IPEX	
L–CDRH	L1	IHLP_SMD5050_13.6×12.9×6.5	47 μH
LED–SMD	LED1，LED2	LED 0805G	
OLED 0.96–12864_7pin	OLED	OLED3 0.9–12864_7pin	
PMOS_8PIN	Q1，Q2	LC–SOIC–8_150mil	
NMOS_8PIN	Q3，Q4	LC–SOIC–8_150mil	
8050–SMD	Q5，Q6	LC–SOT–23 (SOT–23–3)	
电阻	R1	R 0805_L	11K
	R2	R 0805_L	1.5K
	R3	R 0805_L	1K
	R4，R5	R 0805_L	20K
	R6，R7	R 0603_L	10K
	R8，R9	R 0603_L	10R
	R10，R11	R 0603_L	1K
	R31，R33，R36，R37，R44，R48	ST_0603R	10K
	R34，R41，R42，R45，R46	ST_0603R	47R
TSW 3×6	S1	TSW SMD_3×4	3×6×5
XL4015	U1	TO263–5A	
MCU_LQFP64	U3	LC–LQFP–64_10×10×05p	
ADS1220	U7	LC–TSSOP–16	
SGM2028	U8，U11	LC–SOT–23–5	
CH340E	U9	LC–MSOP–10	
AD8605	U12	LC–SOT–23–5	

续表

Library Ref （元件库名称）	Designator （元件标识）	Footprint （封装）	Value （值）
USB-5P	USB1	USB-MICRO_E	
78Mxx	V1	LC-TO-252-2	78Mxx
XTAL-2P	Y1	LC-SMD-5032_2P	8M

在实际工作中，专业制板技术员一般都会建立自己的原理图库和封装库，所以一般不会用软件提供的库中的元件，并且不断积累，形成自己的风格和特点。根据图 11-1、图 11-2 绘制好原理图。

任务 6　电路原理图中"地"的处理

本项目电路分为电源电路、数字信号处理电路、模拟信号处理电路三大部分，为了更好地解决"共地"问题，在电路原理图上把三个"地"进行了区分，电源电路部分用"GND"、数字电路部分用"DGND"、模拟电路部分用"AGND"，具体如图 11-1、图 11-2 所示。

本项目 3 个"地"通过单点接地形式进行连接。可以通过磁珠连接，也可以通过 0Ω 电阻进行连接，如图 11-11、图 11-12 所示。

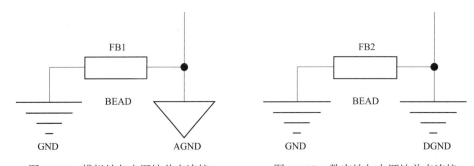

图 11-11　模拟地与电源地单点连接　　　图 11-12　数字地与电源地单点连接

实践技巧

磁珠的原理图元件类似于电感元件，其长度长，绘制电路图不太美观，因此这里用电阻的符号代替，绘图工整。

任务 7　放置 ERC 忽略点

给 U3、USB1、U9 等元器件不用的引脚放置 ERC 检查忽略标志，编译时，这些引脚就不会因为没有连线而报错。

方法：执行菜单命令【Place】→【Directives】→【Generic No ERC】或者单击工具栏中的 按钮。

项目 11　温控电路设计

任务 8　放置差分线标志

在 USB1 元器件的第 3、4 引脚放置差分信号，这样在进行 PCB 布线时这两个引脚布线将按照差分信号线的形式走线。

方法：Step1 在需要放置差分对的引脚放置网络标号，比如本例中"USB_P""USB_N"。对两条差分信号的名称是有要求的，首先名称必须一样，其次后缀必须是"_P""_N"，代表差分对的"+"与"-"。

Step2 执行命令【Place】→【Directives】→【Differential Pair】，为差分对添加差分符号。

Step3 放置差分符号到相应位置，如图 11-13 所示。

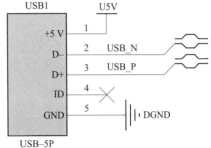

图 11-13　放置差分对标志

任务 9　原理图验证

方法：Step1 设置自动检查规则。执行菜单命令【Project】→【Project Options...】。

Step2 原理图编译。执行菜单命令【Project】→【Compile PCB Project 温度控制器.PrjPCB】。

Step3 原理图修正。若原理图编译后，弹出"Messages"面板，则修正其中的错误，直至编译无误。

任务 10　原理图基本信息

原理图绘制完成后，需要输出一些基本信息，这些信息主要包含网络表、元器件报表、PDF 格式的原理图等。

网络表是连接原理图和 PCB 图的桥梁，虽然我们不需生成网络表就可以导入 PCB 文件，但有时候看来没有问题的原理图文件，生成的网络表很可能不是我们需要的，有时候看起来连接的元件，在 PCB 里面却没有连接，甚至丢失元件或封装。所以很有必要查看一下生成网络表的情况。

方法：执行菜单命令【Design】→【Netlist For Project】→【PCAD】。

生成元器件报表，用于存放原理图文件的各种信息，检查各元件的详细参数，为后续的生产、备料做准备。

方法：执行菜单命令【Reports】→【Bill of Materials】。

输出 PDF 格式原理图，可以方便设计者之间的参考查看。

方法：执行菜单命令【File】→【Smart PDF...】。

11.3.2　温度控制器 PCB 图绘制

任务 1　新建 PCB 文件

采用任何一种方法新建一个 PCB 文件"温度控制器.PcbDoc"，电路板的大小为 88 mm×84 mm。

方法一：手动创建，执行菜单命令【File】→【New】→【PCB】或在"Files"面板上单击"PCB File"选项。

方法二：利用向导创建，在"Files"面板上单击"PCB Board Wizard..."选项。

任务 2 设置工作层

设置双面板工作层。

方法一：执行菜单命令【Design】→【Board Layer and Color...】，弹出"Board Layer and Color"对话框。

方法二：在 PCB 编辑窗口单击鼠标右键，在弹出的快捷菜单中执行菜单命令【Options】→【Board Layer and Color...】。

任务 3 板框绘制

板框绘制的几种方法，在前面的项目中都进行了详细的介绍，这里主要介绍从 CAD 文件导入板框的基本方法和注意事项。

1. 由 CAD 文件生成板框

对于公司的项目，板框的外形和尺寸是由安装板框的设备本身所决定的。因此，产品结构工程师会给出详细的要求，大多是 CAD 格式的文件。首先需要检查文档的版本和图元元素、绘图单位、绘图比例。AD15 版本支持 CAD2014 版本，CAD 文件的格式"dwg"或"dxf"不再区分。首先对 CAD 文件的图元元素、坐标原点等进行相应的处理。绘图单位建议用公制，绘图比例使用 1:1。然后保存成使用软件支持的版本。

方法：Step1 首先准备好 CAD 文件，文件的格式为"dxf"。

Step2 执行菜单命令【File】→【Import】→【DXF/DWG】，弹出"Improt File"对话框，找到 DXF 文件，如图 11-14 所示，单击"打开"按钮，弹出"Import from AutoCAD"对话框，如图 11-15 所示。然后单击"OK"按钮。

图 11-14 查找 DXF 文件

图 11-15 Import form AutoCAD 对话框

Step3 设置单位，推荐用公制，设置成 mm，设置线宽，默认线宽为 0.012 7 mm，设置为 0.254 mm，其他参数保持不变，如图 11-16 所示。然后单击"OK"按钮。

图 11-16 设置单位和线宽

Step4 双击板框线段，把层设置成"Mechanical1"，如图 11-17 所示。至此由 AutoCAD 文件导入设计板框的相关工作就完成了。

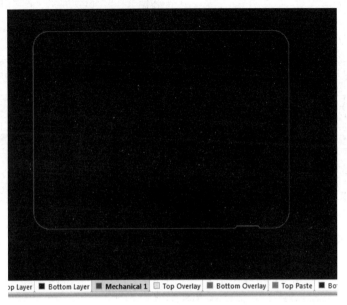

图 11-17　CAD 文件导入 PCB

2. 板框倒圆角

自己绘制板框一般都是矩形居多，而板框在加工后，安装板框到机箱中的时候容易被角尖划伤，同时也不便于携带。因此设计板框的时候，把板框的边角设计成圆角。

方法：Step1 首先选择板框绘制层"Mechanical1"，绘制矩形板框的大小，尺寸为 80 mm×60 mm。如图 11-18 所示。

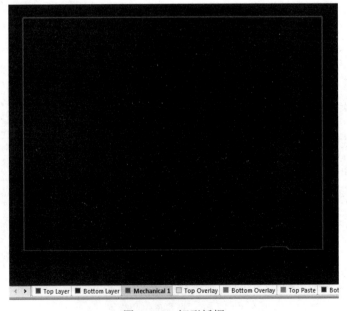

图 11-18　矩形板框

Step2 绘制圆弧。执行菜单命令【Place】→【Arc Edge】，开始绘制圆弧，以矩形板框的顶点为起点，绘制一个圆心角为 90°的圆弧，并双击圆弧，把弧线的宽度设置成与矩形板框的宽度一样，注意弧线所在的层也要与矩形板框的层一样，如图 11-19 所示。

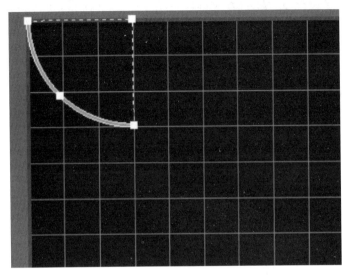

图 11-19　绘制圆弧

Step3 放置圆弧。单击选中圆弧，按空格键调整圆弧的角度，把圆弧放置好，然后再一次选中圆弧，复制圆弧，选中矩形的顶点为参考点，选择【粘贴】命令，调整圆弧的角度，把矩形板框的四个角都放上圆弧，如图 11-20 所示。

图 11-20　放置圆弧

Step4 把四个角圆弧外的线段去除，即可得到圆角板框，如图 11-21 所示。

图 11-21 圆角板框

任务 4　加载网络表并导入原理图

板框绘制完成后，查看网络表信息，并把原理图导入 PCB 环境中。导入路径有从原理图环境导入和从 PCB 环境导入两种，方法如下。

方法一：在 PCB 设计界面，执行菜单命令【Design】→【Import Changes from 温度控制器.PrjPCB】。

方法二：在原理图界面，使用同步设计器，执行菜单命令【Design】→【Update PCB Document 温度控制器.PcbDoc】。

任务 5　PCB 板布局

上一个项目中已经详细介绍了对布局的考虑，并进行了布局预设计，本例的情况类似。从板框的外形看，在板框右下位置上留有一个缺口，这个缺口是用来放置 USB 口的。本项目在布局上是这样考虑的，板框的上部主要是布置电源电路部分，板框下部的左边部分主要用来布置模拟电路部分，板框下部的右边部分主要用来布置数字电路部分。这样整块板子的预布局如图 11-22 所示。

预布局是对 PCB 板的整体考虑，在头脑中形成一个整体布局，布局的好坏对板子的性能影响很大，因此合理布局是 PCB 设计成功的第一步。

方法：Step1 根据本电路特点，将电路功能模块进行分类，综合考虑布局，先在电路板上划分出区域，进行预设计，如图 11-22 所示。

Step2 根据各模块的功能不同，将电路分为电源电路部分、模拟电路部分、数字电路部分，分别放入预设好的区域，为避免相互干扰，预设了隔离带。

电源电路布局，从以下几个方面考虑：

（1）输入的滤波电容要尽量靠近开关节点或者开关电源芯片。

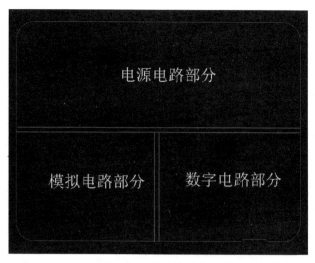

图 11-22　电路板预布局

（2）电源模块一般比较大，小的模块不要放置在大模块之间的地方，不方便拆卸、维修。

（3）电源模块隔离时一定要注意隔离带设计。

（4）各个部分的电源要分开，本项目中模拟电路部分电源和数字电路部分电源采用了不同的 IC 芯片，以免引入干扰。

（5）要尽可能减小开关回路的环路面积，环路面积越小，对外的辐射就越小。

（6）开关电源都会有 SW 或者 XL 引脚，这个引脚上流过的是断续电流，连线要尽可能短。

（7）输出滤波电容紧挨电感，反馈电压要从电容后端引出，不能从电感上引出。

（8）反馈回路要离 SW 或者 XL 的连线尽量远，最好要做包"地"处理。

数字电路布局，主要从以下几个方面考虑：

（1）CPU 电源引脚的滤波电容放置的位置要尽可能靠近引脚；原则上每个电源引脚上都放置有滤波电容。

（2）晶振放置要尽可能靠近时钟输入脚，走线尽可能短。

（3）晶振的频率较高，晶振引脚之间不能走线，晶振的背部投影面也禁止走线。

（4）其他走线与晶振走线之间要保持一定距离。

（5）走线要满足 3W 原则，即线与线的中心间距大于 3 倍线宽。

模拟电路布局，主要从以下几个方面考虑：

（1）一般情况下，模拟电路部分和数字电路部分，各自用各自电源。

（2）D/A 芯片和基准电路要远离热源。

（3）模拟电路的供电要采用线性稳压，不能直接接到开关电源。

（4）模拟电路要使用低噪声的电源，如高纹波抑制的线性稳压器、电池。

"单点接地"点放置位置：大电流的时候，参考地的电位会随着信号由输入到输出，电位会不断抬升，因此，共地点尽可能放置在参考地的输入端。

以上是注意事项，具体视情况而定，本项目的布局图如图 11-23 所示。

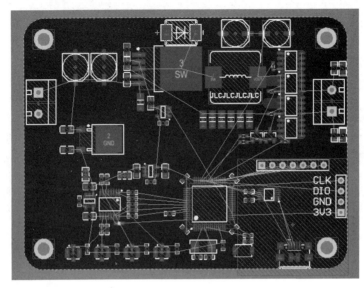

图 11-23 布局图

任务 6 PCB 板布线

布线的基本原则前面已经有详细讲解，制作产品时，一般不会使用自动布线，最终布线如图 11-24 所示。这里主要讲解两个方面的内容：一是差分对布线；二是采用区域填充方式布线。

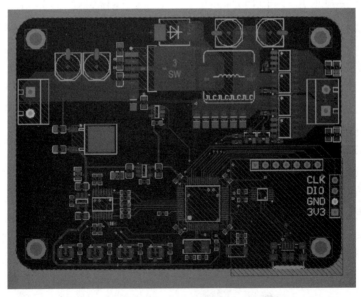

图 11-24 布线图

1. 差分对布线

在图 11-2 所示的电路原理图上，USB1 的第 2、3 引脚上放置了差分对标记，这两个引脚是 USB 的 2 根数据线，是差分信号，差分信号的优点是能减小信号线对外产生的电磁干扰。用户不仅可以在原理图中定义差分对，也可以在 PCB 编辑器中定义差分对。对差分对进行布线，需要先在执行【Design】→【Rules...】命令弹出的对话框中进行设置，包括线宽、间距等，可以选择默认。

差分对布线是一对同时进行的，也就是两个网络同时布线。

方法：Step1 执行菜单命令【Place】→【Interactive Differential Pair Routing】或单击配线工具栏上的 按钮，此时出现十字光标，提示用户选取布线对象。

Step2 单击差分对的任意一个网络（任一条飞线），开始差分对布线，如图 11-25 所示。

2. 区域填充布线

区域填充布线是采用区域填充的方式进行布线，这样布线的特点是，导线可以布得很粗，满足大电流的需要，如图 11-26 所示。

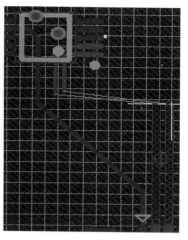

图 11-25 差分对布线

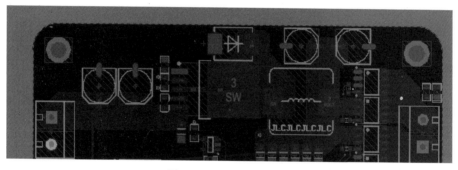

图 11-26 覆铜方式走线

图 11-27 填充网络选择

方法：Step1 选择需要布线的层，这里选择顶层（Top Layer）。

Step2 执行菜单命令【Place】→【Solid Region】，此时出现十字光标，提示用户开始进行区域填充布线。

Step3 根据要布线的网络，进行区域描边，最后形成一个封闭的区域，退出编辑状态。

Step4 选中该封闭区域双击，在弹出的对话框中修改网络属性，完成布线，如图 11-27 所示。

任务 7 覆铜

（1）PCB 设计完成后，需要在 PCB 板上进行覆铜操作。

方法：执行菜单命令【Place】→【Polygon Pour...】或单击配线工具栏的 按钮，本项目中用到了"GND""AGND""DGND"三种"地"。因此，覆铜的时候需要分别对这几种"地"进行覆铜,最终效果如图 11-28 所示。

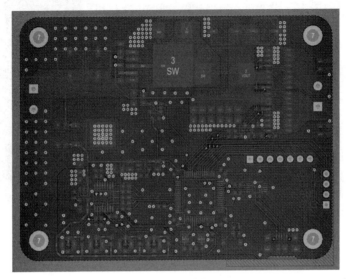

图 11-28　覆铜效果图

(2)焊盘、过孔与铜皮连接方式处理。

覆铜时,AD15 默认焊盘、过孔与铜皮的连接方式是十字形连接,然后在开关电源或者过大电流的情况下,需要焊盘、过孔与铜皮的连接方式是完全连接方式,因此需要对连接方式进行处理。

方法:Step1 执行菜单命令【Design】→【Rules...】,打开规则设置对话框,选择【Plane】→【Polygon Connect Style】命令,单击"Polygon Connect"选项,弹出对话框,如图 11-29 所示。

图 11-29　覆铜规则设置

Step2 查找需要修改的过孔或者焊盘，新建规则，在"Where The First Object Matches"中选择"Advanced (Query)"，在"Full Query"栏中输入语句"IsVia"。

Step3 在"Connect Style"下拉菜单中选择"Direct Connect"选项，单击"OK"按钮，完成规则设置。如图11-30所示。

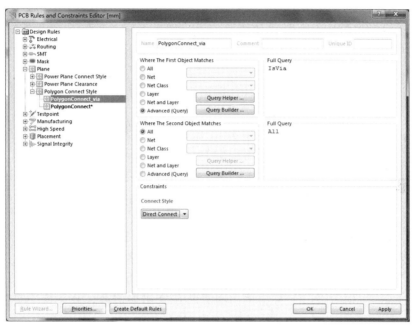

图11-30 铺铜参数设置

如果需要对某些器件的覆铜方式进行设置，需要打开"Query Builder..."，在下拉框中选择"Belongs to Component"，在右侧的下拉框中选择器件，如图11-31所示。

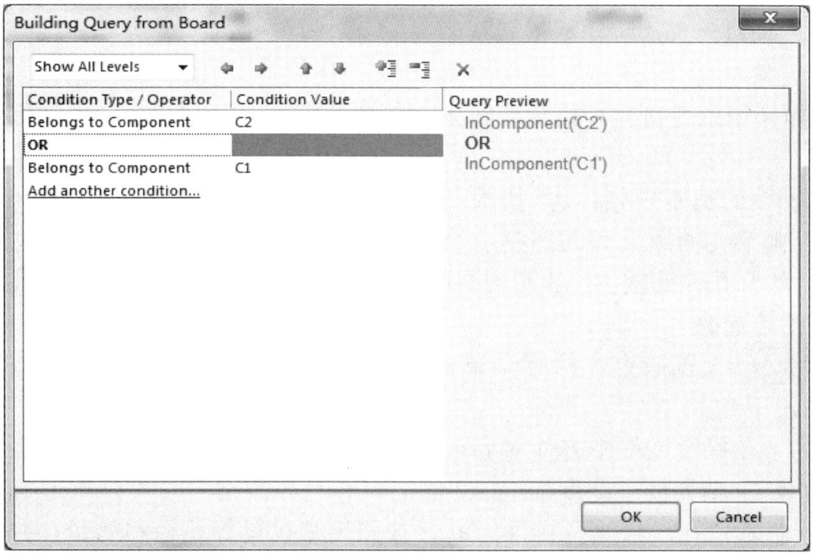

图11-31 元器件筛选

Step4 双击电路板,提示重新覆铜,单击"OK"按钮,电路板重新覆铜,至此完成连接方式修改。

任务 8　调整丝印层

本例中把丝印层进行了隐藏,因此就省略了该项内容。

任务 9　阻焊开窗

在电路板设计过程中,有时需要线路层不被绿油覆盖,把铜裸露在外面,这样的操作被称为阻焊开窗。比如需要过大电流的线路,就需要开窗,电路板加工回来后再把开窗的地方镀锡。

方法:Step1 把层切换到"Solder",根据需要可以选择"Top Solder"或者"Bottom Solder"选项。

Step2 在需要窗的地方画上图形。软件在默认设置下是覆盖绿油的,画出图形的部分则开窗。比如在电源输入端"VIN"上开长度为 10 mm,宽度为 3 mm 的窗,如图 11-32 所示。

任务 10　DRC 检查

在覆铜完成之后,要进行 DRC 检查,查看布线后的结果是否符合要求,或者查看电路中是否还有未完成的网络布线,操作步骤前面已有讲解,这里不再描述。如有错误,必须将所有错误修改,直到完全通过为止。

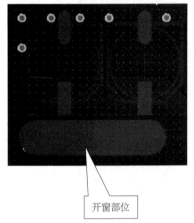

图 11-32　阻焊开窗效果

任务 11　拼板

拼板,就是把多个单独的板子(相互没有连线的板子)合并成一块板子。这样可以一次生产多块板子,速度很快,而且其价格一般都会比单独 PCB 打样便宜。

拼板一般有 V-Cut(V 割)或者邮票孔两种方式。V-Cut 就是在板子上用 V 割机在板子的上下两面划一刀,这样手工就很容易掰开。邮票孔则是使用类似邮票孔状的焊盘进行板间的连接。

由于板框采用的是圆角,比较合适采用邮票孔方式进行拼板,下面详细介绍邮票孔拼板。

邮票孔拼板的基本规则:① 拼板与板间距为 1.2 mm 或者 1.6 mm,本项目中取 1.2 mm;② 邮票孔的数量和大小要求是,8 个 0.55 mm 的孔,孔间距为 0.2 mm,需要加两排;③ 邮票孔伸到板内 1/3 左右,如板边有线需避开;④ 加完邮票孔后,需要把孔两边的外形连起来。

方法:Step1 设置原点,执行菜单命令【Edit】→【Origin】→【Set】,将原点设置在板框的左下角。

Step2 为了在拼板过程中方便对齐板边与定位,需要放置一个定位焊盘。此焊盘的位置 X 轴为 0,Y 轴为板子宽度加上 1.2 mm。

Step3 绘制邮票孔。绘制两排 8 个孔,按照规则设置好孔径和间距,并且在孔的两端放置两条 1.2 mm 的线段,以方便把孔两边的外形连接起来,如图 11-33 所示。

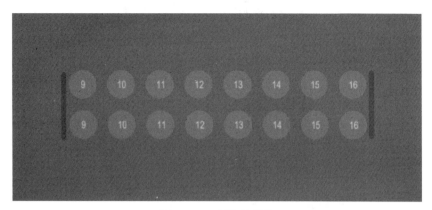

图 11-33 制作邮票孔

Step4 把绘制好的邮票孔放置在电路板的左、上、右三边上,注意需要避开板边的线路,如图 11-34 所示。

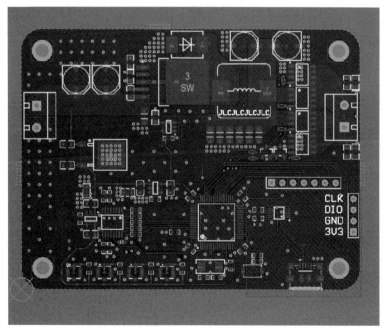

图 11-34 放置邮票孔

Step5 全选 PCB 并进行复制,复制的时候会出现十字光标,用鼠标选取坐标原点。执行菜单命令【Edit】→【Paste】→【Special】,勾选"Duplicate designator",单击【Paste】命令,将鼠标移动到定位焊盘的中心,单击,便粘贴 1 份;单击【Paste Array】命令,输入需要的复制份数,按照 X 轴或者 Y 轴进行排列粘贴。

Step6 复制后,电路板会出现很多绿色的高亮,此时执行菜单命令【Tools】→【Reset Error Markers】,消除高亮状态,如图 11-35 所示。

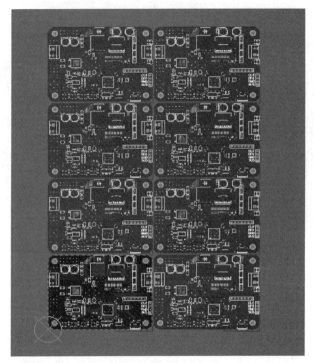

图 11-35 拼板效果图

 实践技巧

在拼板的过程中，需要绘制一些辅助线或者放一些辅助焊盘，方便定位。

任务 12 生成光绘文件

电路板设计完成后，要将文件送到电路板加工企业加工，此时如果直接将 PCB 文档送过去，就容易造成设计泄露，给企业带来损失，不利于公司技术的保密。技术员在设计完成后，送到电路板加工企业的往往是生成的光绘文件。

1. Gerber Files 文件导出

方法：Step1 设置参考原点。执行菜单命令【Edit】→【Origin】→【Set】，将原点设置在板子的左下角。

Step2 打开 Gerber Files 文件选项。执行菜单命令【File】→【Fabrication Outputs】→【Gerber Files】。

Step3 参数设定。在弹出的对话框中，进行参数设置，AD15 软件比较智能，选项卡中的设置取默认值即可。

Step4 单击"完成"按钮即可生成 Gerber 文件，如图 11-36 所示。

2. Nc Drill Files 文件导出

方法：Step1 单击命令【File】→【Fabriation】→【Nc Drill Files】，打开向导，AD15 软件比较智能，选项卡中的设置取默认值即可。

Step2 单击"完成"按钮即可生成 Gerber 文件，如图 11-37 所示。

项目 11 温控电路设计

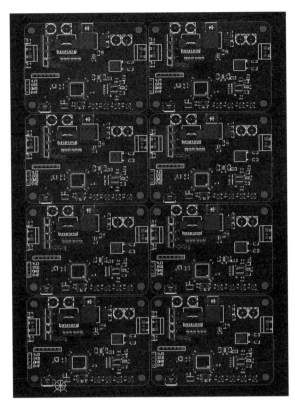

图 10-36 光绘文件

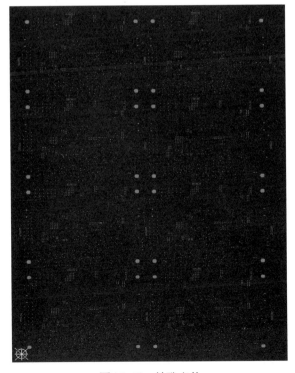

图 10-37 钻孔文件

11.4 测 试

11.4.1 巩固测试——物联网环境监测电路

子项目一：电路原理图绘制

任务 1　新建工程

首先新建工程项目，命名为"物联网环境监测电路.PrjPCB"，新建原理图文件名为"物联网环境监测电路.SchDoc"，注意事项和基本要求前面都已经详细描述。

有关快捷键设置，根据需要进行，快捷键设置前面已经有详细说明，这里不再赘述。

任务 2　按照下图要求绘制电路

本项目是 936 焊台控制电路设计，绘制如图 11-38～图 11-40 所示的多张电路图。

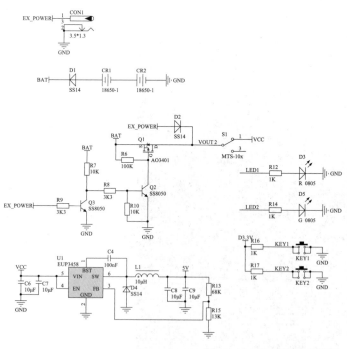
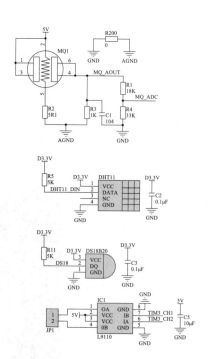

图 11-38　传感模块电路图

项目11 温控电路设计

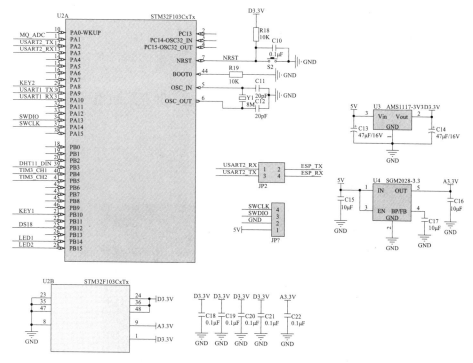

图 11-39 主控部分电路图

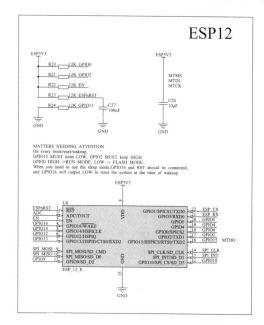
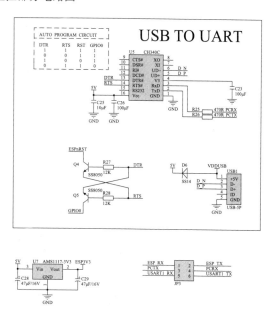

图 11-40 通信模块电路图

子项目二：物联网环境监测设计 PCB 制作

任务 1 新建 PCB 文件

新建 PCB 文件"物联网环境监测设计.PcbDoc"，注意事项和基本要求前面都已经详细描述。

任务 2　板框绘制

根据实际布局情况，预设板框的大小，并绘制好板框。

任务 3　网络表导入

原理图检查无误、封装检查无误后，生成网络表，并导入 PCB 文件中。

任务 4　定义 PCB 层叠关系

本项目采用 2 层板完成，参考前面所讲内容。

任务 5　PCB 布局图

本项目的布局参考图如图 11-41 所示。

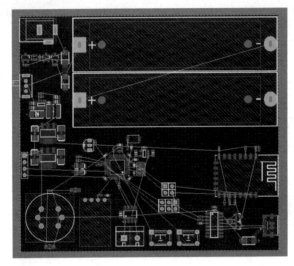

图 11-41　电路布局图

任务 6　参考布线图

本项目的参考布线图如图 11-42 所示。

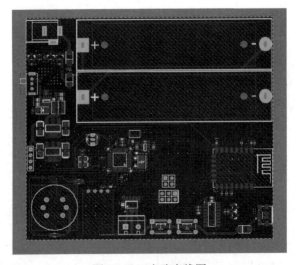

图 10-42　电路布线图

任务 7　覆铜 PCB 图

本项目的参考覆铜 PCB 图，如图 10-43 所示。

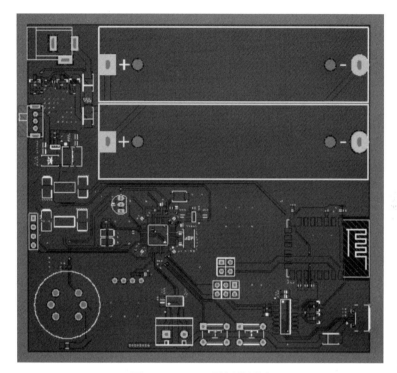

图 11-43　PCB 覆铜效果图

任务 8　拼板

采用邮票孔方式进行拼板，要求完成 2×2 拼板。

任务 9　生成 Gerber 文件和钻孔文件

拼板完成后，生成 Gerber 文件和钻孔文件，并进行保存。

11.4.2　提高测试——936 焊台控制电路设计

子项目一：电路原理图绘制

任务 1　新建工程

首先新建工程项目，命名为"936 焊台控制电路.PrjPCB"，新建原理图文件名为"936 焊台控制电路.SchDoc"，注意事项和基本要求前面都已经详细描述。

有关快捷键设置，可根据需要进行，快捷键设置前面已经有详细说明，这里不再赘述。

任务 2　按照下图要求绘制电路

本项目是 936 焊台控制电路设计，绘制如图 11-44～图 11-46 所示的多张电路图。

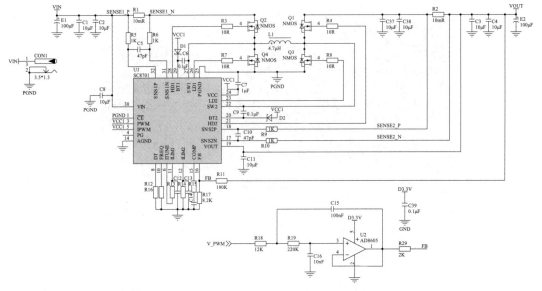

图 11-44 驱动模块（电源）电路图

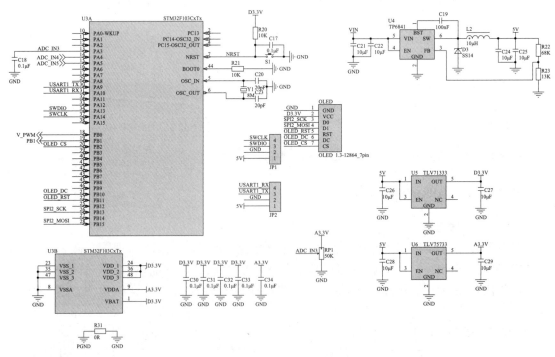

图 11-45 主控部分电路图

项目 11　温控电路设计

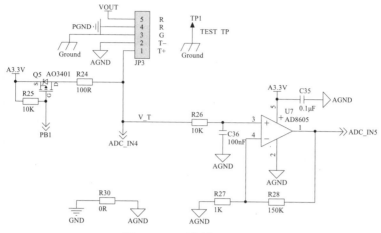

图 11-46　通信模块电路图

子项目二：物联网环境监测设计 PCB 制作

任务 1　新建 PCB 文件
新建 PCB 文件"936 焊台控制电路.PcbDoc",注意事项和基本要求前面都已经详细描述。

任务 2　板框绘制
根据实际布局情况,预设板框的大小,并绘制好板框。

任务 3　网络表导入
原理图检查无误、封装检查无误后,生成网络表,并导入 PCB 文件中。

任务 4　定义 PCB 层叠关系
本项目采用 2 层板完成,参考前面所讲内容。

任务 5　PCB 布局图
本项目的布局参考图如图 11-47 所示。

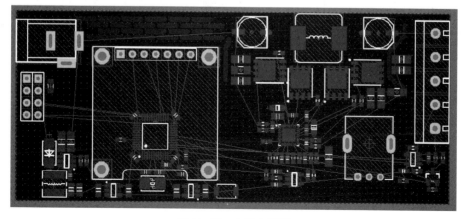

图 11-47　电路布局图

任务 6 参考布线图

本项目的参考布线图如图 11-48 所示。

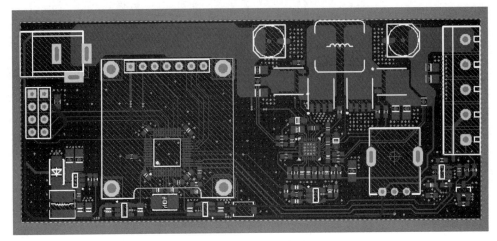

图 11-48 电路布线图

布线完成后,进行阻焊开窗处理,如图 11-47 所示。

任务 7 覆铜 PCB 图

本项目的参考覆铜 PCB 图,如图 10-49 所示。

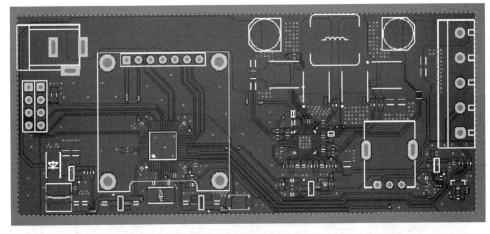

图 11-49 覆铜 PCB 图

任务 8 拼板

采用邮票孔方式进行拼板,要求完成 2×2 拼板。

任务 9 生成 Gerber 文件和钻孔文件

拼板完成后,生成 Gerber 文件和钻孔文件,并进行保存。

参 考 文 献

[1] 中国高等职业技术教育研究会. 计算机辅助电路设计与 Protel DXP[M]. 北京：高等教育出版社，2006.
[2] 杨旭方. Protel DXP 2004 SP2 实训教程[M]. 北京：电子工业出版社，2010.
[3] 郭勇. EDA 技术基础[M]. 北京：机械工业出版社，2010.
[4] 及力. Protel DXP 2004 SP2 实用设计教程[M]. 2版. 北京：电子工业出版社，2013.
[5] 王静. Altium Designer Winter 09 电路设计案例教程[M]. 北京：中国水利水电出版社，2010.
[6] 王冬. Protel DXP 2004 应用 100 例[M]. 北京：电子工业出版社，2011.
[7] 毕秀梅. 电子线路板设计项目化教程：基于 Protel 99 SE[M]. 北京：化学工业出版社，2010.
[8] 何丽梅. SMT 工艺与 PCB 制造[M]. 北京：电子工业出版社，2013.
[9] 沈月荣. 现代 PCB 设计及雕刻工艺实训教程[M]. 北京：人民邮电出版社，2015.
[10] 黄杰勇，林超文. Altium Designer 实践攻略与高速 PCB 设计[M]. 北京：电子工业出版社，2015.
[11] 周润景，李志，张大山. Altium Designer 原理图与 PCB 设计[M]. 3版. 北京：电子工业出版社，2015.
[12] 王明秋，胡仁喜. Altium Designer 14 中文版标准实例教程[M]. 北京：机械工业出版社，2015.